BMW-MOTORRÄDER

DIE JAHRHUNDERT-STORY

Frank Rönicke

Motor
buch
Verlag

Einbandgestaltung: Luis dos Santos

Bildnachweis: BMW AG; BMW Group-Archiv; BMW Press-Club; Archiv Frank Rönicke; Bundesarchiv; Archiv Krackowizer; Motorrennsportarchiv Jordan; Lothar Spurzem; Metzeler; Wilfried Göbel; J. Y. Ruszniewski; Traebbe; JEG14; Mr.choppers; Christian Riemann; Hans-Peter Eckhardt; Bill Holland; Frank G. Lenderalbert, Florian Vincent, Günter Katthage; Joachim Kuch, Ulrich Schwab, AC Schnitzer, Thomas Stutz, Günter Michel, Pack-Parts, Schek, Team Metisse, Touratech, WÜDO, Wunderlich.

Für die Unterstützung bei der Texterstellung bedanke ich mich bei Michaela Hesslinger, Igersheim.

ISBN: 978-3-613-04495-1

1. Auflage 2022

Sie finden uns im Internet unter www.motorbuch-verlag.de

Lektorat: Joachim Köster
Innengestaltung: Lukas Kretzschmar, tebitron gmbh, Gerlingen
Druck und Bindung: Graspo CZ, 763 02 Zlín
Printed in Czech Republic

Inhalt

Vorwort

Am 1. März 1966 gab BMW eine umfangreiche Festschrift an die »sehr verehrten und lieben Freunde unseres Hauses« anlässlich der Gründung der »Bayerischen Flugzeugwerke AG« vor 50 Jahren, am 7. März 1916, heraus. Obwohl diese erst im November 1921 von den seit Juli 1917 existierenden »Bayerischen Motoren Werke« übernommen worden waren, galt 1916 fortan als Gründungsjahr der Marke mit dem weißblauen Propellersymbol. Die sich in den Folgejahrzehnten so rasant entwickelte, dass sie nicht erst nach hundert Jahren zu einer der auf dem Weltmarkt führenden Marken im Motorrad- und Automobilbau avancierte. Vor allem die Motorräder können auf eine Tradition zurückblicken, die heute nur noch von einer berühmten amerikanischen Marke übertroffen wird. Beide Hersteller kamen mit Zweizylinder-Viertaktmotoren zu Ruhm; der Boxer hier, der V-2 dort.

Dabei war der zufällige Einstieg in die Motorradfertigung einerseits dem Verbot geschuldet, nach dem verlorenen Ersten Weltkrieg Flugzeugmotoren bauen zu dürfen, andererseits sorgten zwei geniale Konstrukteure, die die ersten Nachkriegsjahre von BMW prägten, für den Einstieg in diesen Markt: Der begeisterte Motorradfahrer Martin Stolle regte überhaupt den Bau motorisierter Zweiräder an, er und Max Friz entwickelten den ersten BMW-Boxermotor, den Friz dann mit Kardanantrieb in das von ihm konstruierte Fahrgestell setzte. Die Geburtsstunde der BMW R 32 im Jahre 1923!

Unzählige Bücher über die Motorräder der Marke BMW sind bis heute veröffentlicht, alle Details, besonders im Bereich der Klassiker, ausführlich beleuchtet worden. Im Hinblick auf den 100. Geburtstag von BMW im Jahre 2016 erschien es mir dennoch sinnvoll, die gesamte Geschichte der motorisierten Zweiräder mit dem weiß-blauen Emblem in kompakter Form in einem neuen Buch zusammenzufassen. Reichlich bebildert finden sich alle wichtigen Informationen über Serienmotorräder und sportliche Erfolge bis in die Gegenwart. Auf ausführliche Tabellen mit technischen Daten wurde dabei bewusst verzichtet. Die lassen sich in vielen Nachschlagewerken zum Thema BMW-Motorräder finden, die zum Teil im Literaturnachweis am Ende dieses Buches benannt werden.

Frank Rönicke

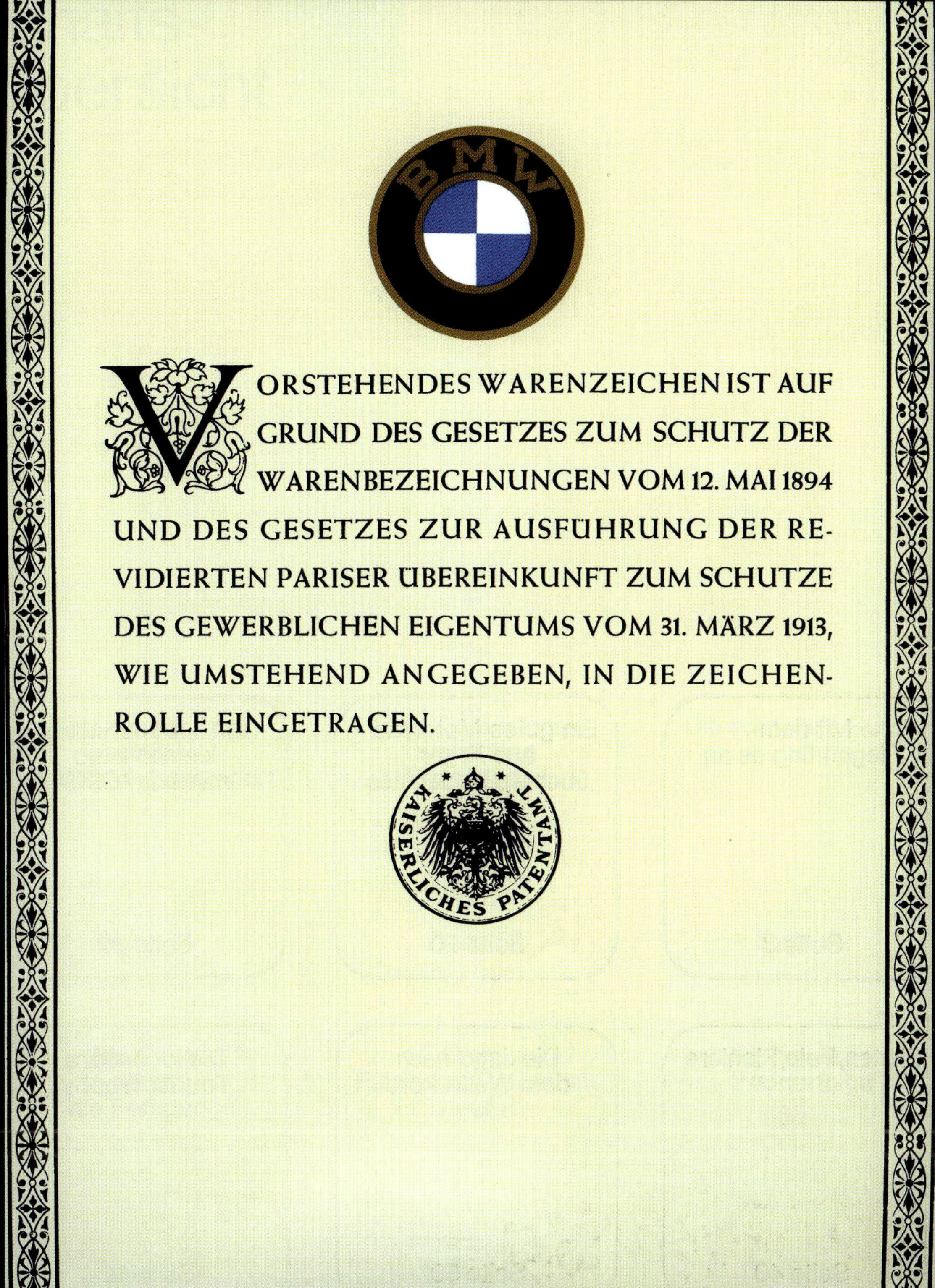

VORSTEHENDES WARENZEICHEN IST AUF GRUND DES GESETZES ZUM SCHUTZ DER WARENBEZEICHNUNGEN VOM 12. MAI 1894 UND DES GESETZES ZUR AUSFÜHRUNG DER REVIDIERTEN PARISER ÜBEREINKUNFT ZUM SCHUTZE DES GEWERBLICHEN EIGENTUMS VOM 31. MÄRZ 1913, WIE UMSTEHEND ANGEGEBEN, IN DIE ZEICHENROLLE EINGETRAGEN.

> Am 5. Oktober 1917 wurde das BMW-Markenzeichen beim Kaiserlichen Patentamt registriert.

Der Motor
M2 B15

Nach dem verlorenen Krieg war es den Bayerischen Motorenwerken verboten, weiter Flugmotoren zu bauen. Die Konstrukteure Max Friz und Martin Stolle konstruierten einen Zweizylinder-Boxermotor zum Einbau in Motorrad-Fahrgestelle und legten damit den Grundstein für eine Jahrhundert-Erfolgsstory.

Am 28. Oktober 1913 gründete der Motoren-Konstrukteur Karl Rapp in Münchens Schleißheimer Straße die »Rapp Motorenwerke GmbH« zu dem Zweck, Flugmotoren zu konstruieren und zu bauen. Diese erwarben sich alsbald einen schlechten Ruf und nur mit Hilfe der Lizenzfertigung von Austro-Daimler-Flugmotoren für das österreichische Militär konnten die Bayern einen schnellen Ruin verhindern. Der Österreicher Franz Josef Popp hatte alsbald die Firmenleitung übernommen; um sich von dem schlechten Ruf der Rapp-Werke zu befreien, benannte er die Firma am 20. Juli 1917 kurzerhand in »Bayerische Motorenwerke GmbH« um. Das neue BMW-Markenzeichen mit dem symbolischen Propeller wurde am 5. Oktober 1917 beim Kaiserlichen Patentamt registriert.

Wie alles begann

Den weiteren Verlauf schilderte der BMW-Konstrukteur der ersten Stunden, Martin Stolle, in seinen Lebensaufzeichnungen wie folgt:

»Im Herbst 1917 wurde ich von den Bayerischen Motoren Werken reklamiert *(Anm. d. Autors: Stolle leistete zu dieser Zeit Kriegsdienst in der Fliegerschule Oberschleißheim)*, da dort Motoren-Fachleute dringend für den Flugzeugbau benötigt wurden. Das Gesuch wurde befürwortet und ich sofort zur Arbeitsaufnahme beurlaubt.

Noch in den Gründungsräumen der Rapp Motoren Werke in München, Schleißheimer Straße 288, trat ich als Angestellter der Bayerischen Motoren Werke ein. Man gab mir die Betreuung der Abteilung Gesamtkontrolle zur Aufgabe und überließ mich meinem Schicksal. Ich hatte also hier in einem großen Raum, der ein großes Zimmer war, die Organisation des Kontrollwesens aller Teile einzurichten, mit der Hoffnung, bald in die neuen Räume am Rande des Oberwiesenfeldes umziehen zu können. Dieser Umzug wurde Anfang 1918 durchgeführt. Nun, etwas eingearbeitet und in den größeren Räumen mit erster Arbeit betreut, begann ich mich für die Fabrik zu interessieren, denn ich bekam am 1. April 1918 meinen Anstellungsvertrag als Ingenieur bei den Bayerischen Motoren Werken und meine Entlassung von der Wehrmacht.

Ein junger Ingenieur hatte etwa ein halbes Jahr vor meinem Eintritt in die BMW als Konstruktionschef hier angefangen, es war Max Friz. Er kam von Daimler, wo er maßgebend an Flugmotoren gearbeitet hatte. Sein neuer Höhenmotor war fertig und hat sich bereits bewährt, weshalb die Heeresverwaltung großen Wert auf Lieferung legte und alles tat, was dazu notwendig war. Ich hatte im Laufe der Zeit die Kontrolltätigkeit über die Genauigkeit aller Teile für den Motor bis auf 60 Personen gesteigert und wir hatten nur einen Verlust von etwa 2 % der Teile als Ausschuss. Es war eine stürmische Zeit, in

> Der vorerst letzte Höhenflug der BMW-Flugmotoren fand am 9. Juni 1919 mit einem Sechszylinder Typ BMW IV statt. Pilot Zeno Diemer flog auf eine Rekordhöhe von 9760 Metern. Ganz links Chefkonstrukteur Max Friz. Der Versailler Vertrag ließ danach keine Flugzeugaktivitäten bei BMW mehr zu.

der wir hier Flugmotoren bauen mussten, auch strengte die Eile einen jeden an. Zu meiner Tätigkeit erhielt ich noch die Garagen mit ihrem Reparaturdienst unterstellt. Als Wichtigstes aber die Abteilung Einzelfabrikation, in der alle ersten Versuchsteile entwickelt wurden. So kam ich dem Konstruktionschef immer näher und wurde dann sein Mitarbeiter.
Es kam der Oktober 1918. Der Erste Weltkrieg ging dem Ende zu. Unzählig viele Menschen sind nicht mehr. Sie sind gefallen oder gefangen. Die Arbeiter der Fabriken wurden nach Hause geschickt. So auch das Personal der BMW. Der Feind beschlagnahmte alle Zeichnungen. Alle Flugmotoren wurden abgefahren und später auch alles, was mit den Teilen der Fabrikation zu tun hat. Direktor Franz Josef Popp gab sich alle Mühe etwas zu retten, doch vergebens. So kam der Winter 1918/19 und die Fabrik war leer.«

Motorräder oder Lastkraftwagen?

»Als wir uns nach Monaten beruhigt hatten und das Schicksal als Wirklichkeit ansahen, kam der ernste Gedanke auf, Flugzeugmotoren können wir nicht mehr bauen, also was tun. In einer Besprechung zwischen Popp, Friz und meiner Wenigkeit schlug ich in langer Beweisführung vor, dass der Motorradmotor seine Zukunft hat und dass ich das aus

> **Eine englische Douglas mit Boxermotor. Martin Stolle hatte eine solche Maschine besessen und sich sehr wahrscheinlich von diesem Motorenkonzept inspirieren lassen.**

> **Ein Douglas-Fahrgestell, das im Original einen ähnlichen Boxer trug, war der erste Testkandidat für den neuen BMW-Motor. Folgendes Entwicklungsteam hatte Martin Stolle um sich geschart (v.l.n.r.): Leonard Weidenschilling, Rudolf Werberger, Rieß, Max Werberger, M. Stolle, Meister Koch, Pfannenstiel, Otto Weidenschilling, Heinritz, Bayreuter, Gritschacher, Harder, Waldkircher.**

der langen Zeit der Beobachtung genau weiß und dass ich dazu einen Zweizylinder vorschlage. Friz sprach für die Fertigung von Boots- und Lastwagenmotoren. Direktor Popp genehmigte beides.«

Der erste BMW-Boxer-Motor

»Friz begann im Frühjahr 1919, unter meiner Assistenz, mit den Zeichnungen und so entstand der Motor M2B15 und die Motorradgeschichte der Bayerischen Motoren Werke AG in München. Nach Fertigstellung der Zeichnungen baute ich sechs Versuchsmotoren und entwickelte gleich den ersten Motor zur Verkaufsreife, worauf die anderen fünf folgten. Der erste Motor Nr. 25001 wurde in einen englischen Motorradrahmen eingebaut und von mir, in harter Erprobung, gefahren. Davon existiert eine Aufnahme mit den Leuten, die daran gearbeitet haben, was hier festgehalten werden soll. Es waren die Männer, die den ersten guten und brauchbaren Motorradmotor geschaffen haben.«

> Und so sah der erste BMW-eigene Motorradmotor der Herren Stolle und Friz schließlich aus. Der Zweizylinder-Viertakt-Boxermotor hatte einen Hubraum von 486 cm³ und leistete 6,5 PS bei 2800 U/min.

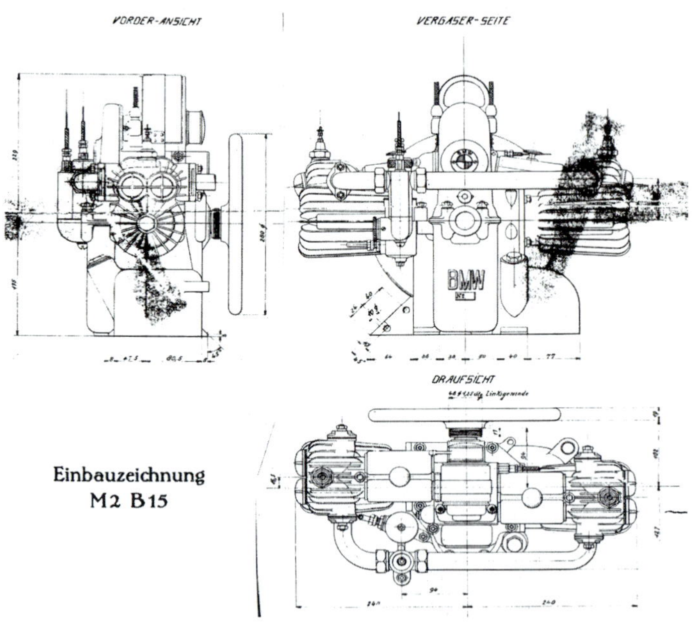

> Ende 1920 war der einfache, seitengesteuerte Boxermotor, der aber immerhin schon Aluminiumkolben aufwies, serienfertig. An der nicht mehr ganz einwandfreien Einbauzeichnung hat leider der Zahn der Zeit genagt.

Start der Serienfertigung für Victoria

»Ich fuhr mit dem im englischen Rahmen eingebauten Motor Nr. 25001 nach Nürnberg zu den Victoria Werken und diese Firma ging damit in die Erprobung. Friz besorgte sich in München den Führerschein, den Flugzeugmotorenkonstrukteure ja nicht brauchten, und wir machten nun zusammen eine Probefahrt nach Untertürkheim zur Eisengießerei, die unsere Zylinder gossen, wobei wir ohne jede Störung in München wieder eintrafen. Die Victoria Werke in Nürnberg bauten einen für den BMW Motor gut aussehenden Rahmen und bezogen etwa 2 ½ Jahre lang unseren Motor zur technisch vollsten Zufriedenheit.

Im Herbst 1921 gelang mir noch die große Leistung, in der sechstägigen Internationalen Reichsfahrt des ADAC mit dem Motor zwei Mal die schnellste Zeit des Tages zu fahren. Es war im Königstuhl-Bergrennen der erste Preis, im Kahlenberg-Rennen der erste Preis und den zweiten Preis im Flachrennen bei Wiesenthal. Damit waren alle Erprobungen durchgeführt und wir wussten, dass wir derzeitig den besten Motor in Deutschland gebaut hatten. In der Zwischenzeit hatte ich eine lange Reihe von Versuchen hinter mir, um den Motor noch schneller zu machen und dabei durch verschiedene Nockenwellenänderungen bereits große Erfolge erreicht.

In den Jahren 1920/21 hatten unsere Vereinskameraden vom ACM nach und nach ihre Motorräder, englischen Ursprungs, verkauft und sich die neue Victoria mit BMW Motor 500 cm³ angeschafft und wir fuhren fast jeden Sonntag gemeinsam unseren Zielen zu, die oft über die Grenze nach Österreich führten. Es war eine herrliche Zeit, wenn man mit 80 km/h sich durch die Straßen bewegen konnte. Der Motor ging sehr leise, wir hatten aber an jedem Motor eine Auspuffklappe, die auf freier Strecke immer geöffnet war, aber innerhalb von Ortschaften stets geschlossen sein musste, worauf wir ängstlich achteten. Clubausflüge gemeinsam durchzuführen, war in der damaligen Zeit durchaus üblich und als letzter Mann fuhr derjenige, der helfen konnte, wenn einer ausfällt und reparieren musste. Reifendefekte gab es immer noch auf den Makadamstraßen und die verrosteten Nägel gab es ebenfalls auch noch. Sehr häufig beteiligte sich auch Max Friz daran, mit seiner Frau, die die Fahrt auf dem Soziussitz mitmachen wollte. Auf einem Foto ist ein solcher Sonntagsausflug nach Tutzing erhalten geblieben. Am Freitag war Clubabend und man freute sich über die letzte Ausfahrt und machte eine neue für den Sonntag fest.

Bei der BMW ging alles weiter und der Betrieb nahm in der Zeit für die Fabrikation zu. Friz hatte einen Bootsmotor mit Wendegetriebe gebaut und machte Versuche im Boot auf dem Starnberger See. Auch

> Die Nürnberger Victoria-Werke waren ein dankbarer Abnehmer für den Motor aus München. Damit galt die KR 1 als eine der besten 500er Maschinen dieser Zeit.

> Victoria KR 1 in Vollausstattung mit Beleuchtungsanlage und Soziussitz. Die Nürnberger waren Hauptabnehmer der Münchner Motoren.

ich wollte einen neuen Motor bauen und wollte auch, dass wir Versuche mit BMW-Rahmen durchführen, aber man hatte bereits schon wieder größere Aufgaben vor.
Es kam ein Angebot für mich, von einer anderen Firma, wo ich die Gelegenheit hatte, einen noch schnelleren Motor zu bauen. Ich überlegte mir diese Sache gut und unterschrieb den Vertrag. Nun kündigte ich und war erstaunt darüber, wie das wirkte. Man wollte mir alles geben und Popp versuchte mich zu halten, aber ich hatte mich verpflichtet und konnte nicht zurück. Mich ließ das aber kalt, denn ich war mit vielen Dingen nicht zufrieden. Vielleicht war es auch, dass ich allein meine Arbeit mit meinem Namen anerkannt haben wollte, denn es war doch so, dass alles was ich machte, in der Öffentlichkeit von Friz stammte. Doch das muss wohl so sein, dass man sich dieser Differenz durch Kündigung und Verlassen der Firma entzog. Das ist der Welt-Lauf und auch Friz hat es mit Daimler ebenso gemacht. Außerdem wird jedes Mal ein Platz frei für einen würdigen Nachfolger.«

> Siegerfoto nach der Internationalen Sechstage-Fahrt 1921: Martin Stolle auf Victoria KR 1.

> Eine Sonntagsausfahrt der Münchner Motorradfreunde im Juli 1921 bei Tutzing (v.l.n.r): Josef Mayr, Max Schedler und Max Friz mit ihren Frauen, Martin Stolle und Fritz Nöbel.

> **Nach dem Produktionsverbot von Flugmotoren versuchten die Bayerischen Flugzeugwerke 1921/22, unter anderem mit diesem Leichtmotorrad mit 143-cm³-Zweitaktmotor die Produktionslücke zu schließen. Als die Firma 1922 mit BMW fusionierte, avancierte die »Flink« über Nacht zum ersten BMW-Motorrad.**

Die ersten BMW-Motorräder

Bleibt noch nachzutragen, dass BMW im November 1921 die Aktienmehrheit der ursprünglich von Gustav Otto (dem Sohn von Motor-Pionier Nicolaus Otto) gegründeten »Bayerischen Flugzeugwerke AG« übernommen hatte, wo man sich nach Kriegsende vor die gleichen Probleme gestellt sah wie BMW. Auch hier galt der Motorradbau als eine Möglichkeit, die Zeit zu überbrücken, bis man vielleicht wieder Flugmotoren bauen durfte. Konstrukteur Karl Rühmer schuf zunächst ein Leichtmotorrad mit einem 143-cm³-Einbaumotor des Berliners Carl Hanfland. Dazu gesellte sich bald ein schweres Motorrad namens Helios, in das Rühmer einen 500-cm³-Boxermotor von Douglas setzte. Die erhofften Verkaufserfolge blieben trotz des in der Serie eingebauten BMW-Motors M2 B15 aus, was mit dazu führte, dass BMW leichtes Spiel bei der Übernahme hatte und damit faktisch über Nacht zum Motorrad-Hersteller wurde. Mit der Zusammenführung der Firmen und der Trennung von der Knorr-Bremse AG, die bei BMW mehr und mehr die Fertigung dominiert hatte, wurde am 5. Juni 1922 die »Bayerische Motoren Werke Aktiengesellschaft« mit Sitz in der Münchner Neulerchenfeldstraße 76 gegründet.

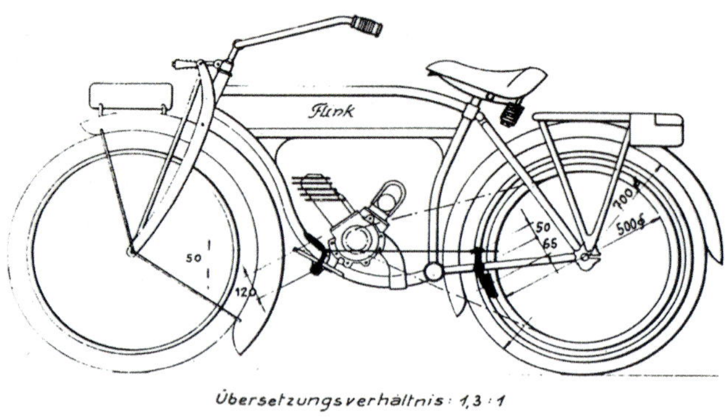

> **Die Flink blieb mehrfach überarbeitet bis zum Serienbeginn der R 32 im BMW-Programm.**

> **Durch die Fusion mit den Bayerischen Flugzeugwerken »erbte« BMW auch das Motorradmodell »Helios«, in das Max Friz 1922 den neuen BMW-Motorradmotor einpflanzte. Nur knapp über 1000 Maschinen zeugten von einem eher mäßigen Erfolg dieser Kombination.**

> Schon 1924 hatte es Rudolf Schleicher zu Titelehren bei der Zeitschrift *Das Motorrad* gebracht. Mit der durch Leichtmetall-Zylinderköpfe und Ventilabdeckungen verbesserten R 32 fuhr er erste Siege für BMW ein.

Die R 32
legt den Grundstein

Max Friz konstruierte den ersten BMW-eigenen Rahmen für den nun quer darin eingebauten Boxer-Motor. Die BMW R 32 war entstanden und Rudolf Schleicher sorgte mit sportlichen Erfolgen zusätzlich für das Aufblühen der neuen deutschen Motorradmarke.

Martin Stolle war zur Münchner Firma Wilhelm Sedlbauer gegangen, wo er sehr zügig einen neuen Boxermotor entwickelte und zur Serienreife brachte, der sich zwar an dem BMW-Triebwerk orientierte, diesem aber technisch und leistungsmäßig überlegen war. Stolle konnte Dr. Ottenstein, den damaligen Leiter der Victoria-Werke, von den Vorzügen seines neuen Motors überzeugen und die Nürnberger wechselten prompt den Lieferanten. Das war ein echtes Problem für BMW, denn damit war der Hauptabnehmer für den hauseigenen Motor entfallen.

Max Friz und die erste Boxer-Kardan-BMW

Nach dem eher mäßigen Erfolg mit der Helios schlug Max Friz seinem Chef Franz Josef Popp vor, ein völlig neues Motorrad zu konstruieren, das man unter der Marke BMW selbst produzieren und mit dem hauseigenen Triebwerk bestücken könnte. Im November 1922 erteilte Popp den Auftrag und Friz machte sich umgehend ans Werk.

Max Friz wird heute immer noch gerne als der alleinige Vater der BMW-Motorräder bezeichnet, was sicherlich nicht ganz den Tatsachen entspricht, wie im ersten Kapitel dieses Buches deutlich wird. Der Motorradliebhaber Martin Stolle initiierte den Bau von Motor-

> Max Friz, der BMW-Konstrukteur der ersten Stunde und Vater der R 32, ist in der Firmengeschichte der Bayerischen Motoren Werke längst unsterblich geworden.

> Die R 32 in einer sehr frühen Ausführung, erkennbar an den breiten, um den Tank herumlaufenden weißen Streifen. Die Lampe gab es gegen Aufpreis.

radmotoren wie den von Motorrädern bei BMW – vom Motor abgesehen geht die R 32 aber allein auf das Konto von Friz.

Der am 1. Oktober 1883 in Urach geborene Max Friz, der in Cannstadt in die Lehre ging und in Esslingen studierte, arbeitete ab 1906 bei der Daimler-Motoren-Gesellschaft, wo er unter anderem einen Automobil-Rennmotor entwarf, mit dem Christian Lautenschlager 1914 den Großen Preis von Frankreich gewann.

Er hatte sich also schon einen Namen als Konstrukteur gemacht, als er am 2. Januar 1917 bei der Rapp Motorenwerke GmbH, aus der wenig später die Bayerischen Motoren-Werke (BMW) hervorgingen, seine Arbeit aufnahm. Schnell machte sich Friz hier als Flugmotoren-Konstrukteur über deutsche Grenzen hinaus einen Namen – was ihm nach dem Krieg vorerst nichts mehr nützte.

> Die gleiche Maschine, jetzt ohne Lampe, von der linken Seite aus betrachtet. Wie bei anderen Herstellern auch waren die BMW-Werksfotos damals stark stilisiert.

> Noch eine R 32 von 1924, jetzt mit Vollausstattung: Ballhupe, Boschhorn, Lichtanlage (Schaltkasten im Rahmenheck) und Soziussitz mit eingeklappten Fußrasten aus einfachem Blechprofil. Das Kennzeichen weist den Stadtbezirk München aus.

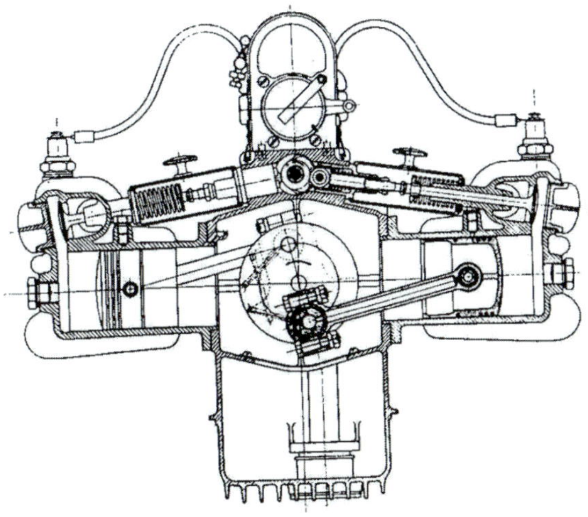

> Für die R 32 änderte sich die Motorbezeichnung in M 2 B 33, was lediglich auf ein geändertes Motorunterteil zurückzuführen war. Die Leistung wurde für die R 32 zuletzt mit 8,5 PS bei 3300 U/min angegeben.

Im BMW-Motorradbau ist sein Name untrennbar mit dem ersten echten BMW-Motorrad überhaupt, der R 32, verbunden. Nach dem eher missglückten Versuch mit der Helios sorgte Fritz für das Rohrrahmen-Fahrgestell, in den der Motor quer eingebaut werden konnte und für den Kardanantrieb. Zwei Grundprinzipien, die noch heute bei BMW Gesetz sind – jedenfalls bei den Boxer-Modellen. Die R 32 legte zweifellos den Grundstein für eine der noch heute weltweit bekanntesten Motorradmarken.

1925 wurde Friz Technischer Direktor und Chefkonstrukteur bei BMW, befasste sich jedoch hauptsächlich mit Flugmotoren. Für die Motorräder waren andere zuständig, die so manche Auseinandersetzung mit ihrem Chef austrugen. Und wegen ihm sogar BMW den Rücken kehrten (Rudolf Schleicher, Martin Stolle). 1945 ging Friz in den Ruhestand und starb 1966 als Dr.-Ing. E.h. in Tegernsee.

Die R 32 stellt sich vor

Auf dem Pariser Salon im Oktober 1923 wurde die R 32 erstmals der Öffentlichkeit vorgestellt. BMW hatte mit dieser Konstruktion eines quergestellten Boxermotors mit angeflanschtem Dreiganggetriebe, dem leichten Doppelschleifen-Rohrrahmen und dem Hinterradantrieb mittels Kardanwelle neue Wege im Motorradbau beschritten. Leistungsmäßig (8,5 PS bei 3300 /min) war die Maschine eher Mittelmaß, bestach aber mit einer Zuverlässigkeit, die man damals bei Kraftfahrzeugen im Allgemeinen noch nicht kannte. Die Maschine blieb mit einigen Änderungen bis 1926 im Programm und wurde in 3090 Exemplaren gefertigt. Die Handbremse wirkte zuletzt auf eine 155 mm große Innenbackenbremse in der Vorderradnabe anstelle des zweiten Klotzes auf der Riemenscheibe im Hinterrad.

> Die Produktion der R 32 in den frühen 1920er Jahren glich noch einer mittelalterlichen Manufaktur. 1924 wurden täglich etwa fünf Motorräder fertiggestellt.

> Eine R 32 aus mittlerer Produktionszeit mit schmalen Zierstreifen am Tank und noch ohne Vorderradbremse.

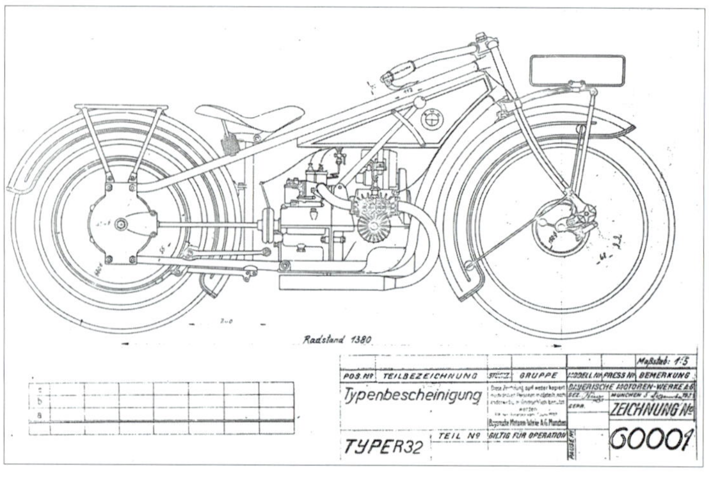

> Diese Zeichnung der R 32 stammt vom 5. Dezember 1923. Sie zeigt schon die Innenbackenbremse am Vorderrad, die tatsächlich erst 1925 eingeführt wurde.

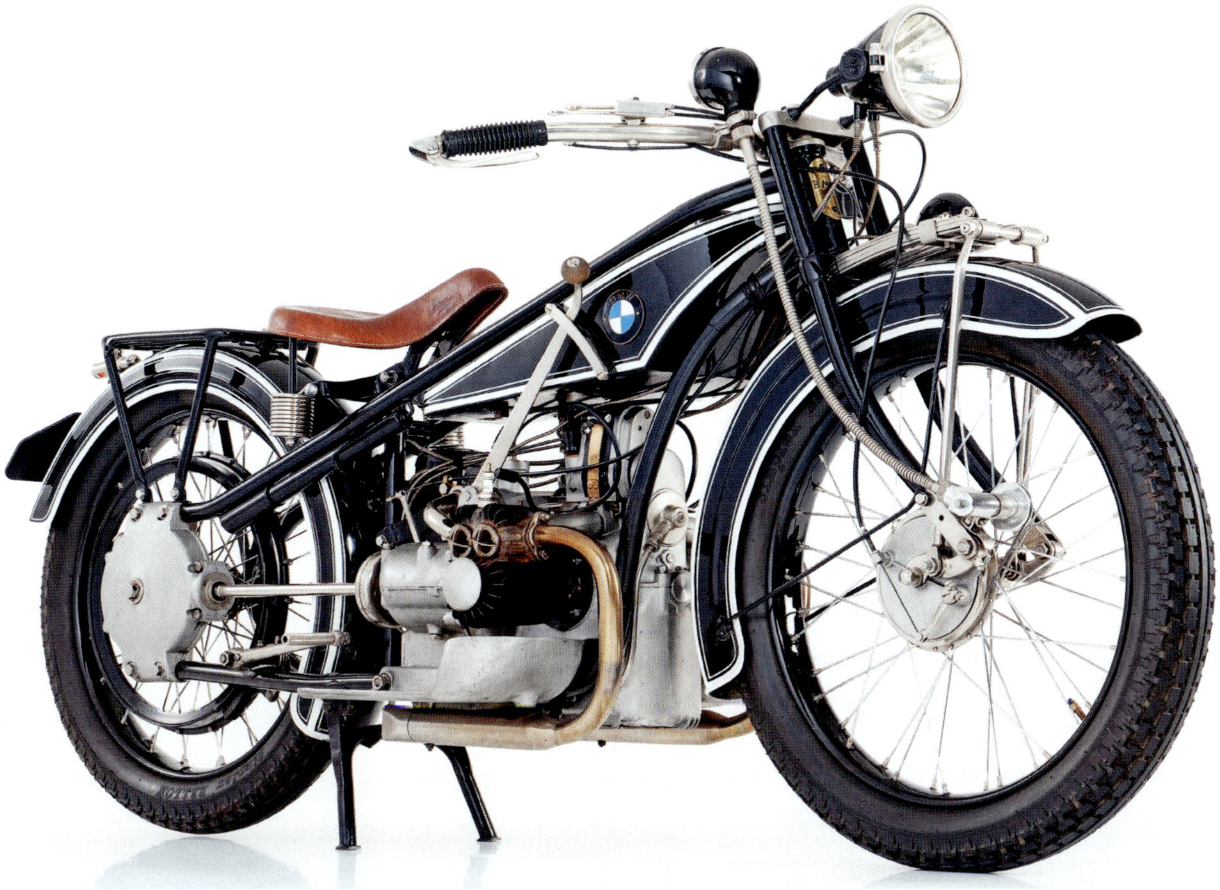

> Eine R 32 der Baujahre 1925/26, die Lampe ist immer noch Option, die jetzt auf das Vorderrad wirkende Handbremse wird aber serienmäßig eingebaut.

> Optional waren bei diesem Museumsstück auch die elektrische Hupe von Bosch und der am Vorderrad angetriebene Tachometer.

Rudolf Schleicher kommt zu BMW

Rudolf Schleicher hatte 1919 ein Maschinenbau-Studium an der Technischen Hochschule in München begonnen. Nebenher war er längst zum begeisterten Motorrad-Rennfahrer geworden und hatte sich vor allem auf englischen Maschinen die ersten Sporen verdient. Bald gehörte er zu einem erlesenen Kreis Münchner Rennfahrer und Rennbegeisterter, zu denen unter anderem Martin Stolle, Fritz Cockerell, Max Friz und Ernst Udet gehörten.

Nachdem er bis 1922 unter anderem mit einer 600er Douglas an verschiedenen Veranstaltungen teilgenommen hatte, brachte er im Jahr darauf eine Eigenbaumaschine an den Start, bei der ein BMW-Motor in einem geschweißten – und nicht wie damals üblich gemufften – Rohrrahmen hing. Schleicher gewann das Bergrennen Hindelang–Oberjoch im September und die erhöhte Aufmerksamkeit von BMW-Chefkonstrukteur Max Friz. Folgerichtig begann der Jungingenieur im Oktober 1923 als Assistent in der BMW-Konstruktion und half bei der Serieneinführung der R 32 mit. Gleichzeitig nahm er, damals nicht ungewöhnlich, als BMW-Werksfahrer auch an sportlichen Wettbewerben teil und fuhr bei der ADAC-Winterfahrt im Februar 1924 erste Erfolge für die damals noch sehr junge Motorradmarke ein.

> **Noch eine R 32 der letzten Baureihe, jetzt wieder in Vollausstattung und mit nach unten klappbaren, runden Soziusfußrasten.**

Für die im Frühjahr folgenden Rennen entwickelte Schleicher neue Zylinderköpfe aus Leichtmetall und mit Ventilen, die im Winkel von 90 Grad zueinander hingen und durch eine Abdeckung (für den gesamten Ventiltrieb) geschützt waren. Mit diesem 500-cm³-ohv-Motor und

> **Eine nachgestellte Aufnahme von 1987 mit dem damals 90-jährigen Rudolf Schleicher und dessen (nicht mehr ganz originalen) durch Leichtmetall-Zylinderköpfe und Ventilabdeckungen verbesserten R 32-Rennmaschine.**

Rudolf Schleicher jetzt als Rennleiter holte BMW, mit Franz Bieber als Spitzenfahrer, 1924 die erste deutsche Meisterschaft. Und um es gleich vorweg zu nehmen: ohne Rudolf Schleicher wären die großen sportlichen Erfolge von BMW-Motorrädern in den zwanziger und dreißiger Jahren nicht möglich gewesen. Und mit seinen technischen Innovationen, die zum Teil den Motorradbau revolutionierten, legte Schleicher einen der Grundsteine für eine heute immer noch weltweit etablierte Motorradmarke.

> Die für Renneinsätze umgebaute R 32 mit gegenüber der Serie geänderten Zylinderköpfen und Auspuffrohren. Auffällig auch die Fußrasten für die sportliche Sitzhaltung.

> Ein Treffen ehemaliger BMW-Konstrukteure der Frühzeit im Juli 1954 (v.l.n.r.): Oberingenieur Martin Stolle, Prof. Max Friz und Dipl.-Ing. Rudolf Schleicher.

> Der damals bekannte Rennfahrer Franz Bieber holte sich 1924 mit der sportlichen R 32 die Deutsche Straßenmeisterschaft in der 500er Klasse. Er hatte u. a. Schleiz, das Eifelrennen und das Solitude-Bergrennen gewonnen.

> In einem achtseitigen Prospekt stellte BMW 1927 die Modelle R 42 und R 47 vor, die endgültig die R 32 ablösten.

Serien- und Sportmotorräder der 1920er Jahre

> Aus der R 32, die Rudolf Schleicher unter anderem mit einer ohv-Ventilsteuerung versehen hatte, machten die Bayern ab 1925 das Kleinserienmodell R 37.

> So sah die R 37 in der normalen Serienausführung aus, wie sie private Rennfahrer zum Preis von 2.900 Reichsmark erwerben konnten.

Mit der ohv-gesteuerten R 37 hatte Rudolf Schleicher eine Maschine konstruiert, die für sportliche Erfolge sorgte und die Basis für künftige BMW-Sportmotorräder war.

Rudolf Schleicher übernahm beim Motorradbau von BMW umso mehr die Konstruktionsleiter-Tätigkeit, je mehr sich Max Fritz wieder dem Flugmotorenbau widmete. Ab 1925 hatte er den zuvor in der R 32 verbesserten Motor mit Leichtmetall-Zylindern, ohv-Steuerung und Ventilabdeckungen dann auch in einem neuen Serienmotorrad, der R 37, untergebracht. Und mit genau dieser Maschine, für die Sechstage-Fahrt präpariert, holte wiederum Rudolf Schleicher 1926 in England die erste Goldmedaille für einen deutschen Fahrer überhaupt.

Rudolf Schleicher geht zu Horch

Allerdings blieben Schleichers Doppelaktivitäten in Konstruktion und Sport nicht unumstritten. Andererseits sorgten die Erfolge der Rennfahrer auch für gute Absatzzahlen und stärkten frühzeitig das Markenimage der Bayern.

Doch als sich Rudolf Schleicher und sein engster Mitarbeiter Sepp Hopf der Entwicklung eines Kompressor-Motors widmen wollten (den es bei Victoria schon seit 1925 gab), zog Max Fritz, immer noch Schleichers Vorgesetzter, die Notbremse und stoppte diese Bestrebungen, für die er selbst (noch) kein Verständnis hatte. Schleicher zog die Konsequenzen und verließ BMW zum 31. März 1927, um bei Horch in Zwickau zusammen mit Paul Daimler den berühmten Horch-Achtzylinder weiterzuentwickeln.

Die R 37 im Motorsport

Die R 37 war eigentlich nur für den Motorsport vorgesehen, wurde aber auch ins offizielle Verkaufsprogramm aufgenommen. Mit 2.900 Mark war die Maschine jedoch sehr teuer, so dass bis 1926 nur 152 Stück produziert worden sind. Für Werksfahrer wurde die Maschine noch extra »scharf« gemacht. Es gab ein spezielles Rennfahrgestell, eine Außenbackenbremse am vorderen Ende der Kardanwelle und die Leistung lag um 2 bis 3 PS über den 16 PS der serienmäßigen R 37. Mit dieser Maschine war BMW zumindest in Deutschland sehr erfolgreich, international konnte man aber kaum mithalten. Für 1926 wurden Fahrwerk und Motor überarbeitet und mit einer Zweivergaser-Anlage waren nun 22 PS möglich.

> In der Frontansicht zeigt sich zwar eine schmale Silhouette des Fahrwerks, die aber von weit herausragenden Zylindereinheiten des Boxermotors dominiert wird.

> Ernst Henne holte am 2. Mai 1926 in der 500er Klasse auf der BMW R 37 in Karlsruhe seinen ersten Sieg für die Münchner.

> Und noch einmal Ernst Henne, jetzt mit der auf 750 cm³ aufgebohrten R 47, mit der er aus dem Kolberger Bäderrennen 1927 als Tagessieger hervorging.

Mit der R 39 zum Deutschen Meistertitel

Wirklich viel besser, was Verkaufszahlen angeht, erging es dem ab 1925 angebotenen Einzylinder-Modell R 39 auch nicht. Aber auch bei dieser, fahrwerksseitig an die R 32 angelehnten und von einem modernen, ohv-gesteuerten 250-cm³-Viertaktmotor (mit Ausnahme des Zylinderkopfs eine völlige Neukonstruktion) angetriebenen Maschine standen sportliche Aspekte im Vordergrund und weniger das Ziel, mit einem billigeren Motorrad breitere Käuferschichten zu erreichen. Dafür war die Maschine mit 1.870 Mark immer noch ein sehr teures Vergnügen und wurde in nur 855 Exemplaren gefertigt. Josef Stelzer konnte gleich 1925 die Deutsche Meisterschaft in der 250er Klasse mit dieser Maschine erringen, die aber schon in den Jahren danach den DKW-Ladepumpen-Zweitaktern nichts mehr entgegensetzen konnte. In der 500er Klasse dagegen blieb BMW in Deutschland unschlagbar.

> Dünne Schutzbleche und der Verzicht auf einen Werkzeugkasten kennzeichnen die späteren, für sportliche Wettbewerbe gedachten R 39.

> Das 250er Einzylinder-Modell R 39 war in erster Linie aus motorsportlichen Gründen konstruiert worden. Tatsächlich holte Josef Stelzer 1925 die erste und zugleich letzte Deutsche Meisterschaft für BMW in dieser Klasse.

> 6,5 PS leistete der mit hängenden Ventilen gesteuerte Einzylinder-Viertaktmotor der BMW R 39. 855 Reichsmark musste der sportlich-ambitionierte Fahrer dafür ausgeben.

Die R 42 folgt der R 32

Mit Sport eher weniger am Hut hatte die von 1926 bis 1928 gebaute R 42, die direkte Nachfolgerin der R 32, die auch noch eine Zeit lang parallel mitgebaut wurde. Der überarbeitete, seitengesteuerte Motor mit immer noch 500 cm³ Hubraum leistete jetzt stattliche 12 PS bei 3400 /min. Er hatte abnehmbare Zylinderköpfe aus Aluminium erhalten und war an den charakteristischen, mit Kühlrippen versehenen Deckeln zu erkennen. Ansonsten fielen der Seitenwagenanschluss am Hinterachsgetriebe, ein stärkeres Blattfederpaket an der Vordergabel und die Kardanbremse auf.

> Die R 42 war die Nachfolgerin der R 32 und wurde mit dieser noch eine Zeit lang parallel gefertigt. Mit 6.500 Exemplaren bis 1928 war es die vorerst meistgebaute BMW.

Chronik der Seitenventiler bis 1930

R 32	1923–1926	
2-Zyl.-4-Takt-Boxer	500 cm³ sv	8,5 PS / 3300 U/min
R 42	**1926–1928**	
2-Zyl.-4-Takt-Boxer	500 cm³ sv	12 PS / 3400 U/min
R 52	**1928–1929**	
2-Zyl.-4-Takt-Boxer	500 cm³ sv	12 PS / 3400 U/min
R 62	**1928–1929**	
2-Zyl.-4-Takt-Boxer	750 cm³ sv	18 PS / 3400 U/min

> Der R 42-Motor war gegenüber dem ersten BMW-Boxer in vielen Details überarbeitet worden. Nach der R 39 erhielt auch dieses Modell eine Kardanbremse am Getriebeausgang.

BMW wird Europameister

Die Basismaschine im Rennsport war für die Privatfahrer wie für die speziellen Werksrennmaschinen nun die verbesserte R 47, die 1927/28 gebaut wurde und sich fahr- und triebwerkstechnisch an der R 42 orientierte. Die Bremsen wurden für den Sportler vergrößert und die Motoren konnten bei Bedarf durch Aufbohrung der Zylinder auf 749 cm³ Hubraum erweitert werden. Mit einer solchen Maschine gewann Sepp Stelzer dann die Europameisterschaft auf dem Nürburgring.

Der Große Preis von Deutschland 1927 auf dem Nürburgring blieb der einzige Europameisterschaftslauf der Geschichte, bei dem auch Solo-

> Der sportliche Ableger der R 42 war die R 47, mit deren Basis zahlreiche sportliche Erfolge eingefahren wurden. Viele Privatfahrer, unter anderem der Thüringer Paul Greifzu, schworen auf dieses Modell.

Rennen in den Klassen bis 750 cm³ und 1000 cm³ ausgetragen wurden. Dieser Tatsache verdankten es zwei weitere Deutsche, am ersten Juliwochenende 1927 als Europameister gekürt zu werden.

Während BMW in der Klasse bis 500 cm³ an Konkurrenzfähigkeit verlor und den starken englischen Maschinen wie Norton oder Rudge meist nur hinterherfuhr, konnten die Bayern in Ermangelung starker Konkurrenz (Stelzers Rundenzeiten waren langsamer als die des Siegers in der 350er Klasse!) die 750er Klasse mit ihren aufgebohrten 500er Rennmaschinen dominieren. Josef Stelzer holte sich den Europameisterschaftstitel vor seinem Teamkollegen Paul Köppen. Während in den Folgejahren noch einige Deutsche Meisterschaften an BMW gingen, blieben die Bayern ein ganzes Jahrzehnt lang ohne weiteren internationalen Titel.

Chronik der ohv-Maschinen bis 1930

R 37	1925–1926	
2-Zyl.-4-Takt-Boxer	500 cm³ ohv	16 PS / 4000 U/min
R 39	**1925–1927**	
1-Zyl.-4-Takt	250 cm³ ohv	6,5 PS / 4000 U/min
R 47	**1927–1928**	
2-Zyl.-4-Takt-Boxer	500 cm³ ohv	18 PS / 4000 U/min
R 57	**1928–1930**	
2-Zyl.-4-Takt-Boxer	500 cm³ ohv	18 PS / 4000 U/min
R 63	**1928–1929**	
2-Zyl.-4-Takt-Boxer	750 cm³ ohv	24 PS / 4000 U/min

> Anton »Toni« Bauhofer fuhr 1928 mit der aufgebohrten R 47 die Deutsche Meisterschaft in der Klasse über 500 cm³ ein. Bauhofer wechselte 1930 zu DKW.

> Josef Stelzer beim Tauernrennen 1927. Mit der aufgebohrten R 47 Werksrennmaschine gewann er die Klasse bis 1000 cm³.

> Karl Gall (links), Deutscher Meister 1937 auf der 500er BMW, und Josef Stelzer, Europameister 1927 in der 750er Klasse sowie Deutscher Meister 1925 (250er) und 1929 (über 500 cm³), hier in Salzburg im Jahre 1927.

> Die BMW-Mannschaft beim Großen Preis von Österreich 1928 v.l.n.r.: Josef Stelzer, Karl Gall und Toni Bauhofer. Der Österreicher Gall gewann die 750er Klasse.

> Sechstagefahrt des DMV in Deutschland 1928. Im BMW-Werksteam sticht Ernst Henne – hier bei der Kontrolle seiner BMW vor dem Start – am meisten heraus.

> Noch einmal Ernst Henne bei der DMV-Sechstagefahrt an einem Kontrollpunkt.

> Ende der 1920er Jahre waren die BMW-Renner in aller Regel mit einem aufgeschnallten Zusatztank unterwegs. Diese Aufnahme einer restaurierten R 47-Rennmaschine stammt von einem Klassikrennen in den 1980er Jahren.

> Auch Paul Köppen gehörte zu den BMW-Stars der Frühzeit. Hier wird er 1929 als Sieger der Targa Florio auf Sizilien geehrt, die er auch 1927 gewonnen hatte. Rechts neben ihm Ernst Henne, der Sieger von 1928.

> Ein weiterer großer Rennfahrer der 1920er Jahre war der Kölner Hans Soenius, hier auf einer BMW-Werksrennmaschine von 1929. Soenius holte ab 1927 dreimal hintereinander für BMW den Deutschen Meistertitel in der 500er Klasse.

BMW-Maschinen werden dienstverpflichtet

Gleich zwei neue BMW-Maschinen wurden ab 1928 vom Heer als Normausstattungs-Fahrzeuge eingestellt. Die R 52 leistete mit ihrem seitengesteuerten 500er Boxermotor 12 PS und war in der Nachfolge der R 32 und der R 42 ein typisches, genügsames BMW-Arbeitstier. Die R 52 gehörte zu einer neuen Generation von BMW-Motorrädern mit neu konstruierten Motoren, größeren Bremsen, und Drahtreifen anstelle der bisher verwendeten Wulstreifen. Die verhältnismäßig preiswerte Maschine (1.510 Mark) war bei den Behörden, wo sie meist mit Beiwagen gefahren wurde, sehr beliebt und auf Grund ihrer Robustheit ebenso interessant für den Heereseinsatz.

Die ebenfalls noch traditionell seitengesteuerte R 62 schaffte es auf standesgemäße 18 PS bei 750 cm³ Hubraum. Auch die 750er gehörte zur neuen BMW-Generation wie oben bei der 500er beschrieben. Beide Maschinen dienten, mit Beiwagen ausgerüstet (die entweder von der Nürnberger Firma Steib oder der Leipziger Firma Stoye kamen), im Heer als Kradschützengespanne und beide Modelle wurden nur 1928/29 gebaut. Aber sowohl im zivilen wie im behördlich-militärischen Bereich übertraf die Dreiviertelliter-Maschine die kleinere 500er in der Beliebtheit beim fahrenden Volk. Nicht zuletzt deshalb, weil sie sich noch besser für den Seitenwagen-Betrieb eignete.

> Die rasche Entwicklungsfolge in der zweiten Hälfte der 1920er Jahre brachte 1928 die BMW R 52 als Nachfolgerin der R 42. Der Motor war erneut überarbeitet und der Schalthebel neu verlegt worden.

> Die R 62 war nur bei genauem Hinsehen am Zylinderdeckel (eine Halteschraube mehr) von der R 52 zu unterscheiden. Beide Maschinen wurden nur 1928/29 gebaut und mit unterschiedlichen Auspuffrohren ausgeliefert.

> Ein BMW R 52-Gespann der Reichswehr mit einem MG 13 in Luftzielanschlag. Die Soldaten tragen noch die Stahlhelme des Kaiserreiches.

> Noch eine R 62, optional mit Beleuchtungsanlage und Boschhorn ausgestattet. In der Basisversion kostete die 750er Maschine 1.850 Reichsmark und war damit 340 Mark teurer als die 500er.

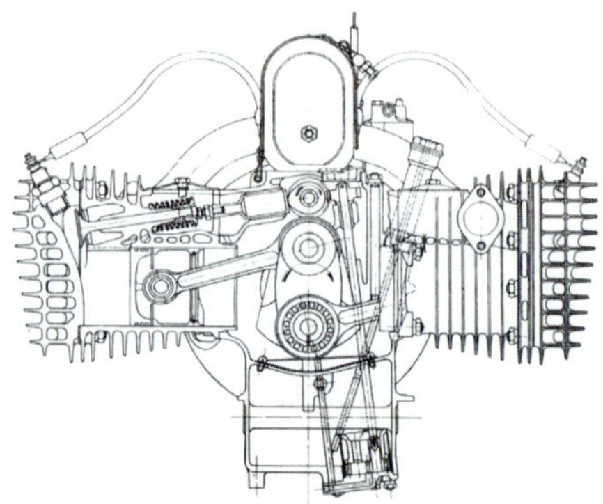

> R 52 und R 62 hatten die gleiche Motorbasis mit einer einteiligen, rollengelagerten Kurbelwelle. Die Zeichnung zeigt sehr schön die Zweietagen-Kühlung der Zylinderdeckel.

> Ein aufgeschnittenes Exemplar des R 52/R62-Motors. 12 PS leistete die kleine, 18 PS die hubraumgrößere Version. Auch hier ist die Kühlluftführung am Zylinderdeckel gut zu erkennen.

Die letzten Sportmaschinen der 1920er Jahre

Mit den Modellen R 57 (494 cm³) und R 63 (735 cm³) wurden den beiden neuen Seitenventilern auch wieder zwei sportliche, ohv-gesteuerte Maschinen an die Seite gestellt. Die 500er, von 1928 bis 1930 in knapp über 1000 Exemplaren gefertigt, brachte es auf 18 PS bei 4000 /min, die größere Maschine leistete starke 24 PS bei der gleichen Drehzahl.
Nach Schleichers Abgang brachten dann Max Friz und Sepp Hopf in den Folgejahren bei BMW doch einen Kompressor-Motor nach Zoller-Bauart auf den Prüfstand, mit dem sich Ernst Henne im September 1929 den ersten Geschwindigkeitsrekord (216,75 km/h) holte.

> Die bis 1930 gebaute R 57 war der ohv-Ableger der R 52. Die Sportmaschine leistete 18 PS bei 4000 /min, kostete 1.850 Reichsmark und wurde in knapp über 1000 Exemplaren gebaut.

> Die 750er ohv-Maschine erhielt die Bezeichnung R 63. Ihr Motor leistete 24 PS bei 4000 /min. 794 in den Jahren 1928/29 gebaute Exemplare kosteten in der Grundversion 2.100 Reichsmark.

> Der Motor ließ sich immer noch mit dem normalen Kickstarter anwerfen. Mit dem Zoller-Kompressor erreichte der Motor 31 PS bei 6000/min.

> Der ohv-Boxer der R 63 war an seinen besonders großen Zylinderköpfen zu erkennen.

> Mitte des Jahres 1929 war die 500er Kompressor-Rennmaschine einsatzbereit. Neben dem massiven Antriebsblock fällt die gegen die Gabel abgestützte vordere Bremse auf.

> Die Kamera konnte ihn nicht mehr einfangen: Ernst Henne mit der verkleideten 750er Kompressor-BMW 1929 auf Rekordjagd entlang der Ingolstädter Landstraße am Stadtrand von München.

> Am 19. September 1929 hatte Henne auf dieser Strecke den absoluten Geschwindigkeitsweltrekord für Motorräder von 216,75 km/h herausgefahren.

> Eines von vielen Kriegstitelbildern der Zeitschrift *Das Motorrad* und eines von mehreren, das die BMW R 75 zeigt.

Für Volk und Vaterland:

BMW-Motorräder bis 1944

Die 1930er Jahre des vorigen Jahrhunderts waren reich gesät an Innovationen im internationalen Motorradbau und BMW war hier nicht selten in der Vorreiterrolle.

Etwa bei Rahmenkonstruktionen, der Einführung der Telegabel oder der Hinterradfederung. Zwar waren R 52 und R 62 Konstruktionen einer neuen BMW-Ära, dennoch handelte es sich bei ihnen in gewisser Weise um Zwischenmodelle, da für die wirklich neuen und zukunftsträchtigen BMW-Maschinen ein neuer Pressstahlrahmen vorgesehen war, der die ältere Rohrkonstruktion ablösen sollte.

Ein neuer Pressstahlrahmen für R 11 und R 16

So wurde dann ab 1929 der Nachfolgetyp BMW R 11 mit dem nahezu unveränderten 750-cm³-sv-Motor gebaut, der bis 1934 in fünf Entwicklungsstufen (Serien) ständig modernisiert wurde und dessen Leistung von anfänglich 18 auf letztlich 20 PS stieg. Obwohl die R 11 einen äußerst wuchtigen Eindruck hinterließ, war sie doch nur 10 kg schwerer als ihre Vorgängerin.

Das Fahrwerk mit dem Pressstahl-Profilrahmen und der Blattfeder-Pressstahl-Schwinge am Vorderrad war bei der R 11 völlig neu.

Optisch war die IV. Serie am neuen Druckfedersattel zu erkennen, Änderungen an den Pleuellagern und der Lagerung der Kardanwelle im Hinterachsgetriebe waren dagegen nicht sichtbar. Bei der letzten R 11-Serie von 1934 gab es einen neuen Scheinwerfer, neue Schalldämpfer und die beiden Amal-Vergaser (vorher nur ein Vergaser) ließen die Leistung von 18 auf 20 PS steigen. Die R 11 war ein richtiger Ackergaul und auf Beiwagenbetrieb ausgelegt, was sie natürlich auch zum idealen Kradschützengespann machte. Die Maschine kostete 1.750 Reichsmark und wurde insgesamt 7500 Mal produziert.

Wie es bei BMW inzwischen Tradition war, wurde dem Seitenventiler auch wieder ein ohv-Modell zur Seite gestellt. Die R 16 entsprach vom Fahrgestell her der R 11 und machte in fünf Bauserien auch deren Entwicklungsschritte mit. Wobei in der Serie I ab 1929 der Motor noch exakt dem der R 63 entsprach. Ab 1932 und der Serie III gab es dann auch für die R 16 zwei Vergaser, einen Nassluftfilter und eine Leistungssteigerung von 25 auf 33 PS. Im hohen Preis von 2.200 Reichsmark war eine Beleuchtungsanlage mit an Bord, die es ab 1929 bei BMW serienmäßig gab.

Chronik der Modelle R 11 und R 16

R 11 Serie I	1929–1930	
2-Zyl.-4-Takt-Boxer	750 cm³ sv	18 PS / 3400 U/min
R 11 Serie II	**1930–1931**	
2-Zyl.-4-Takt-Boxer	750 cm³ sv	18 PS / 3400 U/min
R 11 Serie III	**1931–1933**	
2-Zyl.-4-Takt-Boxer	750 cm³ sv	18 PS / 3400 U/min
R 11 Serie IV	**1933**	
2-Zyl.-4-Takt-Boxer	750 cm³ sv	18 PS / 3400 U/min
R 11 Serie V	**1934**	
2-Zyl.-4-Takt-Boxer	750 cm³ sv	20 PS / 4000 U/min
R 16 Serie I und II	**1929–1932**	
2-Zyl.-4-Takt-Boxer	750 cm³ ohv	25 PS / 4000 U/min
R 16 Serie III	**1932**	
2-Zyl.-4-Takt-Boxer	750 cm³ ohv	33 PS / 4000 U/min
R 16 Serie IV	**1933**	
2-Zyl.-4-Takt-Boxer	750 cm³ ohv	33 PS / 4000 U/min
R 16 Serie V	**1934**	
2-Zyl.-4-Takt-Boxer	750 cm³ ohv	33 PS / 4000 U/min

Wieder Einzylinder-Maschinen von BMW

BMW hatte sich nach der R 39 aus dem Einzylindergeschäft zurückgezogen, wurde aber einige Jahre später durch die Weltwirtschaftskrise und die seit 1928 eingeführte Steuer- und Führerscheinfreiheit für Motorräder bis 200 cm³ Hubraum gezwungen, mit der R 2 einen 200-cm³-Viertakter zu bringen, der jetzt Käuferschichten mit schwächerem Einkommen bedienen konnte. Und bediente: Die Maschine

> Eine Vorserienmaschine vom Typ R 11 von 1929 mit unverändertem R 62-Triebwerk.

> BMW R 11 der dritten, von 1931 bis 1933 gebauten Serie. Das Ansaugrohr war jetzt mit einer Heizleitung versehen, die Kardanwelle geteilt und ein neuer Sum-Vergaser mit Nassluftfilter bereitete das Gemisch auf.

> Mit der vierten Serie der R 11 wurde 1933 die Kulissenschaltung am Rahmen eingeführt, der Sattel erhielt Zugfedern statt der bisherigen Druckfedern und die vordere Gabel Reibungsstoßdämpfer.

> R 11 Serie V Baujahr 1934: Zwei Amal-Vergaser und ein neuer Schalldämpfer sorgten für 20 PS bei 4000 /min. Außerdem wurde erstmalig auf Batteriezündung umgestellt.

> Die R 16 der ersten und zweiten Serie (1929 bis 1932) war praktisch eine R 63 mit neuem Fahrgestell. Die Motorleistung wurde jetzt allerdings mit 25 PS angegeben.

> Eine R 16 der letzten (fünften) Serie von 1934. Schon seit der dritten Serie 1932 schraubten zwei Amal-Vergaser die Leistung auf 33 PS. Ansonsten wurden die bei der R 11 eingeführten Änderungen übernommen.

> BMW R 11-Gespanne im Einsatz beim NSKK, dem Nationalsozialistischen Kraftfahrerkorps. (Foto: André Kolonko)

mit dem neuen BMW-Pressstahl-Rahmen, die bis 1936 gebaut und stetig weiterentwickelt worden war, erreichte mit über 15.000 gebauten Exemplaren die bis dato höchste Stückzahl eines BMW-Motorrades. Und dabei war sie mit 975 Mark nicht wirklich billig.

Eine weitere Einzylindermaschine war die 1932 erschienene R 4, die ebenso erfolgreich am Markt war wie die kleinere R 2. Da zu dieser Zeit neben der kleinen 200er nur noch 750er Boxer-Maschinen im BMW-Angebot standen, war es notwendig, ein Mittelklasse-Modell mit dem etwas ungewöhnlichen Hubraum von 400 cm³ auf den Markt zu bringen. Man sprach auch bei diesem Modell von fünf Bauserien bis 1936. Die wichtigste Neuerung kam schon in der 2. Serie 1933, als nämlich ein Viergang-Getriebe mit Tank-Kulissenschaltung das bisher dreigängige mit Kugelschaltung ablöste. Wichtig war in diesem Jahr auch der längs liegende Kickstarter, der bis dahin quer zu treten war.

> Eine R 2 der Serie I von 1931, erkennbar am offenen Zylinderkopf. Ab der Serie II wurde der Zylinderkopf abgedeckt und die Druckölschmierung eingeführt.

> Mit der R 2 (im Bild ein Modell von 1934) reagierte BMW ab 1931 auf die Weltwirtschaftskrise und die Steuer- und Führerscheinfreiheit für Motorräder bis 200 cm³ Hubraum.

> Die R 2 durchlief während ihrer Bauzeit diverse optische und technische Veränderungen. Ab 1934 erreichte der ohv-gesteuerte Viertakter 8 PS bei 4500 /min (vorher 6 PS bei 3500 /min). Im Bild eine R 2 aus dem letzten Baujahr 1936.

> Ein BMW-Prospekt von 1934 zeigt eine R 4 aus der dritten Fertigungsserie mit Viergang-Getriebe, Fußrasten anstelle der Trittbretter, Stoßdämpfern an der Vordergabel und weiteren Neuerungen.

> Die Detailaufnahme von der R 4 zeigt den ab der Serie II (1933) über dem Schutzblech montierten Reibungsstoßdämpfer.

Nennenswerte Neuerungen waren 1934 der im Scheinwerfer integrierte Tacho, die Unterbringung des Werkzeugkastens im Getriebe-, später im Motorgehäuse und ein Gummistoßdämpfer zwischen Getriebeflansch und Kardanwelle. 1936 wurde das sogenannte Einheitsgetriebe unter anderem mit einem höheren Schaltdom eingeführt. Die unverwüstliche R 4 wurde in einigen Tausend Exemplaren an Reichswehr und Wehrmacht geliefert. Vom zivilen Modell unterschied sich diese Maschine durch die Lackierung, die Packtaschen und das Motorschutzblech. Sie diente hier vornehmlich als Kurier- und Ausbildungsfahrzeug, ehe sie im Zweiten Weltkrieg für diverse andere Zwecke verschlissen wurde.

> Die R 4 in der ab 1934 gebauten dritten Serie war äußerlich am größeren Tank zu erkennen. Insgesamt gab es bis 1937 fünf Serien der R 4 mit ständigen Weiterentwicklungen.

> Eine R 4 der Serie III in militärischem Outfit, wie sie in einigen tausend Exemplaren an Reichswehr und Wehrmacht geliefert wurde. Von der R 4 entstanden insgesamt 15.295 Fahrzeuge, die zivil für 1.150 Reichsmark zu haben waren.

> Kradmelder auf BMW R 4 im Einsatz.

R 12 und R 17 – die Teleskopgabel kommt

Mit rund 36.000 (zumeist an die deutsche Wehrmacht gelieferten) R 12 war dieses Modell das mit Abstand meistgefahrene BMW-Motorrad vor und während des Zweiten Weltkrieges. Ab 1935 löste es die R 11 ab, wobei sich bis auf die ölgedämpfte Teleskopgabel, die hier erstmals Verwendung fand, kaum etwas geändert hatte. Beim Motor wurde, zur leichteren Handhabung im Feld, nur auf die Ein-Vergaser-Version mit 18 PS zurückgegriffen. Der seitengesteuerte 750er war die Zuverlässigkeit in Person und zog mühelos jeden noch so voll beladenen Beiwagen mit. Die Militärbehörden waren nach Testeinsätzen schwer begeistert und platzierten den größten Einzelauftrag für Militärkräder in Deutschland.

Allerdings war auch diese Maschine nach wie vor nicht speziell für den Fronteinsatz konstruiert worden. Dennoch ging die gesamte Jahresproduktion 1938 an die Wehrmacht. Wieder waren es die Lackierung und die Packtaschen, die im Wesentlichen den Unterschied zur zivilen Version, die aber den Zweivergaser-Motor mit 20 PS trug, ausmachten. In den Kriegsjahren wurde dann auf den übermäßig geschwungenen Vorderkotflügel zugunsten einer einfacheren Version verzichtet.

> Zwei frühe R 12-Ausführungen aus dem ersten Produktionsjahr 1935, erkennbar an den einfach gestalteten vorderen Kotflügeln und den Ösen an der Kardan-Getriebe-Abdeckung. Die zivilen R 12 waren mit 2 Vergasern bestückt (20 PS), die Behördenmaschinen nur mit einem.

Parallel zur R 12 erschien die BMW R 17 mit leistungsstarkem ohv-Motor (der unverändert von der letzten R 16-Baureihe übernommen worden war, also 33 PS bei 5000 /min leistete) und dem ansonsten gleichen Fahrwerk, wie es die seitengesteuerte Maschine trug. Also auch hier wurde erstmals im Motorradbau die Teleskopgabel zur Vorderradführung verwendet. Während die R 12 vor allem aus militärischer Notwendigkeit bis 1941 gebaut wurde, endete die Fertigung der 2.040 Reichsmark teuren R 17 schon im Jahre 1937, nach nur 434 gefertigten Exemplaren.

1934 waren die ersten Teleskopgabeln bei BMW und dem Prototypen R 7 aufgetaucht (siehe Abbildungen). Ab 1935 wurden sie bei den großen Modellen R 12 und R 17 wie beschrieben serienmäßig eingesetzt. Rudolf Schleicher, seit 1931 zurück bei BMW, hatte mit stark dimensionierten Gleitbuchsen, der Ölfüllung und der hydrauli-

> Die R 12 war die erste BMW-Serienmaschine, die eine Telegabel erhielt. Damit hatten die Bayern weltweit für Aufsehen gesorgt.

> Eine R 12 aus der zweiten Serie, immer noch mit den gleichen Kotflügeln, aber der geänderten Abdeckung am Hinterachsgetriebe.

> R 12-Cockpit mit Veigel-Tachometer. Das Patent für den Einbau eines Tachometers im Lampengehäuse hatte ein paar Jahre zuvor ein gewisser Martin Stolle erhalten …

> Der R 12-Motor – hier in der Einvergaser-Behördenversion – hatte sich prinzipiell seit den letzten R 62-Modellen von 1928 kaum verändert.

> Die R 12 der Bauzeit 1936/37 in militärischem Outfit. Hier noch mit Alutrittbrettern, auf die später zwecks Materialeinsparung zugunsten einfacher Fußrasten gerne verzichtet wurde.

> 1936/37 wurde die R 12 mit diesem Vorderradkotflügel ausgeliefert, über dessen Schönheit sich streiten lässt.

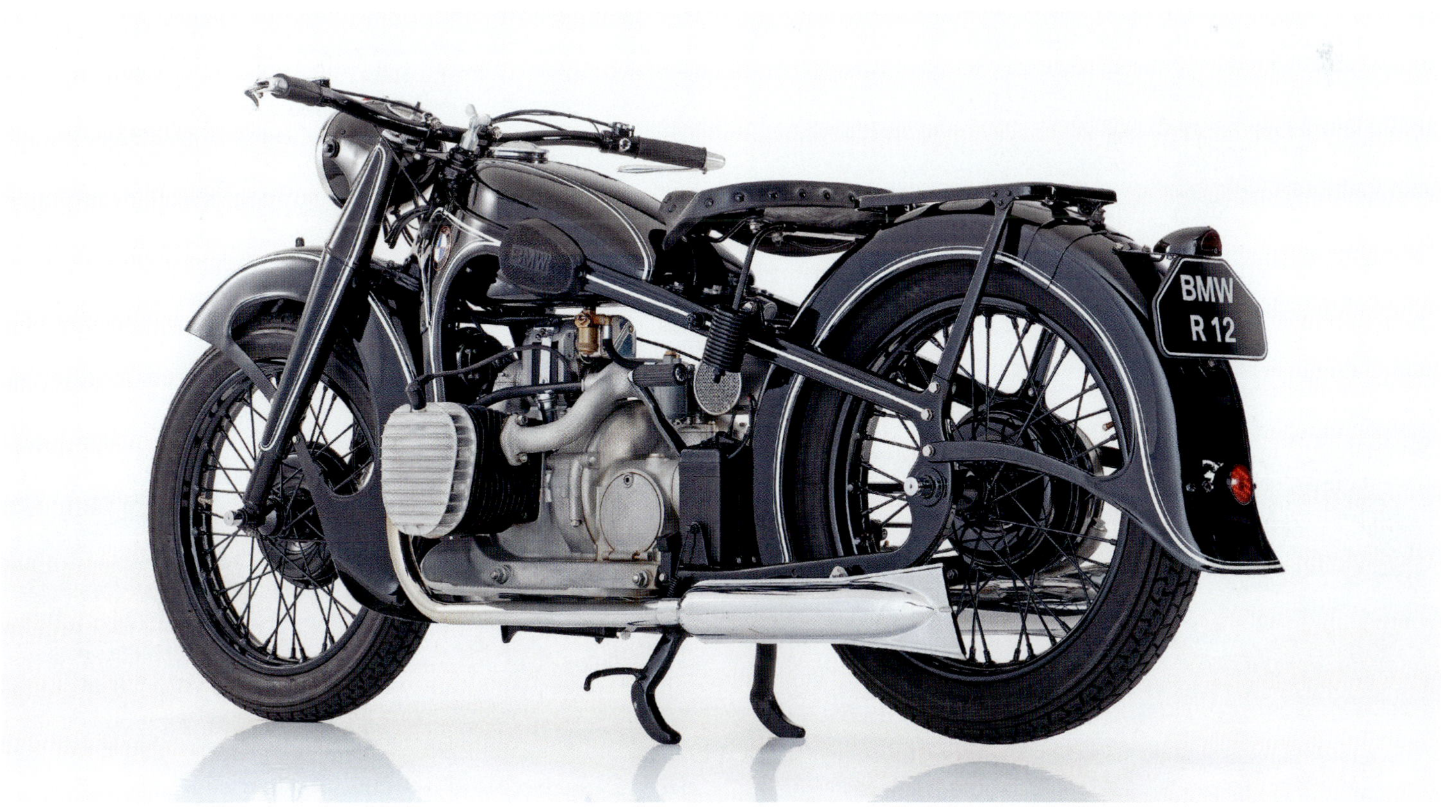

> In der Version mit einem Vergaser wurde die R 12 – vor allem für Behörden und die Wehrmacht – noch bis 1941 gebaut.

schen Dämpfung durch Überströmventile an den Ölkammern die weltweit erste hydraulisch gedämpfte Teleskopgabel geschaffen. Die auf seinen Namen patentierte Technik zur Vorderradführung ist bis heute Grundlage aller weiterführenden Entwicklungen von Teleskopgabeln gewesen.

> Auf einer BMW R 12 ließ sich jeder Soldat gern ablichten: Fototermin in der Ausbildungspause.

Chronik der Seitenventiler bis 1941

R 12 Einvergaser	1935–1941	
2-Zyl.-4-Takt-Boxer	750 cm³ sv	18 PS / 3400 U/min
R 12 Zweivergaser	**1935–1938**	
2-Zyl.-4-Takt-Boxer	750 cm³ sv	20 PS / 4000 U/min
R 6	**1937**	
2-Zyl.-4-Takt-Boxer	600 cm³ sv	18 PS / 4800 U/min
R 61	**1938–1941**	
2-Zyl.-4-Takt-Boxer	600 cm³ sv	18 PS / 4800 U/min
R 71	**1938–1941**	
2-Zyl.-4-Takt-Boxer	750 cm³ sv	22 PS / 4600 U/min

> Eine R 17 von 1935 kostete fast 400 Reichsmark mehr als die in gleicher Ausstattung, aber mit seitengesteuertem Motor ausgelieferte R 12.

> Wie die R 12 erhielt auch ihre sportliche Schwester 1936 den wuchtigen Kotflügel, der eher wenig Sportsgeist vermittelte.

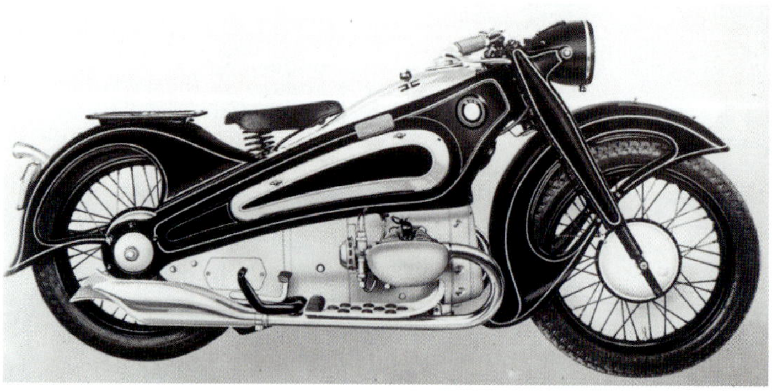

> Der üppige Blechrahmen im Stromliniendesign sollte völlig neu konstruierte Motoren von 500 bis 800 cm³ tragen, von denen am Ende ebenso wenig übrig blieb wie vom Rahmen und dem ungefederten Heck.

> Die geschwungenen Kotflügel und natürlich die Teleskopgabel waren alles, was von einer Konstruktion des Jahres 1934 für spätere Serienmodelle übrig blieb. Der von Alfred Böning aufgebaute Prototyp einer BMW R 7 ging nicht in Serie.

Ein neuer Doppelschleifen-Rohrrahmen hält Einzug

Mit den Telegabeln hielt im Jahr darauf auch ein neuer, aus konisch gezogenen und unter Schutzgas elektrisch verschweißten Stahlrohren gefertigter Rahmen bei den Serienmaschinen Einzug, der zuvor bereits in der Renntechnik verwendet worden war.

Als seine beste Entwicklung überhaupt bezeichnete Schleicher später einmal die R 5 von 1936. Die 500-cm³-Maschine mit 24 PS setzte mit ihrem Doppelschleifenrahmen und der Telegabel Maßstäbe in Sachen Fahrstabilität und Handlichkeit. Der neue ohv-Boxermotor hatte nun

> Eines der ersten R 5-Serienmodelle von 1936. Zwar ist noch der Handschalthebel zu erkennen, die R 5 wartete als erste BMW aber schon mit einem neuen, fußgeschalteten Viergang-Getriebe auf.

> Die gleiche Maschine noch einmal von der Kardanseite aus gesehen. Mit dem neuen Doppelschleifen-Rohrrahmen und den Telegabeln sahen die Maschinen wesentlich sportlicher aus und hoben sich deutlich von ihren eher plumpen Vorgängern ab.

> Ein mit Kühlrippen versehener Deckel über der Lichtmaschine und ein zentraler Luftfilter auf dem Getriebe kennzeichneten vor allem die R 5 des Baujahres 1937.

> Dies ist noch der R 5-Motor von 1936 mit je einem »Ohren-Luftfilter« vor dem Gehäuse. Mit dem neuen Tunnelgehäuse waren die BMW-Konstrukteure erstmals vom Grundkonzept der früheren Boxermotoren abgerückt.

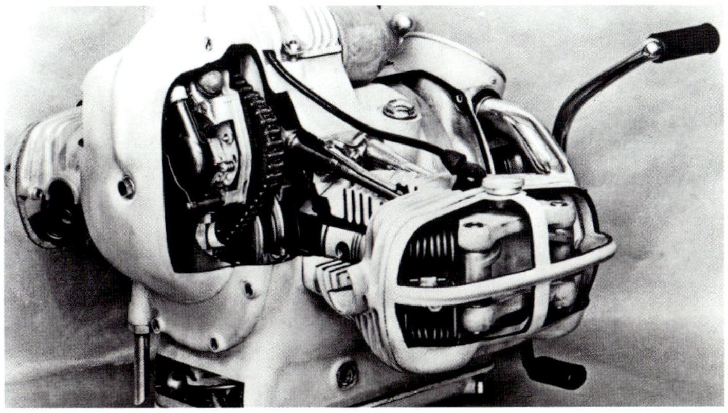

> Das Schnittmodell des R 5-Motors zeigt u. a. die Haarnadel-Ventilfedern und die kräftigen Kipphebel-Lagerböcke. Der Motor leistete 24 PS bei 5800 U/min.

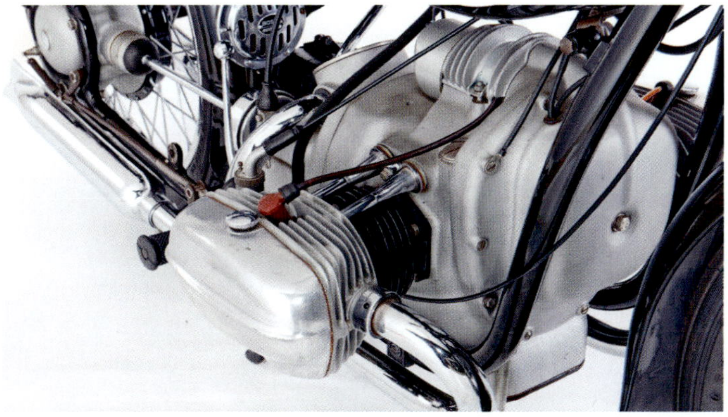

> Der R 5-Motor der 1937er Version im Detail. In seinen Grundstrukturen und der Leistungsabgabe war das Triebwerk unverändert geblieben.

je zwei Nockenwellen, die kürzere Stoßstangen und höhere Drehzahlen erlaubten. BMW gehörte zu dieser Zeit zweifellos zu den weltbesten Herstellern von Viertaktmotorrädern bis 750 cm³ Hubraum. Während diesmal der ohv-Motor die Vorreiterrolle einer neuen BMW-Modellreihe übernommen hatte, wurde die Maschine mit seitengesteuertem Motor ein Jahr später nachgereicht. Auch hier war der Motor neu konstruiert worden, wich aber gegenüber früheren Baureihen in vielen Details vom ohv-Aggregat ab. Die R 6 wurde nur 1937, aber immerhin 1850 Mal gebaut. Für 1.375 Reichsmark gab es 18 PS bei 4800 /min. Auch die R 5-Produktion endete nach 2.652 Einheiten schon 1937 wieder, mit 1.550 Reichsmark war der Preisunterschied zwischen ohv und sv jetzt deutlich geringer als bei den Modellreihen zuvor.

> **Die R 5 gehört zu den Meilensteinen im internationalen Motorradbau. Ihr Schöpfer Rudolf Schleicher bezeichnete sie später einmal als seine wichtigste Konstruktion.**

> **Mit der R 6 kam 1937 ein seitengesteuerter 600er Boxermotor ins BMW-Programm.**

Die R 35 wird bis 1955 gebaut!

Nachdem nun also bei BMW wieder 500er Boxer im Angebot waren, lag der 400-cm³-Einzylinder der R 4 zu nahe bei den großen Maschinen und nach einem kurzen Intermezzo mit einem 305-cm³-Modell (der R 3, die bis auf den reduzierten Hubraum und einem modifizierten Zylinderkopf dem Modell R 4 entsprach) folgte 1937 schließlich die R 4-Nachfolgerin R 35. Obwohl BMW inzwischen wieder zu Rohrrahmen übergegangen war, kam diese neue Einzylinder-Maschine 1937 immer noch mit einem Pressstahlrahmen daher. Der Motor entsprach auch ziemlich genau dem der R 4, war jetzt aber auf 342 cm³ reduziert worden. Lediglich die Teleskopgabel – im Gegensatz zu den großen Boxer-Maschinen allerdings ungedämpft – unterschied die R 35 im Wesentlichen vom Vorgängermodell.

Die meisten Maschinen dieses Typs wurden an die Militärbehörden geliefert, hier matt lackiert, mit einer kürzeren Übersetzung für die Kolonnenfahrt und einem Ölwannenschutz fürs Gelände. In der Nachfolge der R 4 war die R 35 bei der Wehrmacht auch in erster Linie für Kurierdienste und als Ausbildungsfahrzeug vorgesehen. Wie die R 2 und die R 4 verkaufte sich auch die R 35 über 15.000 Mal, ehe ihre Fertigung 1940 vorerst endete. Denn obwohl der Pressstahlrahmen schon Ende der dreißiger Jahre nicht mehr sonderlich modern war, wurde diese Maschine mit nur geringen Änderungen in der DDR (Eisenach) noch bis 1955 weiter gebaut!

> Nur 740 Exemplare entstanden 1936 von der BMW R 3, dem 995 Reichsmark teuren R 4-Ableger mit 305 cm³ und 11 PS bei 4200 /min.

> Die R 35 erschien 1937 und war bis auf die ungedämpfte Telegabel und den auf 342 cm³ reduzierten Hubraum (mit dem Zylinderkopf der R 3) eine getreue Weiterführung der letzten R 4-Baureihe.

> Wer eine der bis 1940 in 15.386 Exemplaren gebauten R 35 für den Privatgebrauch ergattern konnte, musste dafür 995 Reichsmark bezahlen. Der Motor leistete 14 PS bei 4500 /min.

Chronik der Einzylinder-Maschinen bis 1940

R 2 Serie I	1931	
1-Zyl.-4-Takt	200 cm³ ohv	6 PS / 3500 U/min
R 2 Serie II	**1932–1933**	
1-Zyl.-4-Takt	200 cm³ ohv	6 PS / 3500 U/min
R 2 Serie III	**1934**	
1-Zyl.-4-Takt	200 cm³ ohv	8 PS / 4500 U/min
R 2 Serie IV	**1935**	
1-Zyl.-4-Takt	200 cm³ ohv	8 PS / 4500 U/min
R 2 Serie V	**1936**	
1-Zyl.-4-Takt	200 cm³ ohv	8 PS / 4500 U/min
R 4 Serie I	**1932**	
1-Zyl.-4-Takt	400 cm³ ohv	12 PS / 3500 U/min
R 4 Serie II	**1933**	
1-Zyl.-4-Takt	400 cm³ ohv	12 PS / 3500 U/min
R 4 Serie III	**1934**	
1-Zyl.-4-Takt	400 cm³ ohv	14 PS / 4200 U/min
R 4 Serie IV	**1935**	
1-Zyl.-4-Takt	400 cm³ ohv	14 PS / 4200 U/min
R 4 Serie V	**1936**	
1-Zyl.-4-Takt	400 cm³ ohv	14 PS / 4200 U/min
R 3	**1936**	
1-Zyl.-4-Takt	300 cm³ ohv	11 PS / 4200 U/min
R 35	**1937–1940**	
1-Zyl.-4-Takt	350 cm³ ohv	14 PS / 4500 U/min
R 20	**1937–1938**	
1-Zyl.-4-Takt	200 cm³ ohv	8 PS / 5400 U/min
R 23	**1938–1940**	
1-Zyl.-4-Takt	250 cm³ ohv	10 PS / 5400 U/min

> Die meisten R 35 dürften an die Wehrmacht geliefert worden sein. Hier diente die mit einer kürzeren Übersetzung ausgelieferte Maschine Schulungszwecken und Kradmeldern.

> In Eisenach, wohin 1942 Teile der BMW-Motorradfertigung verlegt worden waren, lebte die R 35 noch bis 1955 weiter, zuletzt als /3 mit Hinterradfederung.

Zwei weitere Einzylinder-Maschinen bis 1940

Neben der R 35 erschien im Frühjahr 1937 mit der R 20 noch eine weitere Einzylinder-BMW. Sie folgte direkt der günstigen R 2, um weiter mit einem 200er Modell im Segment der steuerfreien Motorräder präsent zu sein. Dieses Motorrad hatte nun auch den neuen Rohrrahmen und eine ungedämpfte Telegabel. Der Motor war eine Neukonstruktion und leistete 8 PS bei 5400 /min. Ein Dreigang-Getriebe musste immer noch reichen, wurde jetzt aber mit dem Fuß geschaltet. Mit 725 Reichsmark

> Ein frühes 37er Modell einer BMW R 20 mit ungedämpfter Telegabel. Der neu entwickelte Einzylinder-Viertaktmotor saß nun in einem Rohrrahmen, das Dreigang-Getriebe wurde mit dem Fuß geschaltet.

> Während die 1938er Boxermodelle inzwischen mit einer Hinterradfederung ausgerüstet wurden, musste das preiswerteste BMW-Einstiegsmodell weiter mit einer starren Hinterradaufhängung auskommen.

> **Die bis 1940 gebaute R 23 unterschied sich optisch nur durch den eingelassenen Werkzeugkasten von der 200er. Der Motor leistete hier 10 PS bei 5400 /min.**

war die kleine BMW zwar nur halb so teuer wie eine 500er Boxermaschine, kostete aber immer noch 190 Mark mehr als eine DKW KS 200.
Die 200er blieb nur bis 1938 im Programm, denn die Steuerfreiheit wurde auf 250 cm³ Hubraum erhöht, was zur Folge hatte, dass noch im gleichen Jahr die meisten deutschen Hersteller Viertelliter-Maschinen favorisierten. Bei BMW hieß das, die Bohrung des 200er Zylinders von 60 mm auf 68 mm zu vergrößern und schon hatte man noch für 1938 das Modell R 23 mit 247 cm³ Hubraum zur Verfügung. 750 Reichsmark kostete diese Maschine, die sich lediglich durch den in den Tank eingelassenen Werkzeugbehälter vom Vorgängermodell unterschied.

Die Geradweg-Teleskopfederung wird eingeführt

1938, nur zwei Jahre nachdem die letzte Boxer-Serie auf den Markt gekommen war, stellte BMW gleich vier neue Boxer-Modelle vor. Der Grund war die Einführung der neuen Hinterrad-Geradwegfederung, die vor dem Krieg noch den Zweizylinder-Maschinen vorbehalten blieb. Chefkonstrukteur Rudolf Schleicher hatte ursprünglich Alfred Böning mit der Konstruktion einer gedämpften Hinterradfederung für Renn- und Serienmotorräder beauftragt, sich dann aber doch für die Lösung des jungen Alex von Falkenhausen entschieden, der seit Mai 1935 als Fahrgestell-Konstrukteur bei BMW tätig war. Dieser hatte nicht einfach nur eine Hinterradfederung präsentiert, die relativ einfach an die bestehende Maschinen-Generation angepasst werden konnte, er hat den praktischen Nutzen auch gleich bei seinen Geländesport-Einsätzen bewiesen.
Die in eigener Regie entwickelte (und für ihn patentierte) Geradweg-Hinterradfederung war eine Teleskopfederung mit allerdings noch recht geringem Federweg, die sich mit ihrer Kapselung – Gleitrohre für Kardan und Feder – schön in das Gesamtbild der Maschinen einfügte. 1937 wurde die Federung bereits bei einigen Rennmaschinen eingesetzt, ab 1938 erhielten auch die Boxer-Serienmodelle mit nun neuen Bezeichnungen den besseren Fahrkomfort. Offiziell benannte BMW die R 51 als erstes Serienmotorrad der Welt mit einer Geradweg-Teleskopfederung.

> **Das Sportmodell R 51 war 1938 – zusammen mit der Tourenmaschine R 61 – das erste BMW-Motorrad mit der neuen Hinterradfederung.**

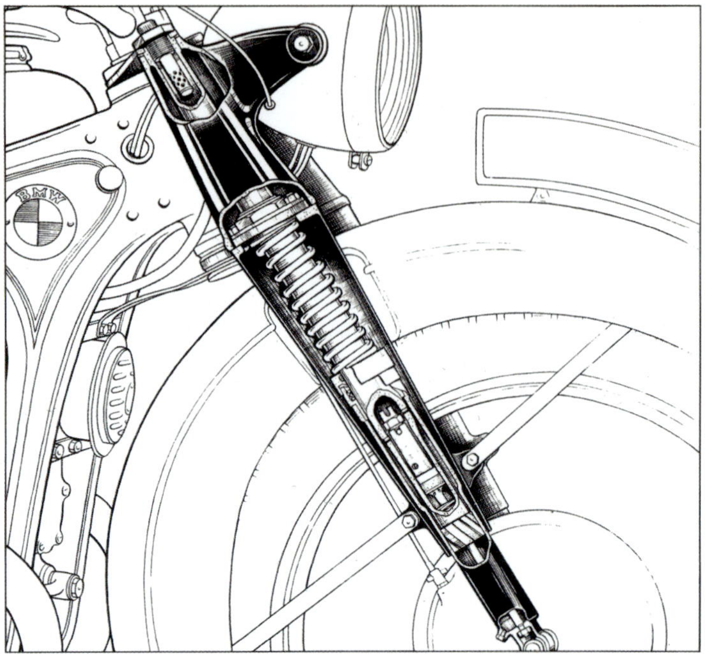

> Die hydraulisch gedämpfte Teleskopgabel von Rudolf Schleicher war schon ein Meilenstein und ein großer technischer Fortschritt in Sachen Fahrwerkstechnik von Motorrädern.

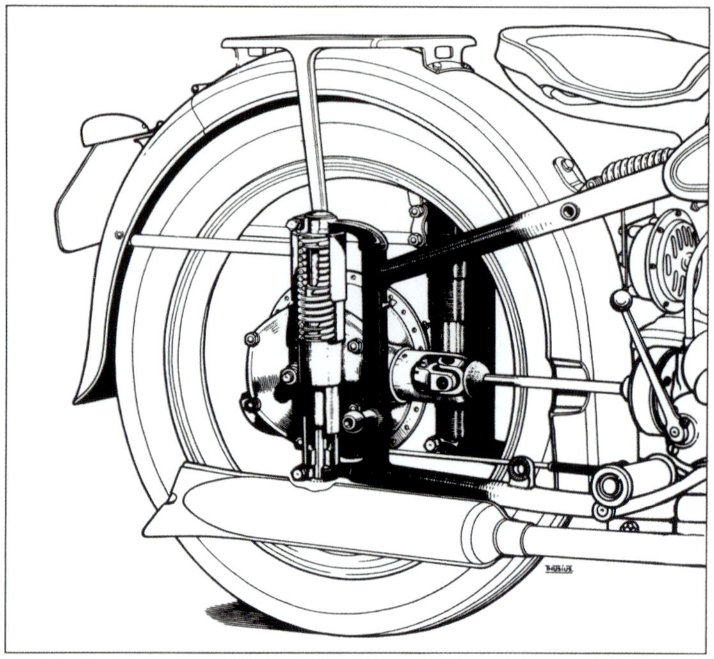

> Genauso setzte die neue, von Alexander von Falkenhausen entwickelte Geradweg-Teleskopfederung für die BMW-Boxermodelle Maßstäbe – nicht nur im deutschen Motorradbau.

> Der ohv-Motor der R 66 leistete 30 PS bei 5300 /min, damit war eine Höchstgeschwindigkeit von 145 km/h möglich.

> Bis 1941 entstanden insgesamt 1669 Exemplare des Typs R 66, die zum Stückpreis von 1.695 Reichsmark verkauft wurden.

Bei den Behörden beliebt – R 61 und R 71

Neben den sportlich orientierten und eher für Solofahrten gedachten R 51 (494 cm³) und R 66 (597 cm³) mit ohv-Motor waren außer der R 12 immer noch zwei weitere Modelle mit dem einfachen, seitengesteuerten Boxermotor im Angebot. Die R 61 mit 597 cm³ Hubraum avancierte dank der neuen Hinterradfederung schnell mit oder ohne Beiwagen zu einer beliebten Behörden-Maschine; besonders die Post und die Polizei orderten hier größere Stückzahlen. Auch die Wehrmachtsdienststellen erkannten die Vorteile der neuen Fahrwerke und setzten die R 61 vor allem für Kurierdienste ein. Kurz vor Kriegsbeginn gingen fast alle der insgesamt 3747 R 61 an die Militärbehörden.

Äußerlich unterschied sich die hubraumstärkere R 71 vor allem durch die bereits früher verwendeten Zylinderkopfdeckel, die die Wärme besser abführten, von der R 61. Die beiden Graetzin-Vergaser statt der Amal-Gemischaufbereiter waren gekapselt untergebracht. Beide Maschinen hatten zwar Fußschaltung, ein zusätzliches Handschalt-

> Eine seitengesteuerte 500er führte BMW nicht mehr ein – die R 61 mit 597 cm³ Hubraum war von 1938 bis 1941 das Boxer-Einstiegsmodell der Bayern.

> Die meisten der 18 PS starken R 61-Modelle wurden an deutsche Behörden und die Wehrmacht geliefert. Von den 3747 gebauten Maschinen kamen nur wenige für 1.420 Reichsmark in private Hände.

> Auch die R 71 war in erster Linie ein Behördenarbeitstier und mit ihrem zugkräftigen 745-cm³-Boxermotor vor allem als Beiwagenmaschine sehr beliebt.

> Beim R 71-Motor war BMW zu den schon früher verwendeten Zylinderdeckeln mit guter Wärmeableitung zurückgekehrt. Der Boxer leistete 22 PS bei 4600 /min.

> Bis 1941 entstanden 3458 Maschinen vom Typ R 71, von denen wieder nur wenige in private Hände gelangten. Falls doch, waren 1.595 Reichsmark zu berappen.

gestänge war aber optional erhältlich. Bei den Behörden-Ausführungen und bei der Wehrmacht gehörte es zur Standard-Ausrüstung.
Die R 71 wurde nur vereinzelt an Privatleute verkauft, mehr noch als die R 61 blieb sie den Behörden und der Wehrmacht vorbehalten. Nicht zuletzt wegen der enormen Zugkraft des 745-cm³-Triebwerks, das sich hervorragend für den Beiwagenbetrieb eignete. Obwohl die 1938 erschienenen BMW-Maschinen schon direkt in die Zeit der Kriegsvorbereitungen fielen, waren sie immer noch keine speziell für Kriegszwecke entwickelten Kräder.

Chronik der ohv-Boxer bis 1944

R 17	1935–1937	
2-Zyl.-4-Takt-Boxer	750 cm³ ohv	33 PS / 5000 U/min
R 5	**1936–1937**	
2-Zyl.-4-Takt-Boxer	500 cm³ ohv	24 PS / 5800 U/min
R 51	**1938–1940**	
2-Zyl.-4-Takt-Boxer	500 cm³ ohv	24 PS / 5600 U/min
R 66	**1938–1941**	
2-Zyl.-4-Takt-Boxer	600 cm³ ohv	30 PS / 5300 U/min
R 75	**1941–1944**	
2-Zyl.-4-Takt-Boxer	750 cm³ ohv	26 PS / 4000 U/min

Das überschwere Militärkrad R 75

Aber in mehreren Entwicklungsstufen waren BMW und Zündapp seit dem Frühjahr 1938 bemüht, jeweils ein schweres Militärkrad nach den Vorgaben und Wünschen der Wehrmacht zu entwickeln. Die Forderungen nach Seitenwagenantrieb, Differential, Gelände- und Rückwärtsgängen sowie hydraulischen Bremsen am Hinterrad und am Seitenwagen und einer Magnetzündung mit Fliehkraftversteller stellten die Ingenieure vor schwierige Aufgaben, die bis dahin im deutschen Motorradbau nie gelöst werden mussten. Entwicklung und Serienfertigung verzögerten sich ständig, so dass das OKH (Oberkommando Heer) eine Vereinheitlichung der beiden Entwicklungen von Zündapp und BMW forderte, um zum einen schneller mit der Serienfertigung beginnen zu können und zum anderen möglichst viele gleiche Bauteile zu erhalten, die die Ersatzteilvorhaltung im Felde minimierten. Das sollte auch für die dazugehörigen Seitenwagen gelten, die schließlich eine Gemeinschaftsproduktion der Firmen Steib, Stoye und Royal waren.
Das »überschwere« Wehrmachtskrad, das 26 PS bei nur 4000/min leistete, wies also eine Geländeuntersetzung mit Sperrdifferenzial und einen Rückwärtsgang (ebenfalls mit Untersetzung) auf. Unter anderem mit verschraubtem Rahmen, Spezialbereifung, speziellen Ventilabde-

> 1938 hatte BMW mit der Entwicklung eines schweren Militärkrades begonnen. Dieser Prototyp stammt von 1939 – solo wurde die Maschine allerdings sehr selten gefahren.

> Noch ein R 75-Versuchsmodell von 1939, jetzt mit Seitenwagen. Der Motor entspricht im Wesentlichen noch dem der R 71.

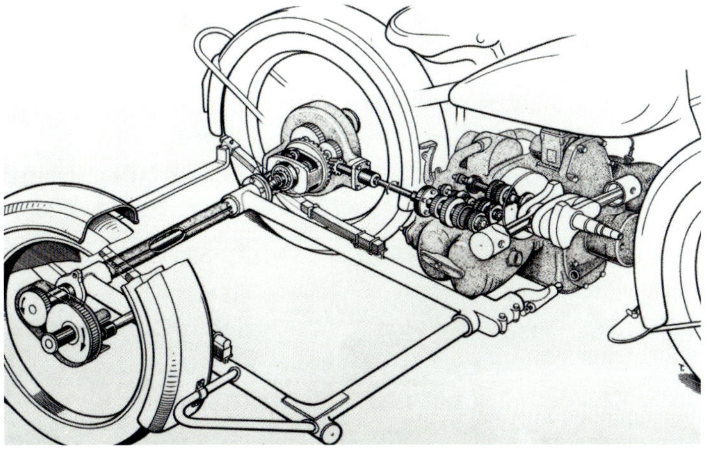

> Die schematische Darstellung zeigt den Kraftverlauf für Maschine und Seitenwagen sowie die Federrohranordnung des Beibootes.

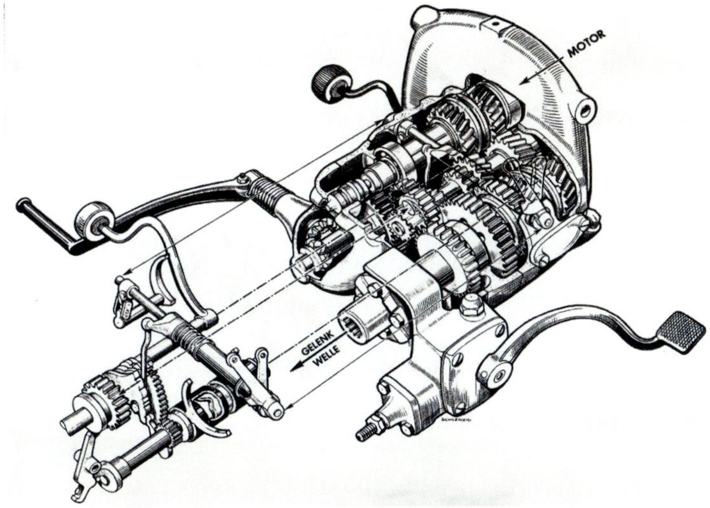

> Das von BMW entwickelte Drei-Wellen-Zahnradgetriebe mit Kickstarter, Fußschaltung und dem Fußbremshebel mit Hauptzylinder für die Öldruckbremse. Hintendran noch die Umschaltung für Straße und Gelände mit einem Schaltknauf.

> Der Seitenwagenantrieb für die R 75 mit dem Federrohr, durch das die Antriebswelle (aus dem kleinen Zahnrad links herausschauend) vom Motorrad her verläuft.

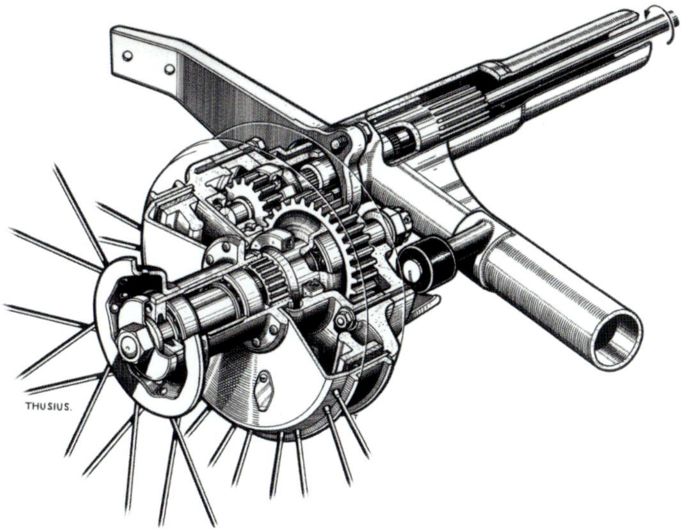

> Schnitt durch den Schwingarm mit Antriebseinheit des R 75-Seitenwagens.

> Die zeichnerische Darstellung des Luftfilters auf dem R 75-Tank.

ckungen, hydraulischen Bremsen an Hinterrad und Seitenwagen, großer Bodenfreiheit und hoher Zuladungsfähigkeit versuchten die Münchner Techniker allen Anforderungen des Kriegseinsatzes gerecht zu werden. Wobei man sich nicht mit Theorien begnügte, sondern umfangreiche Praxistests durchführte, unter anderem durch Angehörige der Lehrabteilung für Heeresmotorisierung in Wünsdorf.

Mitte Juni 1941 begann endlich die Serienfertigung mit dem Einheitsseitenwagen BW 43. Die Maschinen konnten nahezu alle Erwartungen erfüllen und erfreuten sich im Heer bald großer Beliebtheit. Von der wichtigsten Front jedoch, der Ostfront in der Sowjetunion, häuften sich die Beschwerden über technische Defekte der Motorräder. Woraufhin eine kleine Expedition mit Alex von Falkenhausen, dem Kundendienst-Mann Hans Sachs und Mitarbeitern von Zulieferfirmen zusammen mit einem R 75-Gespann im August 1942 die Bahnreise nach Charkow antraten. Von dort aus ging es auf einer dreiwöchigen, mehr als abenteuerlichen Fahrt, in der Regel mit von Falkenhausen am Lenker, bis zum Kaukasus – dicht hinter der Frontlinie entlang. Neben logistischen Problemen bei der Ersatzteilversorgung im Frontbereich war es vor allem der tiefe russische Schlamm, der den Maschinen zusetzte, weil er in den auf dem Getriebe sitzenden Luftfilter und von da weiter in den Motor eindrang. Die Verlegung des Luftfilters auf den Tank schaffte hier Abhilfe. Weitere Erkenntnisse der Reise, die die Standfestigkeit der Maschine verbesserten, flossen laufend in die Produktion ein.

> Geschaffen für Schlamm und Morast, Eis und Schnee: Die BMW R 75 im Russlandfeldzug.

> Alexander von Falkenhausen und Hans Sachs bei ihrer strapaziösen Testfahrt am Donbogen, nahe der Grenze bei Stalingrad. Eine öde Landschaft und viel Schlamm machten Menschen und Maschine zu schaffen.

Die Motorradfertigung wird nach Eisenach verlegt

Gegen die Proteste der BMW-Werksleitung setzte das Rüstungsministerium die Verlagerung der Motorradproduktion von München ins BMW-Automobilwerk nach Eisenach durch, wo ab Oktober 1942 täglich etwa 25 Maschinen vom Typ R 75 gebaut wurden. Die Entwicklungsabteilung verblieb in München und Alex von Falkenhausen, der die Qualitätskontrolle in Eisenach zu überwachen hatte, pendelte regelmäßig zwischen Bayern und Thüringen hin und her. Das erübrigte sich, als die Fertigung mangels weiterer Nachfrage 1943 offiziell eingestellt werden musste. Vierrädrige Geländewagen ersetzten die überschweren Kräder beim langsam einsetzenden Rückzug an allen Fronten.

Die Entwicklungsabteilung bei BMW blieb weiterhin, wenn auch personell stark geschrumpft, aktiv. Von Falkenhausen setzte die Entwicklung einer noch vor Kriegsbeginn begonnenen Studie eines 350-cm³-Boxermodells fort. Parallel dazu arbeitete er an einem Nachfolger der R 51, deren Triebwerk als zu aufwändig galt. Neben der Triebwerksoptimierung war angestrebt, den Benzintank unter Einbeziehung des Steuerkopfes als Rahmenhauptteil einzusetzen, an das die übrigen Rahmenrohre angeschraubt wurden. Zu den (inoffiziellen, weil zivilen Zwecken dienenden) Aufgaben von Falkenhausens in dieser Zeit gehörte auch die Entwicklung eines Beiwagens mit selbsttragender Karosserie, der eben für diese neue Motorrad-Generation, die es dann doch nicht gab, gedacht war.

> Ein Prototyp der R 31 mit dem Tank als Hauptrahmenteil. Da Versuche mit zivilen Maschinen während des Krieges verboten waren, erhielten damals alle Versuchsmaschinen einen Militäranstrich zur Tarnung.

> Für den Brief nach Hause machte sich so ein Foto mit der R 75 immer gut.

> Eine spätere Ausführung der R 75 mit dem Luftfiltertopf auf dem Tank. Die allerletzte Ausführung hatte eine geänderte Telegabel mit Gummimanschetten.

> Mit den Trophy-Siegen 1933, 1934, 1935 und 1939 und dem Gewinn der Silbervase 1938 und 1939 war BMW die erfolgreichste Marke bei den Internationalen Sechstagefahrten in den 1930er Jahren.

Mit Kompressor
zu Siegen und Rekorden

Zu Beginn der 1930er Jahre hatte BMW im Motorradrennsport den Anschluss an die Weltspitze verloren. Neue Kompressor-Rennmaschinen brachten die Bayern nach 1935 in die Erfolgsspur zurück.
BMW fand nach der Weltwirtschaftskrise nicht sofort wieder den Anschluss an die internationale Spitze, vor allem nicht an die schnellen englischen Maschinen mit 1000er JAP-Motoren. Ernst Henne war es schließlich, der zwischen der BMW-Direktion und Rudolf Schleicher vermittelte und damit die Rückkehr des Konstrukteurs zur weiß-blauen Marke im März 1931 einleitete.

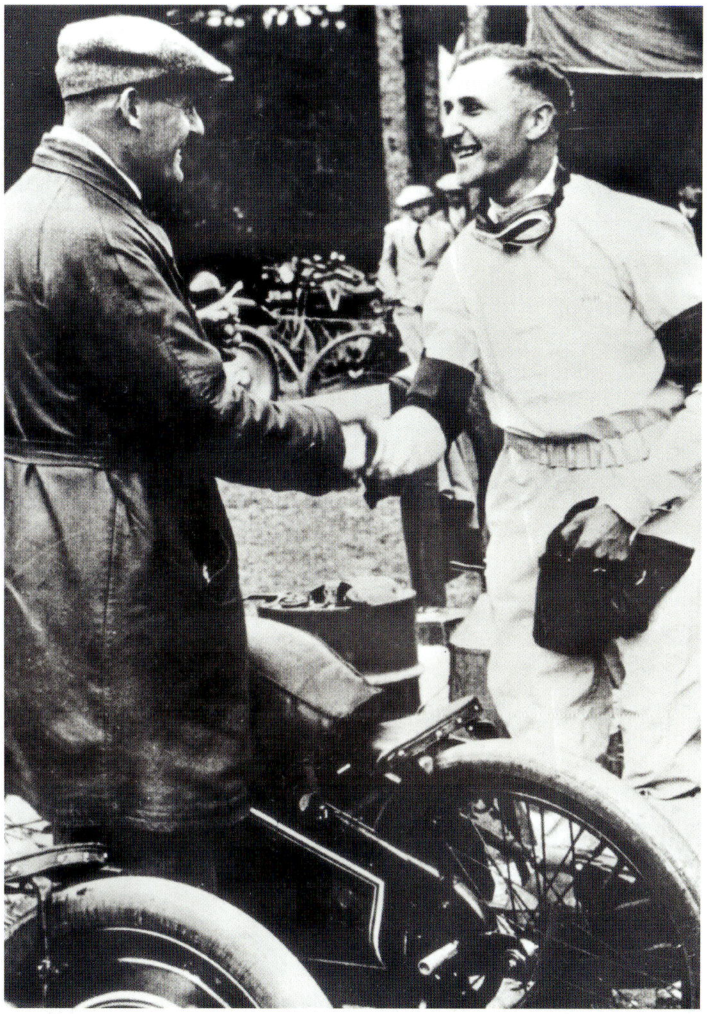

> Ernst Henne (rechts) leitete die Rückkehr Rudolf Schleichers (links) von den Zwickauer Horch-Werken zu BMW nach München ein.

Rudolf Schleicher kehrt zu BMW zurück

Seinem Wunsch entsprechend war Schleicher jetzt sowohl für die Sport- und Weltrekordmaschinen als auch für die Serienmodelle zuständig. Für die Kompressormotoren, die auf den serienmäßigen 500er oder 750er ohv-Motoren basierten und mit Zoller-Drehkolbenverdichtern aufgeladen wurden, stellte Schleicher auf Wittig-Lader mit einer seitlichen Lagerung des Drehkolbens um. Der Kompressor saß auf dem Getriebegehäuse und wurde von einer Welle vom Steuertrieb an der Motorstirnseite aus angetrieben. BMW hielt diese Entwicklung aus Sorge vor Nachahmern geheim und sprach offiziell immer noch von Zoller-Kompressoren. Jedenfalls fuhr Ernst Henne nun wieder Weltrekorde ein …
Im Bereich der Renn- und Weltrekordmaschinen war ab Mitte der dreißiger Jahre ein regelrechtes, vom Naziregime bewusst gefördertes Wettrüsten ausgebrochen, das auf der einen Seite zwar Unmengen von Geld verschlang, andererseits deutschen Firmen zu teilweise bis

> Ernst Henne ging auch noch 1931 mit seiner alten Kompressormaschine auf Rekordjagd und holte sich am 3. November mit 244,4 km/h kurzzeitig den absoluten Weltrekord zurück.

> Für 1933 hatten Sepp Hopf und Rudolf Schleicher einen neuen Kompressormotor aufgebaut, der vorerst nur im Avus-Rennen zum Einsatz kam.

heute anhaltendem Ruhm verhalf. Bei BMW sah das, wie anderswo auch, bald so aus, dass die Renntechnik fast nichts mehr mit den Serienmodellen gemein hatte. Bis auf den Kardanantrieb und die Boxeranordnung der Zylinder war für die neuen Rennmotoren nichts beibehalten worden. Dafür sorgten Königswellen zu den Zylinderköpfen, je zwei oben liegende Nockenwellen und der vorn auf dem Stirndeckel montierte Kompressor für ordentlich Dampf. Henne schraubte mit einer solchen Maschine 1937 den Geschwindigkeitsweltrekord auf 279,5 km/h, Schorsch Meier wurde 1938 damit Europameister und siegte 1939 bei der Senior-TT auf der Isle of Man.

> So sah das ganze Motorrad mit Serienfahrgestell aus. BMW hatte zu dieser Zeit keine offizielle Werksmannschaft mehr, die alten Rennmaschinen waren teilweise an die ehemaligen Werksfahrer abgegeben worden.

> Die BMW-Fahrer Henne, Stelzer, Mauermayer/Kraus (Seitenwagen) bzw. Kraus/Müller gewannen 1933, 1934 und 1935 die Trophy bei der Sechstage-Fahrt. Im Prospekt von 1934 wurde das natürlich – zusammen mit Hennes in die Jahre gekommenem Rekord – werbewirksam ausgeschlachtet.

> Fahrerlager Avus 1934: Sepp Hopf war von Anfang an für BMW tätig und hatte sich schon in den 1920er Jahren als Kompressor-spezialist ausgezeichnet. Er hatte einen wesentlichen Anteil an allen BMW-Erfolgen bis 1950.

> Auch Otto Ley (hier in der Nötzoldkurve) hatte gegen die schnellen Norton- und NSU-Fahrer keine Chance.

> Karl Gall (links) konnte am 5. Juli 1936 beim Großen Preis von Europa auf dem Sachsenring (hier am Queckenberg) keinen Blumentopf gewinnen.

Mit neuen Kompressor-Rennmaschinen zum Erfolg

Nachdem BMW zu Beginn der dreißiger Jahre wie oben beschrieben mit dem von einem Wittig-Kompressor aufgeladenen Motor auf Rekordjagd ging, begannen die Münchner ab 1935 die neuen Kompressor-Rennmaschinen auch für Renneinsätze herzurichten. 1937 konnte BMW mit Karl Gall in der Klasse bis 500 cm³ nach längerer Pause wieder eine Deutsche Meisterschaft mit einem solchen Rennmodell einfahren. Beim Europameisterschaftslauf in der Schweiz schied er, in Führung liegend, wegen eines Defekts aus.
Die Maschinen hatten eine damals sowohl im Rennsport wie im Serienmotorradbau noch nicht übliche Telegabel mit Öldruckdämpfung und ab Ende 1936 eine Geradweg-Hinterradfederung. Im Doppelschleifen-Rohrrahmen hing der Boxermotor mit 492 cm³ Hubraum. Der Kompressor, jetzt wieder nach Zoller-Bauart, steckte vorn auf der Kurbelwelle und drückte das Benzin-Luftgemisch über Rohrverbindungen zu den Ansaugöffnungen an der Hinterseite der Zylinder. Gut 55 PS waren als Dauerleistung möglich, was wiederum für eine Geschwindigkeit von über 200 km/h reichte – für die damalige Zeit und die doch eher schwachen Fahrwerke (Bremsen) ein unglaublicher Wert. Mit geringfügigen Änderungen setzte Georg Meier diese Maschine ab 1947 wieder sehr erfolgreich für die Deutsche Meisterschaft ein.

> **Mit den neuen Kompressor-Maschinen lief es 1937 für BMW und Karl Gall an gleicher Stelle beim Großen Preis von Deutschland deutlich besser.**

> **Karl Gall gewann 1937 unter anderem am Sachsenring (hier Start- und Zielgerade) und wurde im gleichen Jahr Deutscher Straßenmeister.**

> Otto Ley siegte mit der neuen Kompressor-Maschine am 22. September 1937 beim Großen Preis von Schweden in der Klasse bis 500 cm³.

> Mit der über 100 PS starken 500er Kompressor-BMW fuhr Ernst Henne am 28. November 1937 auf der Autobahn Frankfurt-Darmstadt mit 279,5 km/h einen neuen Geschwindigkeitsrekord für Motorräder ein, der bis 1951 Bestand hatte.

> Ernst Henne hinter der Rekordmaschine von 1937, jetzt mit neuem, fahrstabilerem Heckteil, das auf Empfehlungen von Ferdinand Porsche umgestaltet wurde.

Europameister und TT-Sieger

Nach elf Jahren konnte BMW 1938 also endlich wieder einmal einen Europameister stellen. Dazu bedurfte es der neuen, international konkurrenzfähigen Kompressormaschine und eines Fahrers wie Georg »Schorsch« Meier, der sie beherrschte. 1937 fuhr Meier erstmals in Diensten von BMW, er ersetzte den verhinderten Ernst Henne bei der Sechstage-Fahrt in Wales. Im gleichen Jahr absolvierte er in Schleiz erfolgreich erste Probefahrten auf der Kompressor-BMW und wurde daraufhin von den Bayern beim Rennen in Hockenheim als dritter Werksfahrer neben Gall und Ley aufgestellt.

> Start der 500er Klasse in Hohenstein-Ernstthal am 7. August 1938. Von links Serafini (Gilera), Meier (BMW), Frith (Norton), Daniell (Norton). Meier gewann vor Daniell und Frith.

> Für die Saison 1938 rückte Georg »Schorsch« Meier in die Werksmannschaft von BMW und trug sich noch im gleichen Jahr nachhaltig in die Geschichtsbücher des internationalen Motorsports ein.

> Nach Siegen in Spa, Assen, auf dem Sachsenring und in Monza holte sich Georg Meier 1938 seinen ersten und einzigen Europameistertitel, der durchaus mit der späteren Weltmeisterschaft gleichzusetzen ist.

Meier wurde zwar nur Vierter, dennoch nahm ihn BMW für die Saison 1938 unter Vertrag, nachdem der inzwischen für die Wehrmacht dienende Feldwebel freigestellt worden war. Meier gewann gleich das Auftaktrennen in Hannover und holte sich am Ende der Saison nach der Europameisterschaft auch noch den Deutschen Meistertitel und mit seinen Kollegen Forstner und Seltsam die Silbervase bei der Sechstagefahrt. Im Jahr darauf, 1939, gewann Georg Meier als erster Ausländer überhaupt, auf einem ausländischen Motorrad, die begehrte Senior Tourist Trophy auf der Isle of Man! Der Ausbruch des Zweiten Weltkrieges verhinderte vorerst weitere Erfolge der Münchner Marke.

> Rennfahrer und Geschwindigkeitsweltrekordler von 1937 unter sich: v.l.n.r. Ernst Henne (BMW), der Engländer Ernie Fernibough (Brough-Superior) und der Italiener Piero Taruffi (Gilera).

> Am 16. Oktober 1938 fand auf dem Hockenheimring der letzte Lauf zur Deutschen Straßenmeisterschaft statt. In der 500er Klasse siegte Schorsch Meier (links) vor Wiggerl Kraus (rechts), beide auf BMW. Dritter und bester Privatfahrer wurde Hans Joachim Lommel auf DKW.

> Jock West arbeitete beim englischen BMW-Importeur Frazer Nash und wurde von den Bayern ab 1937 bis kurz vor Ausbruch des Zweiten Weltkrieges immer wieder als Werksfahrer eingesetzt.

> Schorsch Meier startete 1939 zur Senior-Tourist-Trophy (500 cm³) auf der englischen Isle of Man und gewann dieses Rennen als erster Ausländer auf einer ausländischen Maschine.

> BMW machte für seine 1939er Kompressor-Maschine folgende Angaben: Bohrung 66 mm, Hub 72 mm, Hubraum 492 cm³, Leistung 52 PS bei 7000 /min, Hubraumleistung 105 PS/Liter, Höchstgeschwindigkeit 205 km/h, Gewicht leer 138 kg.

> Insgesamt sieben Mal musste Meier die berühmte Kurve bei Quarter Bridge passieren, ehe ihm nach dem mit 428 Kilometern Länge schwersten Motorradrennen der Welt der Siegerkranz überreicht wurde.

> Bei der Maschine, mit der Georg Meier die englische TT gewann, gab BMW offiziell sogar 55 PS an.

> Veteranen-Treffen Anno 1974. Mit der berühmten, gerade neu aufgebauten Kompressor-Rennmaschine ließen sich unter anderem sitzend von links fotografieren: Sepp Hopf (Schleichers langjähriger Konstruktions-Assistent), Ernst Henne, Rudolf Schleicher, Georg Meier und die Rennmonteure Hans Bartel und Max Ernst.

> Motor und Fahrwerk der BMW-Kompressor-Rennmaschine waren 1939 auf einem Entwicklungsstand, der es der Konkurrenz in der Klasse bis 500 cm³ schwer machte, noch mitzuhalten.

> Die BMW-Privatfahrer-Armada beim Großen Preis von Schweden 1939 in Saxtorp, hinter einer käuflichen R 51 RS aus dem gleichen Jahr: Rechts Hildebrandt, links Rudi Meier, zweiter von links Hans Bock, der hier im Training stürzte und wenig später an den Folgen verstarb.

> Die Rückkehr der BMW-Boxermaschinen auf den deutschen und internationalen Markt war den Bayern die Titelseite des Motorrad-Weihnachtsheftes von 1949 wert.

Neue Serienmodelle
nach dem Krieg

Ab 1948 konnte und durfte BMW wieder Einzylinder-Motorräder bauen, ein Jahr später folgten neue Boxer-Modelle. Zu Beginn der 1950er Jahre wurden den Münchnern die Maschinen aus den Händen gerissen, zur Mitte des Jahrzehnts hin fuhr man in die Flaute. Der Münchner Motorradbauer hatte nach dem Ende des Zweiten Weltkrieges nicht zuletzt deshalb Probleme, wieder auf die Beine zu kommen, weil die meisten Werkzeugmaschinen und Ersatzteile noch während des Krieges in das sicherer geglaubte Zweigwerk nach Eisenach transportiert worden waren. Das lag nun in der sowjetischen Besatzungszone und war daher so unerreichbar wie der Mars. Die Gelder des Marshall-Planes waren es, die das traditionsreiche Unternehmen retteten und nach der Herstellung diverser Artikel für den Bevölkerungsbedarf, wie Kochtöpfe und Beschläge, ab 1948 wieder an das Bauen von Motorrädern denken ließen.

Neue BMW-Motorräder ab 1948

Im August 1946 wurde bei BMW in München die Produktion von Konsumgütern aufgenommen und sofort ging man auch daran, wieder Motorräder zu konstruieren. Dabei hielt man sich zunächst an Bewährtes, das zeitgemäß weiterentwickelt wurde. Die Motoren der neuen Einzylindermodelle basierten auf den bekannten Zweizylinder-Boxern; diese wurden, einfach gesagt, halbiert und um 90 Grad nach oben gedreht. Den Anfang machte die im Oktober 1948 präsentierte R 24. Diese 250er stammte von der R 23 ab, dem letzten BMW-Einzylinder-Motorrad, das bis 1941 gebaut worden war. Während das Fahrwerk nahezu unverändert geblieben war, gab sich das Triebwerk etwas moderner: neuer Zylinderkopf mit eingegossenem Stoßstangen-Tunnel, Unterbrecher mit automatischer Zündzeitpunktverstellung am Kurbelwellenzapfen und ein neues Viergang-Getriebe mit Ankerschaltung.

R 25 bis R 25/3

Neben einigen kleineren Änderungen an Motor, Rahmen und Schutzblechen war es vor allem die Geradweg-Hinterradfederung, die das Nachfolgemodell R 25 ab 1950 vom Vorgängermodell unterschied. Schon im Jahr darauf folgte die R 25/2, äußerlich nur an einem nicht ganz so wuchtigen vorderen Kotflügel erkennbar. Geändert hatten sich ansonsten nur die Ventile und ihre Kipphebelgeometrie.

> Die von 1948 bis 1950 in 12.020 Exemplaren ohne Hinterradfederung gebaute R 24 war die erste BMW-Nachkriegsmaschine. Ihr 247-cm³-ohv-Einzylindermotor leistete 12 PS bei 5600 U/min. Das Motorrad kostete 1.750 Mark, die zu dieser Zeit nur sehr wenig Menschen übrig hatten.

> Die Ausstattung der R 24 war noch recht bescheiden, mehr war für eine 250er aber auch nicht nötig.

> Schon im Frühjahr 1949 konnte die 1000ste R 24 vom Montageband gerollt werden. Die Fertigungseinrichtungen waren zu dieser Zeit in München noch als provisorisch zu bezeichnen.

Ein technischer Quantensprung war dagegen die R 25/3, die 1953 auf den Markt kam. Neben der neuen optischen Gestaltung von Schutzblechen und Tank fielen vor allem die hydraulisch gedämpfte Telegabel, eine modernere Auspuffanlage, polierte Alufelgen, Vollnabenbremsen und ein PS mehr Leistung auf. Zwar zog BMW auch den Preis kräftig an, was den Verkaufszahlen aber nicht schadete: 47.700 verkaufte R 35/3 bis 1956 machten den Viertakt-Single zum meistverkauften BMW-Motorrad der fünfziger Jahre.

> Heckansicht der R 25/2 mit Teleskop-Geradwegfederung und (immer noch) Fischschwanz-Auspuff.

> Die neue R 25/3 kennzeichneten unter anderem Vollnaben-Bremsen, Leichtmetallfelgen und eine hydraulisch gedämpfte Telegabel ohne Faltenbälge.

> Ein geschwungener vorderer Kotflügel, ein neuer Schwingsattel und vor allem die Geradweg-Teleskop-Hinterradfederung waren äußere Merkmale der R 25, die 1950/51 in 23.400 Exemplaren gebaut wurde und im Preis wie in der Motorleistung gegenüber der R 24 unverändert blieb.

> Die R 25/2 war vor allem an der Zugfeder des Schwingsattels zu erkennen. Die Maschine kostete 1.990 D-Mark und wurde von 1951 bis 1953 gebaut.

> Die R 25/3 wurde 1953 bis 1956 gebaut und war mit 47.700 die meistverkaufte BMW der 1950er Jahre. Die Motorleistung war inzwischen auf 13 PS gestiegen, der Preis auf 2.060 Mark.

Chronik der BMW-Motorräder bis 1956

R 24	1948–1950	
1-Zyl.-4-Takt	250 cm^3 ohv	12 PS / 5600 U/min
R 25	**1950–1951**	
1-Zyl.-4-Takt	250 cm^3 ohv	12 PS / 5600 U/min
R 25/2	**1951–1854**	
1-Zyl.-4-Takt	250 cm^3 ohv	12 PS / 5600 U/min
R 25/3	**1954–1956**	
1-Zyl.-4-Takt	250 cm^3 ohv	13 PS / 5800 U/min
R 51/2	**1950–1951**	
2-Zyl.-4-Takt-Boxer	500 cm^3 ohv	24 PS / 5800 U/min
R51/3	**1951–1954**	
2-Zyl.-4-Takt-Boxer	500 cm^3 ohv	24 PS / 5800 U/min
R 67	**1951**	
2-Zyl.-4-Takt-Boxer	600 cm^3 ohv	26 PS / 5500 U/min
R 67/2	**1952–1954**	
2-Zyl.-4-Takt-Boxer	600 cm^3 ohv	28 PS / 5600 U/min
R 67/3	**1955–1956**	
2-Zyl.-4-Takt-Boxer	600 cm^3 ohv	28 PS / 5600 U/min
R 68	**1952–1954**	
2-Zyl.-4-Takt-Boxer	600 cm^3 ohv	35 PS / 7000 U/min

> Max Klankermeier (»Klankermax«), Deutscher Seitenwagen-Meister 1949, startet zum Test der neuen R 51/2.In ihrer kurzen Bauzeit bis 1951 entstanden von der 2.750 D-Mark teuren Maschine nur 5000 Exemplare.

Neue Boxermodelle ab 1949

Da bis Mitte 1949 das alliierte Hubraumlimit von 250 cm^3 für deutsche Motorräder bestand, konnte BMW erst danach an die Neuauflage des letzten, bis 1940 gebauten 500-cm^3-Boxermotorrades R51 gehen. Als R 51/2 buhlte die Maschine mit geringen Änderungen am Rahmen, einem neuen Vorderrad-Schutzblech, einer hydraulisch gedämpften Telegabel und überarbeiteten Zylindern und Zylinderköpfen um die Gunst der Käufer, die sich besonders im Ausland schnell fanden.

> Mit der R 51/2 stieg BMW 1950 wieder in die Fertigung von Boxermodellen ein. Die Maschine entsprach noch weitgehend der letzten Vorkriegs-500er, hatte aber erstmals einen Schrägstrom-Kammervergaser.

> Schon 1951 folgte die R 51/3 dem Vorgängermodell. Im Preis unverändert, entwickelte sich diese Maschine bis 1954 zum Bestseller und wurde über 18.000 Mal gebaut.

Schon im Frühjahr 1951 konnte mit der R 51/3 eine motorseitig komplett neukonstruierte 500er vorgestellt werden. Das Fahrwerk war mit dem der Vorgängerin nahezu identisch; ab 1952 gab es Duplex-Bremsen am Vorderrad und für das letzte Baujahr führte BMW Vollnaben-Bremsen ein – einhergehend mit einem runden Auspuffende anstelle des Fischschwanzes. Der Motor verfügte über eine Nockenwelle mit Stirnradantrieb und einteilige Ventildeckel. Die Leistungsdaten blieben gegenüber der R 51/2 unverändert.

> BMW-Boxermaschinen waren als Seitenwagenträger immer sehr beliebt, die R 51/3 machte da keine Ausnahme.

> Die R 51/3 durchlief bis 1954 einige Entwicklungsstufen, die Leerlaufanzeige im Scheinwerfer war aber von Anfang an dabei.

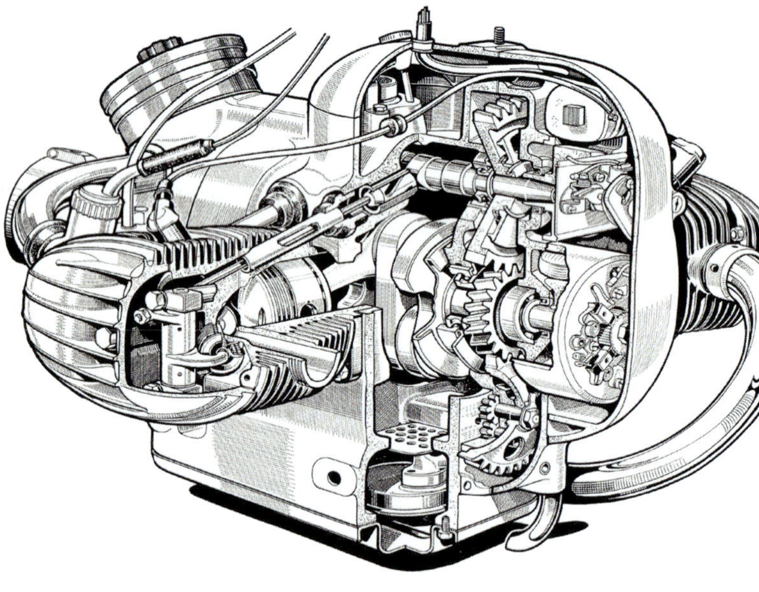

> Vor allem der neue Motor mit einer Nockenwelle und Stirnradantrieb unterschied die /3 von der /2. Die Leistung von 24 PS bei 5800 U/min blieb dabei unverändert.

Die 600-cm³-Boxermaschinen

Zeitgleich mit der R 51/3 erschien auch eine lediglich im Hubraum vergrößerte Maschine als R 67 mit 594-cm³-Boxermotor, der hier 26 PS leistete. Auch dieses Modell erfuhr die schrittweise eingeführten Verbesserungen der R 51/3, änderte aber noch zwei Mal seine Typenbezeichnung: 1952 als R 67/2 mit auf 28 PS erhöhter Motorleistung und 1955/56 als R 67/3 mit größerem Hinterreifen und als jetzt reine Gespannmaschine, denn 1955 war eigentlich schon der Modellwechsel hin zu den Vollschwingen-Fahrwerken vollzogen.

Eine Besonderheit im BMW-Programm jener Jahre stellte die R 68 dar. Sie war eine sportlichere Variante der R 67/2, deren nun modifiziertes Triebwerk immerhin 35 PS mobilisierte. Damit erreichte das Motorrad 160 km/h, was 100 Meilen in der Stunde bedeutete und der R 68 auch den Beinamen »100 Meilen Maschine« eintrug. Da das Modell an die handgefertigten Werksmaschinen für den Geländesport angelehnt war, konnte auch ein hochgezogener Auspuff geordert werden.

> Die R 51/3 von 1954 wies eine Reihe von Veränderungen auf. Die deutlich verbesserte Telegabel war an den Gummimanschetten zu erkennen.

> Alle 1954er Modelle hatten jetzt Vollnaben-Bremstrommeln, gerade eingespeichte Leichtmetallfelgen, hydraulische Teleskop-Stoßdämpfer und Zigarrenauspufftüten.

> Die R 67, die bis auf den Hubraum (594 cm³) der R 51/3 entsprach, also auch schon den neuen Motor trug, wurde nur 1951 angeboten. Entsprechend wurden von der 2.865 D-Mark teuren Maschine nur 1470 Exemplare gebaut.

> Die R 67/2 durchlief die gleichen Entwicklungsstufen wie die R 51/3. Im Bild das Modell von 1954, u. a. mit Vollnabenbremsen, neuer Telegabel und Leichtmetallfelgen. Der Motor leistete jetzt 28 PS bei 5600 U/min.

> Speziell für den Beiwagenbetrieb kam 1955 noch die R 67/3 heraus, die der letzten /2-Entwicklung entsprach, aber jetzt wieder Stahlfelgen hatte. Nur 700 Maschinen, speziell für Behörden, wurden von diesem letzten Modell bis 1956 gebaut.

> Als »Hundertmeilenrenner« (160 km/h) ging die von 1952 bis 1954 gebaute R 68 in die BMW-Historie ein. Der hochgezüchtete 594-cm³-Boxermotor leistete 35 PS bei 7000 U/min.

> Die aus dem Geländesport heraus entwickelte Serienmaschine R 68 war mit 3.950 D-Mark extrem teuer, fand aber immerhin 1452 Liebhaber. Sie hatte schon 1952 Entwicklungen angestoßen, die in den folgenden Jahren auch bei den anderen Serienmaschinen wirksam wurden.

> In der tiefsten Phase der deutschen Motorradkrise trug die BMW R 26 maßgeblich zum Überleben der Motorradsparte der bayrischen Marke bei.

Die Vollschwingen-Ära

BMW schickt die neuen Maschinen mit Vollschwingen-Fahrwerk auf dem Höhepunkt der deutschen Motorradkrise ins Rennen. Nur knapp entgehen die Bayerischen Motorenwerke dem Verkauf und überleben in der Motorradsparte vor allem durch Behördenaufträge. Geschobene Langschwinge (Earles-Gabel) vorn, gezogene Schwinge hinten, alles kegelrollengelagert, das war das neue Fahrgestell-Konzept, mit dem für BMW 1955 ein neues Zeitalter anbrach. Für die 500er wurde der Motor nahezu identisch von der R 51/3 übernommen, leistete jetzt aber 26 PS. Kupplung und Getriebe der R 50 waren neu.

Mit der R 26 in die Krise

Den Erfolg der R 25/3 konnte die Nachfolgerin R 26 mit Vollschwingenfahrwerk nicht mehr toppen. Bei ihrem Erscheinen 1956 steckte der deutsche Motorradbau bereits in einer tiefen Krise. Immerhin kam die nun 15 PS starke Maschine mit einer vollständig gekapselten Kardanwelle in der rechten Schwinge noch auf über 30.000 Stück und trug wesentlich zum Überleben der BMW-Motorräder bei. Die R 26 konnte wahlweise mit Einzelsitz oder Sitzbank geliefert werden.

> Eine R 50 der ersten Baujahre mit kleinem Rücklicht und ohne Lenkerblinkleuchten. Der Motor leistete 26 PS bei 5800 U/min und das blieb so bis 1969!

> Im gleichen Vollschwingen-Fahrwerk wie es die neuen Boxermodelle trugen, kam 1956 auch die R 26 als Nachfolgerin der R 25/3 daher.

> Das neue BMW-Schwingenheck mit der am Rahmen verschweißten Federbeinhülse und dem neuen Kardanantrieb mit der im Ölbad innerhalb des Schwingenholms laufenden Welle.

> Die Vorderansicht der BMW R 26 mit der Dreiecks-Langschwinge und den hydraulisch gedämpften Federbeinen. Earles-Schwinge nannte man die Anordnung im Fachjargon, nach dem englischen Konstrukteur Ernie Earles.

> Der Motor leistete jetzt 15 PS bei 6400 U/min. Die 2.150 D-Mark teure Maschine verkaufte sich bis 1960 30.236 Mal und wurde damit BMWs Topseller in der zweiten Hälfte der 1950er Jahre.

> Das Heck der R 26 zeigt die neue, auf zwei Federbeinen abgestützte Hinterradschwinge und die im rechten Schwingenarm gekapselt verlaufende Kardanwelle.

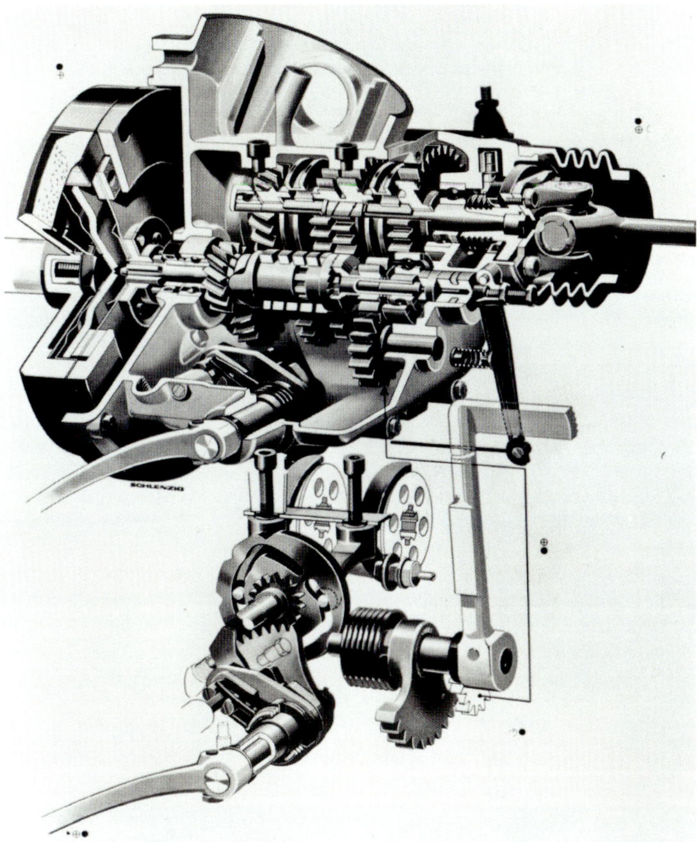

> Das neue Dreiwellengetriebe für die Schwingenmodelle wies einen Ruckdämpfer auf der Hauptwelle auf. Die Kupplung wurde neu über eine Tellerfeder betätigt.

> Das Werkzeugfach wanderte wieder auf den jetzt 15 Liter fassenden Tank. Der Lenkungsdämpfer trug zum sehr guten Fahrverhalten der R 26 bei.

Neue Boxer für Touren und Sport

Der sportliche Nachfolger der R 68 hieß ab 1955 R 69. Das Fahrwerk entsprach hier dem der R 50, während der Motor, bis auf die neue Tellerfeder-Kupplung, derjenige der R 68 war. Optisch war die sportliche BMW durch den anders verrippten Zylinderdeckel, den Sitzbank-ähnlichen Soziussitz und – optional – den hochgezogenen Auspuff von den Touren-Modellen zu unterscheiden. Und diese Tourenmaschine, die zur Legende wurde und wie kaum eine andere das BMW-Image

> Die R 69 fuhr noch mit dem 35 PS leistenden Motor der R 68 (erkennbar u. a. an den Ventildeckeln), der jetzt in das Vollschwingen-Fahrwerk der neuen R 50 eingepasst war.

> Ein sportliches Motorrad wie die R 69 musste auch mit einer Sitzbank lieferbar sein. Insgesamt wurden von dem Modell knapp 3000 Exemplare zum Preis von 3.950 D-Mark verkauft.

> Als typische Gespannmaschine trat die R 60 das Erbe der R 67/3 an. Von 1956 bis 1960 entstanden 3530 Maschinen, die 3.235 D-Mark kosteten. Der Motor mit 28 PS bei 5600 U/min war nahezu unverändert geblieben.

prägte, war die 1956 erschienene R 60. Wenngleich in den Krisenjahren nach 1955 nur noch gut 3500 Mal verkauft, sicherte sie doch vor allem als R 60/2 ab 1960 das Überleben von BMW als Motorrad-Hersteller.

Schwere Zeiten für BMW

BMW in München erging es in der zweiten Hälfte der fünfziger Jahre nicht anders als allen anderen Motorrad-Herstellern auch: die Verkaufszahlen gingen dramatisch zurück und BMW geriet in finanzielle Schwierigkeiten. Zwar konnte der neue Kabinenroller BMW-Isetta mit stolzen Verkaufszahlen aufwarten und die Achtzylinder-Sportwagen 503 und 507 erhielten viel Beifall; die notwendigen Gewinne konnten mit diesen Produktionen jedoch nicht eingefahren werden. Zum Jahresende 1959 wurden Pläne bekannt, die den Verkauf der Bayerischen Motorenwerke an die Daimler-Benz AG zum Ziel hatten. Auf einer Generalversammlung am 9. Dezember 1959 scheiterte dann aber der Übernahmeversuch und Generaldirektor Richter-Brohm musste ebenso seinen Hut nehmen wie der Aufsichtsratsvorsitzende Feith von der Deutschen Bank. Für die Motorradfertigung bedeutete dies trotzdem noch keine Sicherheit; bestanden doch auch Pläne, diese nach Nürnberg zur gerade gegründeten Zweirad-Union zu verlegen. Aber auch dazu kam es nicht, was nicht zuletzt dem neuen Produktmanager von BMW, Helmut Werner Bönsch – ein Motorrad-Enthusiast durch und durch – zu verdanken war.

Chronik der BMW-Schwingenmodelle

R 50	**1955–1960**	
2-Zyl.-4-Takt-Boxer	500 cm³ ohv	26 PS / 5800 U/min
R 69	**1955–1960**	
2-Zyl.-4-Takt-Boxer	600 cm³ ohv	35 PS / 6800 U/min
R 60	**1955–1960**	
2-Zyl.-4-Takt-Boxer	600 cm³ ohv	28 PS / 5600 U/min
R 26	**1956–1960**	
1-Zyl.-4-Takt	250 cm³ ohv	15 PS / 6400 U/min
R 27	**1960–1966**	
1-Zyl.-4-Takt	250 cm³ ohv	18 PS / 7400 U/min
R 50/2	**1960–1969**	
2-Zyl.-4-Takt-Boxer	500 cm³ ohv	26 PS / 5800 U/min
R 60/2	**1960–1969**	
2-Zyl.-4-Takt-Boxer	600 cm³ ohv	30 PS / 5800 U/min
R 50 S	**1960–1962**	
2-Zyl.-4-Takt-Boxer	500 cm³ ohv	35 PS / 7650 U/min
R 69 S	**1960–1969**	
2-Zyl.-4-Takt-Boxer	600 cm³ ohv	42 PS / 7000 U/min

> Der Motorenexperte Helmut Werner Bönsch sicherte als Technischer Direktor der BMW-Motorradsparte das Überleben.

> Auf dem Tiefpunkt der deutschen Motorradkonjunktur muss man mit Werbung aus dem Ausland punkten: Die kanadische Polizei eskortiert auf BMW R 69-Maschinen in Melbourne den Besuch der englischen Königin.

> Künftige Feldjäger der Ehreneskorte der Bundeswehr 1961 in der Eskorte-Schule auf BMW-Boxer- und Einzylindermaschinen. (Foto: Günter Katthage)

> Die R 27 löste 1960 das Vorgängermodell R 26 ab. Bis 1966 wurde diese Maschine 15.364 Mal gebaut – das entsprach fast exakt der Hälfte der Stückzahlen der R 26. Trotzdem war die R 27 immer noch das meistverkaufte BMW-Motorrad ihrer Zeit.

Mit neuen Modellen in die 1960er Jahre

Spätestens mit der Präsentation des neuen Modellprogramms am 22. August 1960 gingen die Motorradbauer in München wieder zur Tagesordnung über. Auf Grund der Turbulenzen der vorangegangenen Monate waren die Entwicklungsschritte für die neuen Modelle natürlich nicht sonderlich groß ausgefallen. Das 250-cm³-Einzylindermodell R 26, 1956 eingeführt, wurde durch einen leistungsgesteigerten Motor (von 15 auf 18 PS), der jetzt in Gummiblöcken gehalten wurde, zum Modell R 27. Äußerlich waren die beiden Motorräder kaum voneinander zu unterscheiden; dies änderte sich erst 1962 mit Einführung der Lenkerblinkleuchten. 1966 lief die R 27 aus und blieb fast 30 Jahre lang ohne Nachfolger.

Bei den großen Zweizylinder-Tourenmodellen hielten sich die Neuerungen ebenfalls in Grenzen. Aus der R 50 von 1955 wurde nur auf Grund der Verstärkung von Kurbel- und Nockenwelle und eines veränderten

> Änderungen an Kurbel- und Nockenwellen und ein größeres Rücklicht ließen 1960 aus der R 50 die R 50/2 werden. Ab 1962 trugen alle BMW-Maschinen Lenkerblinkleuchten.

> In der wirtschaftlich aufstrebenden Bundesrepublik wollten viele Familien auch auf der Straße ein Dach über dem Kopf haben. Ein Motorradbeiwagen war da meist nicht mehr gut genug.

> Bei der R 60/2 brachte die Überarbeitung des Triebwerks zwei PS mehr (30 PS bei 5800 U/min), was für maximal 150 km/h reichte. R 50/2 und R 60/2 waren äußerlich nicht voneinander zu unterscheiden und konnten beide wahlweise mit einer Sitzbank geliefert werden.

Lichtmaschinen-Konus das Modell R 50/2. Wie die anderen Modelle erhielt auch die R 50/2 1962 Lenkerblinkleuchten und ab 1967 konnte die Maschine für den Export mit einer Telegabel ausgerüstet werden.
Bei der R 60 wurden die gleichen Verbesserungen am Triebwerk wie bei der R 50 durchgeführt, durch eine Erhöhung von Drehzahl und Verdichtung lag die Leistung jetzt aber bei 30 statt bisher 28 PS. Ab 1967 konnte die R 60/2 wahlweise mit einer Telegabel geliefert werden. Beide Tourenmodelle blieben bis 1969 im BMW-Programm.

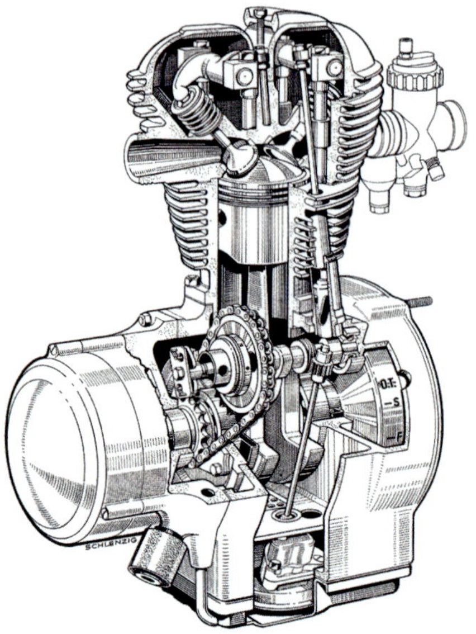

> Der überarbeitete und mittels Gummilagerung im Vollschwingen-Rahmen platzierte Motor leistete jetzt 18 PS. Nach dem Ende der R 27-Fertigung 1966 gab es jahrzehntelang kein BMW-Einzylindermodell mehr.

> Motorradfertigung in München-Milbertshofen zu Beginn der 1960er Jahre. Das Einspeichen der Räder war traditionell Frauensache.

> Die lackierten Tanks mussten noch von Hand und Schlepppinsel mit Zierlinien versehen werden.

> Auch am Arbeitsplatz der Schwingen-Montage sah es noch sehr nach Manufaktur aus.

> Fertigmontage von R 50-Maschinen, die wohl doch überwiegend mit einer Sitzbank geordert wurden.

> Das Einsetzen der Pleuellager erforderte Geschick und Fingerspitzengefühl.

> Gut gepolstert verpackt und verschnürt, können die fertigen BMW-Maschinen ihre Reise zu Händlern im In- oder Ausland antreten.

Die Spitzenmodelle R 50 S und R 69 S

Daneben stellte BMW mit den gleichen Hubräumen zwei neue Sportmodelle mit leistungsstarken Triebwerken. Die R 50 S und die R 69 S unterschieden sich äußerlich kaum von den Touren-BMW, sieht man einmal davon ab, dass sie öfter mit einer Sitzbank statt des Einzelsitzes ausgeliefert wurden. Technisch sind bei den sportlichen Varianten der auf dem vorderen Zapfen der Kurbelwelle sitzende Schwingungsdämpfer und der hydraulische Lenkungsdämpfer zu erwähnen. Mit 175 km/h Spitzengeschwindigkeit war die R 69 S lange Zeit das schnellste in Deutschland erhältliche Serienmotorrad. Während die R 50 S schon 1962 wieder aus dem Programm genommen wurde, blieb die R 69 S bis 1969 im Angebot; ab 1967 war sie für den US-Markt mit einer Telegabel ausgerüstet.

> Mit den Modellen R 50 S (Bild) und R 69 S stellte BMW 1960 zwei neue Sportmaschinen vor. Bei der nur bis 1962 gebauten R 50 S leistete der Motor 35 PS bei 7650 U/min. 3.535 D-Mark kostete das nur 1634 Mal gebaute Motorrad.

> Aus den Rennsport-Maschinen hatte BMW für die Modelle R 50 S und R 69 S den hydraulischen Lenkungsdämpfer übernommen. Nach diesen beiden Modellen gab es über Jahre keine Neuentwicklungen mehr bei BMW.

> Die neuen Sportmodelle waren am großen Luftfilter erkennbar. Die R 69 S der ersten Baujahre auch wieder am »Sitzbrötchen« für den Sozius.

> Private Käufer bevorzugten bei den S-Modellen (im Bild eine R 69 S) wie auch bei den anderen BMW-Motorrädern zunehmend die durchgehende Sitzbank.

> Die R 69 S blieb bis 1969 im BMW-Programm und wurde über 11.000 Mal verkauft. Ihr Motor leistete 42 PS bei 7000 U/min, was für eine Höchstgeschwindigkeit von 175 km/h reichte.

> Viel Chrom und ein optimistisch bis 200 km/h reichender Tachometer in der Kommandozentrale der R 69 S.

> Das Internationale Feldberg-Rennen fand ohne wirklich große internationale Konkurrenz statt – ansonsten hätte die Statistik für BMW in der Soloklasse nicht so glänzend ausgesehen.

Rennsport

auf zwei Rädern

Nach dem Kompressorverbot konnte BMW zwar bald wieder in der Weltspitze mitfahren, ganz nach vorne kam man aber nicht mehr. Erst die Einführung von Wettbewerben mit seriennahen Maschinen ab 750 cm³ Hubraum brachte in den 1970er Jahren wieder einige Siege für die weißblaue Marke ein.

Wer sollte denn nach dem verlorenen Krieg, den in Schutt und Asche liegenden Städten, dem Hunger und der Kälte an Motorradrennsport denken? Natürlich die Fahrer, die bis in die ersten Kriegsmonate 1939/40 hinein Rennen gefahren sind, den Krieg überlebt hatten und einfach nur wieder das machen wollten, was sie am besten konnten. Am 21. Juli 1946, beim Bergrennen Obertal-Ruhestein, durften sie erstmals wieder an den Start gehen. Wie auch in den folgenden Rennen selbstverständlich als Privatfahrer, denn die deutschen Motorradwerke durften und konnten noch nicht wieder produzieren und also auch keine Werksteams aufstellen. Gefahren wurde mit allem, was der Krieg übrig gelassen hatte, und wem eine der letzten Vorkriegsrennmaschinen – wie auch immer – zur Verfügung stand, der hatte gute Chancen, ganz vorne mit dabei zu sein.

Georg »Schorsch« Meier greift wieder an

Dies galt auch für Schorsch Meier, der nach dem Krieg als Präsident der »Arbeitsgemeinschaft des deutschen Motorsports« zunächst mit der Organisation erster Rennveranstaltungen beschäftigt war, ehe er ab 1947 auch selbst wieder auf den Rennstrecken aktiv wurde. Und das sowohl auf zwei Rädern (BMW) wie auf vieren (Veritas). Mit der Kompressor-BMW war Meier als Privatfahrer nahezu unschlagbar und holte sich in der 500er Klasse drei Deutsche Meistertitel hintereinander. Der vierte folgte 1950 – jetzt aber mit einem Werksfahrer-Vertrag von BMW. 1953 konnte der Gusseiserne dann mit inzwischen 42 Jahren noch einmal Deutscher Meister werden.

Nachdem BMW Ende 1948 wieder mit der Fertigung von Serienmotorrädern beginnen durfte, stand wenige Wochen später eine Werksmannschaft für die neue Saison bereit. Neben Meier waren das Ludwig Kraus und Max Klankermeier/Hermann Wolz (Gespann). Die

> Der Karlsruher Rennfahrer Kurt Nitschky traf am 26. August 1946 den Schweizer Kollegen Hans Stärkle an der Grenze bei Basel. Beide philosophierten darüber, wie man wieder mit der Rennerei beginnen könnte.

> 1973 absolvierte Georg Meier in voller Ausrüstung Probefahrten auf der frisch aufgebauten Kompressor-BMW, die ihm nach dem Zweiten Weltkrieg vier Deutsche Meistertitel in Folge beschert hatte.

> Georg Meier konnte ab 1947 wieder auf einer Vorkriegs-Kompressormaschine starten und war bis 1950 in der Deutschen Meisterschaft unschlagbar. Wie hier 1948 am Dieburger Dreieck.

> Und wer keine Kompressormaschine hatte, der baute sich eine. Wie der bekannte Tuner Ernst Hoske, der 1949 diese BMW mit Stoßstangen-Motor und Kompressor ins Rennen schickte.

> Im Laufe des Jahres 1949 erkannte man die überarbeitete Werkskompressormaschine an der vor die Vorderachse gesetzten Telegabel und den zusätzlichen Rahmenstreben im Heckteil.

leicht überarbeitete BMW-Kompressormaschine – erkennbar an der vor die Achse gesetzte Telegabel – leistete jetzt 75 PS. Mit dieser Maschine und den genannten Fahrern ging es dann auch in die Saison 1950.

> Noch einmal ein großes Siegerplakat für BMW-Motorräder nach einem innerdeutschen Meisterschaftslauf. Nach dem Kompressorverbot mussten die Münchner kleinere Brötchen backen.

Kompressoren nicht erlaubt

Die Internationale Motorsportbehörde FIM schrieb 1949 erstmals eine Weltmeisterschaft im Straßenrennsport für Motorräder aus. Kriegsanstifter und -verlierer Deutschland durfte aber erst einmal nicht mitspielen und musste draußen bleiben. Ab 1951 konnten die Deutschen dann mitmachen, was ihnen aber wenig nützte, denn Motoren mit künstlicher Aufladung (Kompressor, Ladepumpe) waren international verboten. Genau darauf waren BMW, DKW und NSU aber nicht gefasst, die nun mit ihren hochgezüchteten Rennmaschinen vor einem Scherbenhaufen standen und von vorne beginnen mussten.

Bei BMW, wo Walter Zeller für die Saison 1951 mit in das BMW-Team rückte, hieß das »Amputation« des Kompressors und Beibehaltung des alten Trieb- und Fahrwerks (Telegabel wieder an die Achse geschraubt). Mit dieser Maschine (Typenbezeichnung 251) konnte Zeller zwar seinen ersten nationalen Titel einfahren, international war damit aber kaum ein Blumentopf zu gewinnen. 1952 (Georgs Bruder Hans Meier war inzwischen mit in die Mannschaft gekommen) kam es noch schlimmer: Obwohl die Rennmaschine weiterentwickelt, aber zu spät fertig geworden war (jetzt mit neuem Rahmen und Hinterradschwinge) und Hans Baltisberger den ersten WM-Punkt für BMW überhaupt holte, ging die Deutsche Meisterschaft in der 500er Klasse an Rudi Knees auf Norton.

> So sah die neue BMW-Werksrennmaschine ab dem Frühjahr 1951 ohne Kompressor aus. Der jetzt kompaktere Motor erlaubte u. a. einen kürzeren Radstand und einen tiefergezogenen Tank. Die Telegabel war mal vor und mal auf die Achse gesetzt.

Mit der RS 53 läuft's besser

1953 lief es dann wieder besser. Die neue, jetzt RS 53 genannte Rennmaschine wartete mit zahlreichen neuen Details auf und begründete vor allem bei den Renngespannen eine neue Ära. Das verkürzte Fahrwerk wies jetzt auch vorne eine Schwingenkonstruktion (Earles-Gabel) auf und der Königswellenmotor leistete rund 53 PS bei 8500 U/min. Mit einer von BMW entwickelten Einspritzung waren es sogar 56 PS bei 9000 U/min. Während Schorsch Meier mit dieser Maschine also überlegen seinen sechsten Meistertitel einstrich, kam man international noch nicht zurecht. BMW hielt die RS 53 zwar für konkurrenzfähig, den bei einigen Rennen im Ausland eingesetzten Walter Zeller aber noch für zu unerfahren. 1954 fertigten die Münchner mit der RS 54 auch wieder ein käufliches Rennmotorrad. Das nur in 20 Exemplaren gebaute und für etwa 10.000 Mark an Privatfahrer verkaufte RS-Modell erwies sich trotz seiner rund 50 PS den käuflichen englischen Rennmodellen als meist unterlegen.

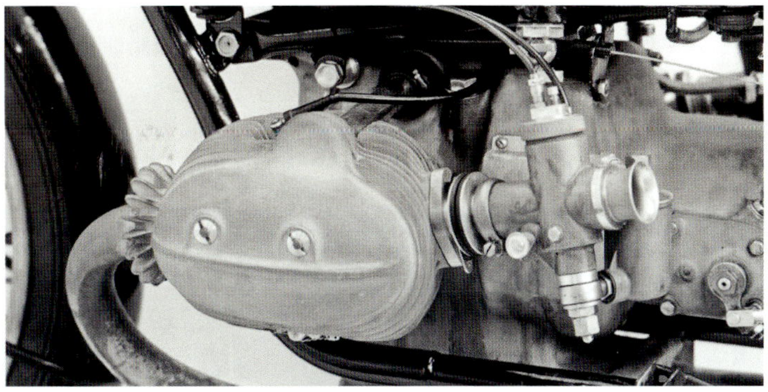

> Der dazugehörige Motor lief unter der Typenbezeichnung 253, lieferte rund 50 PS und war mit den zwei Schrauben am Ventildeckel als »Zweibolzer« in die BMW-Renngeschichte eingegangen.

> Komplett überarbeitet erschien die 53er Rennmaschine mit Langschwinge zur Vorderradführung und weiter verkürztem Fahrgestell. Die gezeigte Maschine wurde 1954 auch mit einer Einspritzanlage eingesetzt.

> Der Motor blieb trotz neuer Ventildeckel im Wesentlichen der Alte (Typ 253) und leistete jetzt 53 PS bei 8500 U/min.

> Ein weiteres Detailfoto des 53er Rennmodells zeigt das neue Hinterachsgetriebe-Gehäuse, an dem das Schutzblech befestigt war. Die Bremsankerplatte war auf die linke Seite verlegt worden.

> Nachdem BMW anfangs versuchte, eine eigene Einspritzanlage einzusetzen, kam 1954 eine Bosch-Einspritzung zum Zuge, mit welcher der Motor etwa 58 PS mobilisierte.

> Die für Privatfahrer angebotene BMW RS 54 mit Vollschwingenfahrwerk leistete ab Werk etwa 45 PS bei 8000 U/min, findige Tüftler holten 50 PS und mehr aus dem Boxermotor heraus.

> In der Praxis wurden – speziell bei den Gespannfahrern – die Motoren entsprechend der jeweiligen Rennstrecke mit Vergasern bestückt (Foto) oder auf Einspritzung umgebaut.

> Für die Werksrennmaschinen trieb diese Einspritzanlage die Motorleistung bis an die 60 PS heran. Die empfindliche Technik machte Fahrern wie Monteuren jedoch oft das Leben schwer.

BMW steigt aus

Als Leiter der Rennabteilung kehrte Alex von Falkenhausen zum 1. September 1954 zu BMW zurück. Da war die berühmte RS 54 zwar auch als Werksrennmaschine längst fertig und für die Saison 1955 hatte BMW im Niedergang der deutschen Motorradkonjunktur kein offizielles Werksteam mehr, nichtsdestotrotz liefen die Rennsport-Aktivitäten im Motorradsektor nebenher weiter. Vor allem Siegfahrer Walter Zeller wurde inoffiziell vom Werk unterstützt, aber auch zum Beispiel John Surtees fuhr 1955 einige Rennen auf einer Werks-BMW. Für 1956 sorgte ein neuer

> Walter Zeller gewann das Feldbergrennen 1951 und holte sich im gleichen Jahr seinen ersten Meistertitel auf BMW. Weitere folgten 1954 und 1955.

> Hans Meier war 1952 ins BMW-Team gerückt, konnte jedoch nicht an die Erfolge seines Bruders Georg anknüpfen.

> Nach dem Ausscheiden von Schorsch Meier war Walter Zeller die Nr. 1 im BMW-Team. 1954 begann das Wettrüsten bei den Bugverkleidungen, das zum Teil aberwitzige Formen an die Rennmotorräder brachte.

Kurzhubmotor dafür, dass BMW-Motorräder in der 500er Grand-Prix-Klasse vorerst halbwegs konkurrenzfähig blieben – das Ende der großen Investitionen für die Solorennmaschinen war da aber bereits eingeläutet. Immerhin fuhren verschiedene Fahrer, darunter so bekannte Namen wie Geoff Duke, Dickie Dale und der dreifache Deutsche Meister (1957–1959) Ernst Hiller, noch bis 1959 um die Weltmeisterschaft mit.

> 1956 wurde Walter Zeller als Privatfahrer mit Werksunterstützung Vizeweltmeister. Bei seinem Abschied von BMW 1958 dankten ihm die Bayern mit einem Motorrad, das nach Zellers Wünschen aufgebaut worden war.

> Auch Richard H. »Dickie« Dale erhielt 1958 eine BMW, holte ebenso wie Geoff Duke 13 WM-Punkte und wurde Dritter. Dale fuhr auch 1959 noch eine BMW, schaffte es aber nicht mehr aufs Treppchen.

> Startaufstellung beim Rheinpokalrennen in Hockenheim 1955. Nr. 8 Ernst Riedelbach, dahinter Walter Zeller. Die beiden belegten die Plätze 6 und 4 – gegen die schnellen Gilera und Moto Guzzi hatten die bayrischen Boxer kaum noch eine Chance.

> Ernst Riedelbach im Hockenheim-Rennen 1955. Im Jahr darauf wurde er auf der BMW Deutscher Meister.

> Geoff Duke brauchte nach dem Rückzug von Gilera für die Saison 1958 ein neues Motorrad und fuhr einige Rennen mit einer werksunterstützten BMW. Trotz seines Sieges in Hockenheim (Bild) kam der sechsfache Weltmeister mit dem Boxer nicht zurecht und wechselte noch in der laufenden Saison zu Norton.

> Ernst Hiller fährt 1962 als Privatfahrer auf BMW seinen vierten Titel in der Deutschen Straßenmeisterschaft ein. Zuvor hatte er dies als Privatier schon in den Jahren 1957 bis 1959 geschafft.

Der 250-cm³-Boxer-Rennmotor

Zu erwähnen ist aus jener Zeit noch die Entwicklung und der Prototypen-Bau eines hochdrehenden (11.500 U/min) 250-cm³-Boxer-Rennmotors mit Mittellager in den Jahren 1957/58. Der Motor war Bestandteil eines Entwicklungsauftrages, der außerdem noch einen 500er Boxermotor mit desmodromischer Ventilsteuerung und einen Vierzylinder-dohc-Motor für Sportwagen enthielt. Die Besonderheiten dieses kleinen Boxers waren unter anderem die Verwendung von Königswellen zum Antrieb der obenliegenden Nockenwellen, die Verwendung von Elektronguss für Kurbel- und Getriebegehäuse, Ölwanne und Frontdeckel, eine damals noch völlig neue und unbekannte Thyristor-Zündung und eine dreifach gelagerte Kurbelwelle mit Mittellager. Letzteres machte das BMW-typische Tunnelgehäuse überflüssig und ließ ein horizontal geteiltes Gehäu-

> Der Nockenwellenantrieb des 250er Boxermotors erfolgte über eine Königswelle.

> Der Motorblock des RS 250-Motors, mit einem Gehäuse aus Elektron, war horizontal geteilt, was die Unterbringung eines Mittellagers ermöglichte.

se zu. Der Motor baute sehr schmal und war leicht – zwei wesentliche Forderungen des Entwicklungsauftrags, der 1958 aber aus Geldmangel zurückgezogen wurde. Die Motorradindustrie war in Deutschland auf dem Tiefpunkt ihrer Krise angekommen und BMW drehte zunächst erst einmal den Geldhahn für Neuentwicklungen zu.

Private Aktivitäten im Rennsport

Sieht man von ein paar privat aufgebauten Boxer-Rennmaschinen ab, die in der Deutschen Meisterschaft mitfuhren (Ernst Hiller holte 1962 seine vierte Deutsche Meisterschaft – die bis 1971 letzte für ein BMW-Motorrad), waren BMW-Motorräder bis 1969 auf internationalen Rennstrecken kaum noch zu sehen. Einzig Ferdinand »Ferdi« Kaczor konnte sich mit seinem selbst aufgebauten RS-Modell mit 55 PS 1969 noch mal auf WM-Terrain trauen, ohne jedoch ganz vorne mitfahren zu können. Hier hätte vielleicht mehr draus werden können, wenn Kaczor nicht im Juni 1970 tödlich verunglückt wäre.

Erfolge bei Production-Rennen

Mit dem Erscheinen der neuen /5-Modelle im Jahre 1970 traten BMW-Solomotorräder wieder bei verschiedenen Rennveranstaltungen auf, jedoch nicht mehr in der offiziellen Weltmeisterschaft. So fuhren Werks-BMW 1970 und 1971 bei der Production-TT auf der Isle of Man recht ordentlich mit (beste Platzierung: 4. Platz durch Hans-Otto Butenuth) und starteten 1972/73 in der amerikanischen West Coast Production Serie. Hans-Otto Butenuth holte 1971 mit einer privat aufgebauten BMW RS den letzten Deutschen Meistertitel für die bayrische Marke.

> Der überraschende zweite Platz in der 500er Klasse beim Eifelrennen 1969 auf der Nürburgring Nordschleife brachte Ferdinand Kaczor auf die Titelseite des *Motorrad*.

> Hans-Otto Butenuth aus Dortmund war zu Beginn der 1970er Jahre sowohl mit Werksmaschinen wie auch mit seinen privat aufgebauten BMW-Rennern unterwegs. Wie hier beim Finnland-Grand-Prix in Imatra startete er auch bei einigen WM-Läufen.

> Production-TT 1972: Mit seiner selbst aufgebauten R 75/5-Rennmaschine errang Helmut Dähne einen beachtenswerten 4. Platz.

> Hans-Otto Butenuth, hier beim zweiten WM-Lauf 1972 in Clermont-Ferrand (Frankreich), wurde 1971 letzter Deutscher Meister auf BMW.

> Mit dieser selbstgefertigten Rennmaschine mit Stoßstangen-Boxermotor fuhr Helmut Dähne 1972 und 1973 einige Rennen in der Formel 750. Im Bild die Rennvorbereitung in Imola 1972.

Nach Ferdinand Kaczor war Helmut Dähne ein weiterer Spezialist, der (bis 1974 bei BMW tätig) zu Beginn der 1970er Jahre eigene BMW-Rennmaschinen aufbaute und damit unter anderem in der Formel 750 und der Production-TT auftauchte. Mit dem Erscheinen der R 90 S (1973) und der R 100 S bzw. RS (1976) tauchten sowohl wieder Werksmaschinen wie auch private Renner (teilweise mit Werksunterstützung) bei verschiedenen Veranstaltungen in der 1000-cm³-Klasse oder bei 24-Stunden-Rennen auf. Helmut Dähne und Gary Green wurden 1973 mit einer Werks-R 90 S beim Bol d'Or 24-Stunden-Rennen in Le Mans Dritte. Mit dem zweiten und dritten Platz durch Dähne und Butenuth bei der Production-TT 1974 auf der Isle of Man setzten BMW-Rennmotorräder weitere Lebenszeichen. 1976 konnten Dähne/Butenuth mit einer privaten R 90 S dieses Rennen in der 1000-cm³-Klasse sogar gewinnen – der für lange Zeit letzte wirklich große Sieg für ein BMW-Motorrad bei einem internationalen Rennen. Im gleichen Jahr siegte Steve Mc Laughlin beim Super-Bike-Rennen in Daytona und Reg Pridmore gewann die US-Meisterschaft.

In den Folgejahren setzte Dähne die R 100 RS noch für diverse Rennen und Rekordfahrten ein, ohne noch einmal ganz groß zu glänzen. Für mehr als ein Jahrzehnt war in der Folge von BMW-Motorrädern – abgesehen von der Krauser MKM 1000 – im Straßenrennsport nichts mehr zu hören und zu sehen.

> Der amerikanische BMW-Importeur Butler & Smith baute 1972 für das 200-Meilen-Rennen von Daytona diese 750-cm³-Rennmaschine auf.

> In nur wenigen Wochen entstand eine völlig neue BMW-Rennmaschine mit schmalem Doppelschleifen-Rahmen a la Norton »Federbett« und gekürzter Telegabel.

> Höhergelegt, durch kürzere Pleuel 22 mm schmaler und mit innengekühlter Ölwanne – der Motor war renntauglich, Angaben über seine Leistung gab es aber nicht.

> Auch die 2-in-1-Auspuffanlage war für BMW ungewöhnlich. Die Kröber-Transistorzündung auf der Stirnseite bereitete jedoch Probleme.

> Nur zum Training wurde die Maschine an den Start geschoben. Wegen den Problemen mit der Zündung musste das engagierte amerikanische Team enttäuscht auf das Rennen verzichten.

> 1976 wieder in Daytona. Mit bayrischer Unterstützung wurden zwei R 90 S mit rund 100 PS für das Super-Bike-Rennen aufgebaut. Eine der Maschinen war mit einer Cantilever-Hinterradschwinge ausgerüstet.

> Steve Mc Laughlin (83) siegte in Daytona mit der Cantilever-Maschine, Reg Pridmore (163) holte sich den US-Meistertitel und BMW schlachtete diese Erfolge werbewirksam aus.

> Dieses BMW-Werksfoto ist mit folgendem Kommentar versehen: »Helmut Dähne gewann 1976 mit seiner BMW das Rennen der Produktionsmaschinen bis 1000 cm³ bei der Tourist Trophy auf der Isle of Man«.

> Mit ihrem Weltmeistertitel 1954 leiteten Wilhelm Noll und Fritz Cron eine beispiellose Siegesserie für Renngespanne mit BMW-Motoren ein, die zwei Jahrzehnte anhielt.

Dominanz
auf drei Rädern

Der Motor der BMW RS 53 erwies sich schnell als ideales Antriebsaggregat für Renngespanne. Mit Vergaser oder Einspritzung, vom Werk oder privaten Tunern immer wieder optimiert, sorgte er für 19 Weltmeistertitel in 21 Jahren.

Mit der Ausschreibung von Motorrad-Weltmeisterschaften ab 1949 waren von Anfang an Seitenwagen-Gespanne in das Geschehen mit eingebunden. Das war nicht selbstverständlich, hatten die Verantwortlichen doch in den Europameisterschaftsläufen nach 1937 die Gespanne wegen unverhältnismäßig hoher Unfallzahlen mit Todesfolge (was sich dann nach 1950 und bis heute fortsetzte!) aus dem Programm genommen. Die Maschinen hatten anfangs 600 cm³ und ab 1951 500 cm³ Hubraum. Norton war bis 1953 die klar führende Marke, ehe BMW im darauf folgenden Jahr seinen Siegeszug in der Gespannweltmeisterschaft begann. So lange hatte es gedauert, bis die Bayern nach dem Kompressorverbot wieder international konkurrenzfähiges Material auf die Rundstrecken schicken konnten.

> Vor allem bei Geländefahrten und Bergrennen (Bild) waren BMW-Gespanne mit den zugkräftigen Boxermotoren auch vor dem Zweiten Weltkrieg schon sehr erfolgreich.

Deutsche Meistertitel in Serie

In der deutschen Meisterschaft war das natürlich anders. Hier gewannen von 1947 bis 1973 ausschließlich Gespanne mit BMW-Motoren! Den Anfang machten 1947 Josef Müller und Josef Wetzhofer in der Klasse bis 1000 cm³. 1948 und 1949 war es dann wieder Müller mit den Beifahrern Karl Fuchs und Karl Rührschneck, jetzt in der Klasse bis 1200 cm³. In der ebenfalls 1949 ausgefahrenen Klasse bis 600 cm³ siegten Max Klankermeier und Hermann Walz. 1950 begannen Ludwig Kraus und Bernhard

> Für die bis 1950 in der deutschen Meisterschaft geltende 1200-cm³-Klasse baute sich Bernhard Kolm aus Freising ein BMW-Gespann mit zwei hintereinanderliegenden Motoren auf.

> Max Klankermeier und Beifahrer Hermann Walz wurden 1949 Deutsche Meister in der 600er Gespannklasse. Im Bild als Sieger beim Riemer Rundstreckenrennen im gleichen Jahr mit dem Schauspieler Hans Albers auf dem Sozius.

> Kraus/Huser (Nr. 11) am Start zu »Rund um Schotten« 1950. Rechts daneben mit der Nr. 1 Josef Müller mit Beifahrer Karl Rührschneck und mit der Nr. 13 Thomas Seppenhauser und Josef Wenshofer, ebenfalls BMW.

Huser als Werksfahrer zunächst in der 1200er Klasse ihren Siegeszug, den sie 1951 und 1953 dann in der Klasse bis 500 cm³ fortsetzten. Dafür stand ab 1950 ein neues Kompressor-Gespann zur Verfügung, das dann freilich international nicht mehr eingesetzt werden durfte. 1951 und 1952 wurden auch noch Rennen in der Klasse bis 750 cm³ ausgetragen, ehe dann ab 1953 nur noch mit 500-cm³-Motoren gefahren wurde.

> Ludwig »Wiggerl« Kraus und Beifahrer Bernhard Huser siegten 1950 in Schotten in der 1200er Klasse.

> 1950 starteten Ludwig Kraus und Bernhard Huser als Werksfahrer mit einem 900-cm³-Motor ohne Kompressor in der Klasse bis 1200 und wurden erstmals Deutsche Meister.

> Ab 1950 stand den BMW-Werksfahrern ein Kompressor-Gespann zur Verfügung, das nicht leicht zu beherrschen war.

Die WM-Titel-Jagd beginnt

Der internationale Durchbruch gelang dem Fahrer Wilhelm Noll und seinem Schmiermaxe Fritz Cron. Bei den sechs Gespann-Rennen, die 1954 Weltmeisterschafts-Status hatten, gewannen Noll/Cron die drei letzten Rennen auf der Solitude, im Schweizer Bremgarten und in Monza. Zuvor waren sie zweimal Dritter und einmal Zweiter geworden und lagen am Ende vier Punkte vor dem englischen Seriensieger Eric Oliver auf Norton. Neben dem Weltmeistertitel holten sich Noll/Cron 1954 auch die deutsche Meisterschaft.

1955 konnte Wilhelm Noll keinen der Titel verteidigen; Willi Faust hatte mit Beifahrer Karl Remmert für diese Saison bei BMW angeheuert

> Wilhelm Noll und Fritz Cron bei einem Rennen von 1953, ihrem ersten Jahr als BMW-Werksfahrer.

> Vier Renngespanne auf Basis der RS 54 entstanden direkt bei BMW, einige Fahrer schraubten sich die Maschinen mit dem Steib-Seitenwagen auch selbst zusammen. (Foto: BMW Group-Archiv)

> Noll/Cron waren auf dem ostdeutschen Sachsenring gern gesehen. 1955 belegten sie hier hinter Willi Faust und Karl Remmert den zweiten Platz. (Bild: motorrennsportarchiv.de)

> Im Oktober 1955 fuhr Wilhelm Noll mit einer speziell hergerichteten Gespannmaschine mit 280,2 km/h den Weltrekord für Dreiradfahrzeuge heraus.

> Ein Portraitfoto von Willi Faust aus dem Weltmeisterschaftsjahr 1955. Vier Jahre zuvor hatte er seine Karriere als Ausweisfahrer – auch auf Solomaschinen – begonnen. (Bild: motorrennsportarchiv.de)

> Originalautogrammkarte, von Karl Remmert und Willi Faust unterschrieben. Nach dem frühen Unfalltod von Remmert bekamen diese Karten schnell Seltenheitswert. (Bild: motorrennsportarchiv.de)

und fuhr sofort beide Titel ein. Die WM gewann er allerdings nur knapp, bei den sechs ausgetragenen Rennen konnten Faust und Noll je drei gewinnen und Faust hatte am Ende mit 30 Punkten gegen 28 vor Noll die Nase vorn. Der dritte Platz von Walter Schneider zeugte von der Dominanz der BMW-Renngespanne zu dieser Zeit. Die bewies auch der absolute Geschwindigkeitsweltrekord von 280 km/h, den Noll 1955 mit einem voll verkleideten BMW-Gespann auf der Autobahn München-Ingolstadt aufstellte.

> Die Maschinen von Faust/Remmert (vorn) und Noll/Cron im Vorstartbereich des Sachsenringrennens 1955. (Bild: motorrennsportarchiv.de)

Noll siegt wieder und BMW steigt aus

Wie die Saison 1956 ausgegangen wäre, wenn Faust/Remmert bei Testfahrten in Hockenheim nicht schwer gestürzt wären – wer weiß. Remmert starb und Faust musste nach schweren Verletzungen seine Karriere beenden. So war der Weg dann wieder frei für Wilhelm Noll und Fritz Cron, sie siegten in Spa-Francorchamps, auf der Solitude und beim Ulster-GP in Dundrod. Am Ende gab es erneut 30 Punkte, vier mehr als Hillebrand/Grunwald, ebenfalls auf BMW. Auch die deutsche Meisterschaft fiel an Wilhelm Noll – und das war es dann auch schon fast. BMW stieg – wie auch DKW – am Ende der Saison 1956 wegen drastischer Rückgänge der Motorrad-Serienproduktion aus der direkten Rennbeteiligung aus.

> Fritz Cron (links) im Einsatz – nicht nur während der Fahrt hatte der Schmiermaxe Schwerstarbeit zu leisten! (Bild: motorrennsportarchiv.de)

> Mit dieser Maschine, wie hier auf der Solitude, fuhren Noll/Cron 1956 ihren zweiten WM-Titel ein. Als einzige offizielle Werksfahrer stand nur ihnen in diesem Jahr diese Verkleidung zur Verfügung. (Bild: motorrennsportarchiv.de)

> Wilhelm Noll (links) und Fritz Cron 1956 im Fahrerlager der Solitude. (Bild: motorrennsportarchiv.de)

Die BMW-Renngespanne der 1950er Jahre

Die Bayern setzten für die ersten WM-Jahre den gleichen Königswellenmotor mit amputiertem Kompressor ein, der nach stetigen Weiterentwicklungen in der BMW 500 RS 53 etwa 50 PS bei 9000 U/min abgab. In Werksmaschinen und mit Einspritzung konnten in den Folgejahren auch schon mal 60 PS erreicht werden. Das genügte bei den Solo-Wettbewerben der Motorradweltmeisterschaft nicht mehr, um ganz vorne mitzufahren, im Gespann erwies sich der durchzugstarke Boxer dagegen als idealer Antrieb. Viele Privatfahrer nutzten die käufliche BMW RS 54 zum Gespannumbau und konnten damit vorne mitfahren. Eine Umstellung von 18- auf 16-Zoll-Räder brachte einen günstigeren, tieferen Schwerpunkt. Die Werksgespanne mit oder ohne Einspritzmotoren fuhren anfangs mit Teilverkleidungen, ab 1956 waren nahezu ausschließlich Vollverkleidungen an der Tagesordnung.

1957 gewann zum vierten Mal in Folge ein BMW-Gespann die Motorradweltmeisterschaft und zum dritten Mal in Folge die englische TT. In der Endabrechnung der WM stand die Marke BMW auf den ersten drei Plätzen und drei weitere BMW-Gespanne fanden sich unter den ersten zehn. Das war Dominanz pur, ein Jahr nachdem sich BMW selbst offiziell vom Motorradrennsport verabschiedet hatte.

Hillebrand wird Weltmeister und verunglückt tödlich

Aber speziell dieser Sport hatte eine Schattenseite, wegen der Ende der dreißiger Jahre Seitenwagenrennen ja schon einmal verboten worden waren. Die Quote der Unfälle mit Todesfolge blieb weiter recht hoch. Nach Karl Remmert im Jahr zuvor verunglückte Friedrich »Fritz« Hillebrand im August 1957 bei einem Rennen im spanischen Bilbao tödlich. Der 40-jährige Hillebrand hatte bis dahin mit seinem Copiloten Manfred Grunwald die Rennen in Hockenheim, auf der Isle of Man und in Assen gewonnen. In Spa-Francorchamps kamen die beiden als Dritte ins Ziel und standen damit schon vor dem Abschlussrennen, an dem sie nicht mehr teilnehmen konnten, am 1. September in Monza als Weltmeister fest.

Für 1957 konnten Hillebrand/Grunwald auf das BMW-Werksgespann von Noll/Cron zurückgreifen, die sich aus dem Rennsport zurückgezogen hatten. Damit verfügten die beiden künftigen Weltmeister über die modernste Gespannverkleidung, die Motorrad und Seitenwagen unter eine gemeinsame Haube brachte. Außerdem konnten sie auf die inzwischen weniger störanfällige Einspritzanlage von BMW zurückgreifen – fuhren aber dennoch oft die einfachere Vergaseranlage. Ansonsten hatte sich im Wesentlichen beim 57er BMW-Gespann gegenüber den RS-Modellen von 1954 wenig geändert.

> Fahrer Hillebrand und Beifahrer Grunwald 1956 im Vorstartbereich des Sachsenrings. Hinter Noll/Cron belegen sie am Ende den zweiten Platz. (Bild: motorrennsportarchiv.de)

> Weltmeisterschaftsrennen 1956 auf der Solitude: Hillebrand/Grunwald mussten sich hier am Ende den künftigen Weltmeistern Noll/Cron geschlagen geben. (Bild: motorrennsportarchiv.de)

> Der 40-jährige Draufgänger Friedrich »Fritz« Hillebrand 1957, dem Jahr seines Weltmeistertitels und seines Todes. (Bild: motorrennsportarchiv.de)

Walter Schneider startet durch

Zum Ende der fünfziger Jahre hin verlor die Motorradweltmeisterschaft an Bedeutung, weil sich im Zuge der westeuropäischen Motorradkrise viele namhafte Marken vom Rennsport zurückgezogen hatten. Dazu kam zu dieser Zeit die Dominanz der italienischen Marke MV Agusta in nahezu allen Soloklassen, die für weniger Spannung und weiter sinkendes Interesse sorgte. Trotzdem feierte die WM 1958 ihr zehnjähriges Jubiläum und Walter Schneider mit Copilot Hans Strauß den fünften Titel für werksunterstützte BMW-Gespanne in Folge. Nur vier WM-Läufe hatten die Gespanne in diesem Jahr zu absolvieren, von denen die jeweils besten drei in die Wertung kamen. Für Schneider/Strauß bedeutete dies dreimal acht Punkte durch drei Siege auf der Isle of Man, in Spa Francorchamps und auf dem Nürburgring. Zwei weitere BMW-Gespanne mit Camathias und Fath folgten auf den Plätzen zwei und drei.
Fünf Gespannrennen standen für 1959 auf dem WM-Kalender, davon gingen aber nur vier in die Punktewertung. Schneider/Strauß gewannen erneut die Tourist Trophy Anfang Juni und das letzte Rennen am 5. Juli in Belgien. Zwei zweite Plätze in Frankreich und Hockenheim sicherten mit 28 Punkten deutlich den Sieg vor dem Schweizer Camathias und seinem Beifahrer Cecco mit 22 Punkten. Und das sollte es dann gewesen sein für das Erfolgsduo Schneider/Strauß: Beide gaben schon kurz nach dem Ende der WM-Saison das Ende ihrer Gespann-Karriere bekannt.
Schneiders Renngespann folgte im Wesentlichen immer noch der BMW-RS von 1954. Während für das Rennjahr 1959 die Gespanne von Fath und Camathias, die beide BMW-Motoren verwendeten, schon deutlich in Richtung Kneeler (bei denen der Fahrer in der Maschine kniete) umgebaut waren, blieben die von BMW gesponserten Maschinen noch eher konservativ. Der Schweizer Camathias hatte den Tank und die Batterie in den Beiwagen verlegt und konnte damit den Schwerpunkt weiter absenken sowie den Aufbau flacher und windschlüpfriger halten. Die werksunterstützten BMWs mussten sich mit überarbeiteten Verkleidungen und weiter in der Leistung gesteigerten Motoren, die jetzt bis 65 PS leisteten, begnügen. Neben ihren Fahrkünsten hatten Schneider/Strauß am Ende auch ein wenig Glück, dass es noch einmal für den WM-Titel gereicht hat.

> Das Gespann Schneider/Strauß 1957 in der Badbergkurve des Sachsenrings. In diesem Jahr mussten sich die beiden noch mit der Vizeweltmeisterschaft begnügen. (Bild: motorrennsportarchiv.de)

> So wie hier 1958 an der Dresdner Autobahnspinne sah man das Gespann von Walter Schneider meistens auf den Rennstrecken. Die BMW-RS von 1954 war im Wesentlichen immer noch unverändert geblieben. (Bild: motorrennsportarchiv.de)

> 1959 führen Schneider/Strauß beim »Großen Preis von Deutschland« auf dem Sachsenring, landen am Ende aber wegen eines technischen Defekts nur auf Platz fünf. (Bild: motorrennsportarchiv.de)

Helmut Fath – der »Dunneweddel«

Schon 1956 wurde Helmut Fath schnellster Privatfahrer der Gespannklasse, 1957 kämpfte er mit etlichen Schäden an seinen selbst frisierten Motoren und begann daraufhin, einen BMW-Motor komplett neu aufzubauen. 1958 hatte Fath, unter Assistenz eines befreundeten Bosch-Spezialisten, begonnen, auf Benzineinspritzung umzustellen. In der Saison 59 lief diese dann nahezu störungsfrei. Das Fahrgestell hatte Fath selbst aufgebaut und sich dabei für das Vorderrad eine eigene Vollnabenbremse gebaut und mit zwei Bremssystemen (Seilzug und Hydraulik) versehen, um Bremsversagern vorzubeugen. Ansonsten entsprach das Fahrgestell den bisherigen BMW-Gespannen, die Verkleidung war ebenfalls in Eigeninitiative entstanden. Für 1960 wurde der Tank in den Beiwagen verlegt, um den Maschinenschwerpunkt weiter abzusenken und noch flacher gegen den Wind anzugehen.

Seine Mühen wurden im gleichen Jahr endlich belohnt. Fath gewann (mit einer Ausnahme) alle Weltmeisterschaftsläufe gegen die Werksmaschinen von BMW und wurde als Privatfahrer Weltmeister.
Für die Saison 1961 war in der Klasse der Seitenwagen ein Kopf-an-Kopf-Rennen der beiden Favoriten Fath und Camathias erwartet worden. Beide stürzten anfangs der Saison innerhalb von zwei Wochen, verloren ihre Beifahrer und zogen sich selbst schwere Verletzungen zu.

Deubel/Hörner springen in die Bresche

Max Deubel und sein Beifahrer Emil Hörner, die erst für die Saison 1961 zueinander gefunden hatten, kamen fast aus dem Nichts, sprangen in die Bresche und dominierten die Szene. Sechs Rennen standen auf dem Programm, von denen Deubel/Hörner drei gewannen (Hockenheim, Isle of Man, Assen) und knapp mit zwei Punkten Vorsprung vor Scheidegger/Burkhardt den WM-Titel holten. Deubel/Hörner sicherten sich den Titel auch in den folgenden drei Jahren und wurden mit vier WM-Titeln zu den bis dahin erfolgreichsten deutschen Motorradrennfahrern! Dazu kamen fünf deutsche Meistertitel und der Vize-WM-Titel 1965.
Für die Saison 1961 hatte sich Max Deubel mit Hilfe von Gustl Lachenmeier das Renngespann von Walter Schneider hergerichtet (siehe oben). 60 PS wurden in der Vergaserversion offiziell angegeben, die Spitzenleistung dürfte aber wesentlich höher gewesen sein. Auch die Saison 1962 fuhren Deubel/Hörner noch mit diesem Gespann, das stets mit zwei Max- und Moritz-Figuren auf der Bugverkleidung verziert war. Die Weltmeister waren mit BMW-Unterstützung unterwegs, was in der Praxis bedeutete, dass Motorteile im Austausch neu aus München geliefert wurden und Monteurdienste in Grenzen in Anspruch genommen

> Helmut Fath und Beifahrer Emil Ohr 1956 mit einem BMW-Gespann auf dem Sachsenring. Fath wurde später zweimal Gespannweltmeister und trug mit dazu bei, dass deutsche Fahrer in diesem Metier 20 Jahre lang fast unschlagbar waren. (Foto: motorrennsportarchiv.de)

> Beim Freiburger Bergrennen 1960 starteten Fath/Wohlgemuth mit einer unverkleideten Maschine. Der auf den Beiwagen geschnürte Tank ist deutlich zu erkennen.

werden konnten. Für 1963 ließ sich Max Deubel ein neues Chassis in England bauen, das flacher war als das alte RS-Chassis (der Tank war jetzt auch auf den Beiwagen gewandert), aber immer noch einen reinen Sitzrahmen für den Fahrer aufwies. Daran hielt Deubel bis zum Schluss fest. Durch den geringeren Luftwiderstand konnte der Werksmotor ein wenig höher drehen, blieb aber seinen Konkurrenten oft leicht unterlegen. Der Tausendsassa Michael »Mike« Krauser, ein schon in jungen Jahren bekannter Gespannbauer und -fahrer, verhalf dem Deubel-Gespann zu Stabilität und Wettbewerbsfähigkeit.

Der Erfolgreichste – Klaus Enders

Nach dem letzten Sieg von Deubel/Hörner 1964 konnte sich zwar der Motoren-Hersteller BMW auch in den beiden Folgejahren den Weltmeister-Titel in der Gespannklasse an die Brust heften (der Schweizer Fritz Scheidegger gewann mit Beifahrer John Robinson zwei Mal den Titel), es waren aber keine deutschen Piloten, die auf dem obersten Treppchen standen. Das änderte sich erst wieder in der Rennsaison 1967, als sich Klaus Enders auf den Weg machte, erfolgreichster deutscher Straßenrennfahrer zu werden. Für dieses Jahr erhielten nur Georg Auerbacher und Siegfried Schauzu eine bescheidene Unterstützung von BMW in Form von Motoren und deren Ersatzteilen. Klaus Enders und Dieter Busch bauten zusammen mit Freunden ihr eigenes BMW-RS-Gespann (das eigentlich keins mehr war) für die neue Saison zusammen und starteten damit ihre WM-Mission. Am 30. April in Barcelona mussten sich Enders/Engelhardt noch mit Platz zwei begnügen, eine Woche darauf in Hockenheim holte Klaus Enders dann seinen ersten Grand-Prix-Sieg. Weitere folgten in Frankreich, Assen, Spa-Francorchamps und Imatra. Fünf Siege mal acht Punkte machten bei fünf gewerteten Rennen die Maximalpunktzahl von 40. Georg Auerbacher holte als Vize 32 – das war deutlich.

Nach Helmut Faths WM-Sieg 1968 mit eigenem Motor war 1969 der Weg wieder frei für den erneuten Titelgewinn für das Gespann Enders/Engelhardt. Mit bescheidener Werksunterstützung durch BMW hatten

> Emil Hörner (links) hatte seit 1955 Erfahrungen als Schmiermaxe bei verschiedenen Fahrern gesammelt, ehe er 1961 zu Max Deubel (rechts) ins Boot stieg.

> Deubel/Hörner auf dem Weg zu ihrem ersten TT-Sieg auf der Isle of Man 1961.

> Max Deubel bevorzugte bis zuletzt eine sitzende Position, der Tank war aber beim neuen Chassis von 1963 in den Beiwagen verlegt worden. (Foto: Lothar Spurzem)

> Start zur TT auf der Isle of Man 1967: Nr. 2 Georg Auerbacher und Eduard Dein (fuhren die schnellste Runde), Nr. 1 die Briten Dungworth/ Caddow, ebenfalls auf BMW mit Linksausleger.

> Klaus Enders und Ralf Engelhardt, hier 1969 auf dem Weg zu ihrem zweiten WM-Titel, waren das zweiterfolgreichste Renngespann aller Zeiten.

Enders und Busch einen neuen Königswellen-Kurzhubmotor aufgebaut, mit dem das Gespann in Hockenheim, auf der Isle of Man, in Finnland und beim Ulster-Grand-Prix siegte und sich den zweiten WM-Titel sicherten. Der dritte folgte 1970 und danach hatte Klaus Enders eigentlich keine Lust mehr. Für 1972 wurde er aber von BMW überredet, doch wieder ein Gespann zu übernehmen. Die Münchner, die wieder mehr Motorräder verkauften, zeigten sich großzügig, spendierten zwei komplett neue Motoren, ausreichend Ersatzteile und sogar Geld für die 72er Saison. Enders/Engelhardt gingen wieder an den Start, Dieter Busch stand als technische Unterstützung zur Seite. Acht Gespannrennen standen auf dem Programm und mit vier Siegen (Salzburgring, Assen, Spa-Francorchamps, Brünn) und einem zweiten Platz (Imatra) war WM-Titel Nummer vier am Ende eine recht klare Angelegenheit.
1969 fuhren Enders/Engelhardt im nahezu unveränderten Kneeler-Gespann aus dem Vorjahr. Dieter Busch hatte den BMW-Kurzhubmotor mit einer Einspritzanlage und Trockensumpfschmierung versehen.

> Georg Auerbacher war einer der Pechvögel in der Phalanx der BMW-Gespannfahrer. Er wurde gleich dreimal Vizeweltmeister: 1967 hinter Klaus Enders, 1968 hinter Helmut Fath und 1970 wieder knapp hinter Enders. Im Bild mit Copilot Eduard Dein 1967 auf dem Weg zum ersten von insgesamt sieben Grand-Prix-Siegen in Barcelona.

> Georg Auerbacher mit Beifahrer Hermann Hahn beim Frankreich-Grand-Prix 1970. Wie in der WM-Endabrechnung wurde er hier Zweiter hinter Klaus Enders.

> Aus der Riege der BMW-RS-Gespannfahrer hält Siegfried Schauzu einen Rekord: Er wurde sechsmal WM-Dritter. Und 1971 trotz dreier Grand-Prix-Siege in acht Rennen nur Vizeweltmeister hinter Horst Owesle auf URS.

> Das 71er WM-Renngespann von Georg Auerbacher. Er war in dieser Saison der Einzige, der einen komplett von BMW gesponserten Motor zur Verfügung hatte. Eine Besonderheit des Gespanns war die Lockheed-Doppelscheibenbremse am Vorderrad.

Wegen technischer Probleme kam die Einspritzung erst 1969 wirklich zur Geltung. Ansonsten galt wie seit 1954: Zwei oben liegende Nockenwellen und eine Königswelle pro Zylinder, Luftkühlung und fünf Gänge fürs Getriebe. Der Tank war auf dem Seitenwagen befestigt und der Sprit wurde mittels Pumpe gefördert.

Dieter Busch schraubt für Enders

Für die Saison 1970 baute Dieter Busch einen BMW-Motor mit einem dritten Kurbelwellenlager (Mittellager) auf, der bis zu 72 PS bei 10.800 U/min (der Zweilagermotor durfte nur bis 9400 U/min drehen) im Rennbetrieb leisten sollte. Auch bei niedrigeren Drehzahlen zog der Motor besser, was eine längere Übersetzung möglich machte, die wiederum auf langen Geraden den Motor schonte.

Mit reichlich BMW-Unterstützung wurde für 1972 ein neues Gespann aufgebaut, das aber wieder mit dem herkömmlichen Zweilagermotor auskommen musste. Statt der Einspritzung wurden desmodromisch betätigte Dell'Orto-Vergaser eingesetzt, das Getriebe hatte jetzt sechs Gänge. Der Monocoque-Rahmen war mittlerweile für die Kneeler-Chassis ebenso obligatorisch wie die Langarm-Federbeinschwinge fürs Vorderrad. Die Siegermaschine 1972 wurde mit wenigen Änderungen auch 1973 eingesetzt. Jenem Jahr, in dem Enders/Engelhardt von Anfang an klarstellten, wer die Herren auf den internationalen Rennstrecken waren und mit dem gegenüber dem Vorjahr wenig geänderten Gespann sieben Läufe hintereinander und mit 27 Punkten Vorsprung den fünften WM-Titel gewannen.

Überraschend setzte die BMW Motorsport GmbH für 1974 jegliche Unterstützung für das Grand-Prix-Gespann aus. Der Motorradhändler Gerd Heukerott stieg als Sponsor ein und als Team Heukerott-Busch-Motorracing (HBM) ging es mit dem schon Jahre zuvor von Busch konstruierten Mittellager-Motor und einem neuen Monocoque-Chassis in die Saison. Werner Schwärzel auf seinem Gespann mit dem neuen König-Zweitaktmotor war nun stärkster Konkurrent um den Titel und tatsächlich lagen Enders/Engelhardt mit nur zwei Siegen in Imola und Assen am Ende ganz knapp vorn. Der sechste und letzte WM-Titel war zwar eingefahren, aber die Zeit der BMW-Boxer abgelaufen.

Chronik der BMW-Gespannweltmeister

Jahr	Fahrer / Beifahrer
1954	Wilhelm Noll / Fritz Cron
1955	Willi Faust / Karl Remmert
1956	Wilhelm Noll / Fritz Cron
1957	Friedrich Hillebrand / Manfred Grunwald
1958	Walter Schneider / Hans Strauß
1959	Walter Schneider / Hans Strauß
1960	Helmut Fath / Alfred Wohlgemuth
1961	Max Deubel / Emil Hörner
1962	Max Deubel / Emil Hörner
1963	Max Deubel / Emil Hörner
1964	Max Deubel / Emil Hörner
1965	Fritz Scheidegger / John Robinson
1966	Fritz Scheidegger / John Robinson
1967	Klaus Enders / Ralf Engelhardt
1969	Klaus Enders / Ralf Engelhardt
1970	Klaus Enders / Ralf Engelhardt
1972	Klaus Enders / Ralf Engelhardt
1973	Klaus Enders / Ralf Engelhardt
1974	Klaus Enders / Ralf Engelhardt

> Heinz Luthringshauser gewann mit seinem BMW-RS-Gespann 1972 einen Grand Prix, wurde viermal Zweiter und am Ende doch recht deutlich nur Vizeweltmeister hinter Klaus Enders. Was aber auch daran lag, dass Copilot Hans-Jürgen Cusnik beim vorletzten Rennen in Brünn tödlich verunglückte.

> Dieses Enders-Gespann stammt aus dem Jahr 1970. Das Motoren- und Antriebskonzept (mit Kardanwelle) hatte sich in 15 Jahren kaum verändert (sieht man vom Mittellager der Kurbelwelle ab), das Chassis dafür umso mehr.

> Das Enders-Gespann von 1972. Erstmals konnte der Weltmeister in dieser Saison auf eine echte Werksunterstützung bauen. Dieter Busch zeichnete über Jahre für die Erfolgsgespanne von Enders/Engelhardt verantwortlich.

> Klaus Enders und Ralf Engelhardt siegen 1972 beim Großen Preis von Österreich auf dem Salzburgring.

> Der Höhepunkt und das schwierigste Rennen der Grand-Prix-Saison war immer das Rennen der Tourist Trophy auf der Isle of Man. Enders/Engelhardt bei ihrer Siegesfahrt 1973.

> Zwei Wochen später gewannen die beiden auch die Dutch TT in Assen und waren nach dem fünften Grand-Prix-Sieg in Folge nicht mehr vom Thron zu stoßen.

> Eine BMW-Enduro auf der Programm-Titelseite machte sich immer gut. Tatsächlich war beim 5. Europameisterschaftslauf in der damals höchsten Klasse über 350 cm³ gar kein BMW-Fahrer am Start.

BMW-Motorräder im Geländesport

Die schweren BMW-Maschinen hatten es nie leicht im Gelände zu konkurrieren. Erst gegen dominierende englische Einzylinder-Viertakter, dann gegen leichte Zweitakt-Enduros. Die wechselvolle Geschichte endete schließlich 1980 mit zwei Europameister-Titeln.

Motorrad-Geländesportveranstaltungen hatten hierzulande bis in die 1970er Jahre hinein einen Stellenwert wie heute die Formel 1 oder die DTM. Speziell die Internationale Sechstage-Fahrt (International Six Days Trial – ISDT), seit 1970 offizielle Enduro-Mannschaftsweltmeisterschaft, war stets ein Publikums- und Medienspektakel, deren Tagesergebnisse sogar auf den Titelseiten von Regionalzeitungen veröffentlicht wurden. Heute haben Enduro-Wettbewerbe zwar durchaus noch eine große Fangemeinde, medial sind sie aber nur noch Randnotizen und meistens nicht einmal das. Und wenn wieder einmal die berühmte Rallye Dakar (inzwischen in Südamerika) gestartet wurde, dann erfährt man von teilnehmenden Motorradfahrern meist erst dann etwas, wenn sie einmal mehr zu Tode gestürzt sind.

BMW – Tradition im Geländesport

BMW hatte vor dem Zweiten Weltkrieg schon eine lange Geländesport-Tradition, die mit einer Goldmedaille von Martin Stolle bei den Sechstagerennen 1921 (auf Victoria mit BMW-Motor) begonnen hatte, sich mit den Trophy-Siegen 1933 bis 1935 fortsetzte und schließlich mit dem Gewinn der Silbervase 1938 endete. Eine BMW-Mannschaft hatte auch 1939 die Silbervase gewonnen, dazu die gemischte Mannschaft DKW/BMW die Trophy – weil aber kurz vor Kriegsausbruch eine Reihe von Fahrern und Ländern den Wettbewerb im annektierten Österreich boykottierten, wurden die Ergebnisse nach dem Krieg annulliert.

BMW versuchte ab 1950 an die alten Erfolge anzuknüpfen, tat sich aber schwer. Deutsche Mannschaften konnten zwar 1955 und 1957 – jeweils in der CSSR – erneut die Six-Days-Trophy gewinnen – BMW-Fahrer waren da in den jeweiligen Mannschaften aber nicht dabei. Immerhin konnten sie hier und da mit Einzelleistungen glänzen und eine Vielzahl Goldmedaillen einsammeln.

Neustart mit bekannten Namen

1950 starteten die BMW-Werksfahrer Meier, Kraus und Klankermeier mit seriennahen Maschinen bei deutschen Veranstaltungen, ehe sie in den darauffolgenden Jahren mit immer mehr spezialisierten Fahrzeugen auch bei internationalen Wettbewerben an den Start gingen. Spezialisierung hieß es dann auch bald bei den Fahrern: War es auch vor dem Krieg durchaus üblich, dass sich erfolgreiche Straßenrennfahrer gleichzeitig im Gelände tummelten und sich diese Praxis auch in den ersten Nachkriegsjahren fortsetzte, kamen nach 1953 meist reine Geländespezialisten zum Zuge. Fuhren also noch 1952 die bekannten Rennfahrer Georg Meier, Walter Zeller, Wiggerl Kraus/Bernhard Huser und Max Klankermeier/Hermann Wolz (Gespanne) zweigleisig, hießen die Geländefahrer bald Sebastian Nachtmann, Manfred Sensburg und Karl Ibscher. Lediglich Hans Meier hielt sich noch lange bei den Geländespezialisten.

Deutsche Meistertitel am Fließband

Die R 51/3-Maschinen und R 67-Gespanne in Offroad-Ausführung wurden um 1955 herum durch die neuen R 50- und R 69-Vollschwingen-Modelle ersetzt. Hin und wieder war auch eine R 26 in der 250er Klasse unterwegs. Hans Meier konnte 1955 mit der neuen Maschine erstmals den Deutschen Geländemeister-Titel in der 500er Klasse holen. 31 weitere nationale Titel sollten bis 1980 folgen, wobei Sebastian

> **BMW Geländesportmaschine von 1952/53 auf Basis der R 68. Besonders auffällig waren die erstmals eingesetzten Vollnabenbremsen.**

> **Wiggerl Kraus kämpft sich mit dem R 69-Gespann bei der 30. Sechstage-Fahrt 1955 im tschechoslowakischen Gottwaldov durch den Schlamm. Ab 1957 waren Gespanne bei den Six-Days nicht mehr zugelassen.**

Nachtmann bis 1965 allein fünf Mal in den Soloklassen über 350 cm³ bzw. über 500 cm³ gewann. Wie im Straßenrennsport waren jedoch auch im Gelände die BMW-Gespanne dominierend und holten sich 19 Mal den Titel. Karl Ibscher war hier bis 1964 vier Mal erfolgreich, danach holten sich Horst Hartmann und Manfred Hartmann ebenfalls jeweils vier Deutsche Meisterschaften.

BMW-Maschinen gegen die Zweitaktkonkurrenz

International sah das allerdings ein wenig anders aus. Die schweren BMW-Boxer verloren gegen Ende der 1950er Jahre gegen die immer mehr aufkommende Zweitakt-Konkurrenz an Boden und entgegen den modernen Modellen von Zündapp, Maico und Co. schleppten sich die BMW-Fahrer mit ihren altbackenen und schweren Maschinen durchs Gelände. Eine Ausnahme gab es jedoch: Bei der Internationalen Sechstage-Fahrt 1961 in England gewann die deutsche Mannschaft mit Sebastian »Wastl« Nachtmann auf BMW zum dritten Mal nach dem Krieg die Trophy.

Erst im Frühjahr 1963 ging Nachtmann mit einer neuen Geländemaschine an den Start. Mit einer Teleskopgabel von der R 25/3, leichten Schutzblechen und einem kleinen Tank war die R 69 S schottertauglich gemacht worden und im Herbst des gleichen Jahres erhielt sie dann ein völlig neues Fahrwerk. Ein kompakter Doppelrohrrahmen mit einem leichten, angeschraubten Heckausleger für die Befestigung der Federbeine und eine völlig neue Telegabel mit langen Federwegen führten zu einem kürzeren Radstand und größerer Bodenfreiheit. 193 kg wog die Maschine, mit der der leicht überarbeitete und jetzt 44 PS leistende Motor gut zurecht kam. Das reichte wieder zu nationalen Titeln in den Jahren 1965 und 1966 und einigen Medaillen bei internationalen Wettbewerben. Nach Ablauf der 66er Saison zog sich BMW offiziell vom Geländesport zurück, Privatfahrer nutzten die Maschinen aber auch weiterhin.

> In den 1950er Jahren setzte BMW gelegentlich auch Geländesportmotorräder auf Basis der R 25/3 und R 26 in der Klasse bis 250 cm³ Hubraum ein. Gegen die immer stärker aufkommende Zweitaktkonkurrenz hatten diese Maschinen aber bald keine Chance mehr.

> Sebastian »Wastl« Nachtmann schraubt während der Six Days 1961 in England an seiner Maschine. Am Ende gewann er hier mit der deutschen Mannschaft die hochbegehrte Trophy, faktisch die Mannschaftsweltmeisterschaft. (Foto: Metzeler)

> Die »Schwere Schwäbische« war auch 1963 der erste Wettbewerb zur Deutschen Meisterschaft. Rennmonteur Dietrich bastelt noch an den neuen R 69 S-Enduros, erstmals wieder mit Telegabel.

> Bei den in Deutschland immer noch populären Gespannwettbewerben mussten weiterhin die altgedienten R 69-Vollschwingenmaschinen eingesetzt werden.

> Bei den letzten Veranstaltungen 1963 kam eine völlig neu konstruierte 600er BMW zum Einsatz. Im Hintergrund die Maschine, wie sie im Frühjahr des gleichen Jahres vorgestellt worden war.

> 1964 stellten die Bayern dann offiziell das neue Modell als BMW 600 vor. Das Fahrgestell von der Telegabel über den Rahmen bis zur Hinterradschwinge war eine vollständige Neukonstruktion.

> Bei den Six-Days 1966 in Schweden gehörte Herbert Schek zum deutschen Silbervasen-A-Team, konnte aber lediglich bei der Abschlussfahrt auf der Rennstrecke Akzente setzen.

> BMW wollte mit der neuen GS groß bei den Six-Days 1964 in Thüringen auftrumpfen. Politisch motiviert (Mauerbau im August 1963) wurden die ostdeutschen Veranstaltungen in diesem Jahr jedoch boykottiert.

> Horst und Falk Hartmann waren 1966 erstmals Deutsche Geländemeister in der Seitenwagen-Klasse über 350 cm³ geworden. 1967 (Foto) konnten sie diesen Erfolg zunächst nicht wiederholen.

> Kurt Tweesmann mit der neuen BMW 600 bei der Internationalen DMV-2-Tage-Fahrt 1965 in Eschwege. Tweesmann wurde 1966 Deutscher Meister. (Foto: Metzeler)

> Sebastian »Wastl« Nachtmann wurde von 1963 bis 1965 dreimal hintereinander Deutscher Geländemeister. Mit insgesamt fünf nationalen Titeln war er der erfolgreichste BMW-Endurist.

Neue Geländesportmaschinen auf Basis der R 75/5

Nur drei Jahre später stellte BMW dann eine komplett neue Modellpalette vor (siehe nächstes Kapitel), in der auch neue Boxermotoren mit 500, 600 und 750 cm³ werkelten. Mit der Telegabel und dem Doppelschleifen-Rahmen hatten sich die Konstrukteure bei ihren früheren Geländesportmaschinen bedient. Auf Basis der neuen R 75/5 baute die Versuchsabteilung einige neue Werksmaschinen auf, mit der Privatfahrer schon 1969 unterwegs waren. 1970 schickte BMW dann mit Tweesmann, Schek und Distler gleich drei Fahrer auf Münchner Kosten ins Gelände, die zumindest Silbermedaillen mit nach Hause brachten. Mit den 175 kg leichten Maschinen (u. a. ein Kunststofftank) wurde Herbert Schek 1970 und 1971 Deutscher Meister. In der inzwischen ausgetragenen Europameisterschaft konnte man zunächst nicht mitfahren, da hier die höchste Hubraumklasse über 350 cm³ von wendigen Zweitaktern bestimmt wurde.

Nach 1971 zog sich BMW schon wieder aus der offiziellen Förderung zurück, schickte aber 1973 ein Werksteam zu den Six Days nach Florida. Die immer noch auf der R 75/5 basierenden Maschinen fielen dort durch viele Defekte auf, trotzdem konnte Herbert Schek eine Goldmedaille mit nach Hause nehmen, Tweesmann und Distler holten Bronze. Schek war es auch, der in den Folgejahren eigene BMW-Enduros aufbaute, die dann von ihm selbst oder anderen Privatfahrern eingesetzt wurden.

> Herbert Schek war der zweite Spezialist auf der großen Boxermaschine – hier bei der Gelände-Sonderprüfung am fünften Wettkampftag der Six Days 1970 (s. nächste Seite).

> Nachdem Herbert Schek und Kurt Distler als Privatfahrer schon 1969 mit der neuen 750er Geländesportmaschine unterwegs waren, präsentierte BMW das Modell zum Saisonbeginn 1970 auch offiziell.

> 1970 schickte BMW drei Fahrer mit den neuen Maschinen zur Sechstage-Fahrt nach Spanien. Im Bild Kurt Distler am ersten Wertungstag.

> Fertigmachen der Maschinen zum Abschlussrennen der Six Days 1970. In der Mitte Kurt Tweesmann, dahinter Herbert Schek. Nicht im Bild Kurt Distler. Alle drei BMW-Fahrer konnten im härtesten Wettbewerb der Welt eine Silbermedaille herausfahren.

> Mit dieser modernisierten, 57 PS starken 750er BMW-Enduro startete das bewährte Team Kurt Distler, Herbert Schek und Kurt Tweesmann beim Sechstage-Rennen 1973 in Florida.

> Vergaser, Zündung, Kerzen – an Kurt Distlers Maschine wurde besonders viel gebastelt. Der deutsche Delegationsleiter Otto Sensburg beobachtet die Szene skeptisch.

> Wie im Speedway hat es auch beim Moto Cross immer mal wieder BMW-Gespanne gegeben. Auf der Basis der neuen /5-Modelle konnten die Fahrzeuge vor allem leichter gehalten werden.

Eine 800er Werksmaschine entsteht

Für die Saison 1978 entstanden bei Laverda in Italien (!) doch wieder neue Werksenduros mit 800 cm³ Hubraum, die vor allem für die 79er Europameisterschaftssaison interessant werden sollten, als erstmals eine Hubraumklasse über 750 cm³ ausgeschrieben worden war. Die 79er Maschinen mit leichtem Chrom-Molybdän-Rohrrahmen und Zentralfederbein orientierten sich an einem vom Tuner und Geländespezialisten Laszlo Perez aufgebauten Prototypen. Sie hatten einen aus verschiedenen Serienkomponenten zusammengesetzten Motor mit der Breite der R 45/R65-Baureihe, jedoch hier mit 798 cm³ Hubraum und bis zu 55 PS, der schmaler baute, als die größeren BMW-Serienmotoren. Diese Maschine mit langen Federwegen, 142 kg Trockengewicht und der Bezeichnung GS 800 galt als zukunftsweisend für künftige BMW-Enduros und nicht zuletzt für eine käufliche Serienmaschine, die ja dann auch 1980 erschien.

Zwei EM-Titel zum Abschluss

1979 startete BMW gleich mit sechs Fahrern in die Saison, mit dem Ziel die Deutsche Meisterschaft, die Europameisterschaft und die Six-Days-Trophy zu gewinnen. Richard Schalber konnte zwar Deutscher Meister der Klasse über 750 cm³ werden, bei Europas Besten musste er sich am Ende aber mit Platz drei begnügen. Auch bei der Sechstage-Fahrt im eigenen Land konnte BMW trotz zweier Werksteams nicht ganz vorne mitfahren, holte aber durch Fritz Witzel den Klassensieg über 750 cm³.
1980 war dann das BMW-Jahr! Mit der weiter verbesserten Werksenduro (jetzt 57 PS) wurde Werner Schütz Deutscher Meister und nach sechs Läufen in der Europameisterschaft konnten Rolf Witthöft in der Klasse bis 1000 cm³ und Herbert Schek in der Klasse bis 1300 cm³ den Europameistertitel in Empfang nehmen. Beide Hubraumklassen waren nur 1980 Bestandteil der Europameisterschaft und mehr als fünf Fahrer waren meistens nicht im Wettbewerb. Witthöft startete mit seiner BMW dann auch in der deutschen Silbervasen-Mannschaft bei der Sechstage-Fahrt in Frankreich und kehrte hier ebenfalls als Sieger mit seinen Kollegen zurück.
Aber das war es dann auch schon! Die Enduro-Wettbewerbe nahmen immer mehr den Charakter von Moto-Cross-Veranstaltungen an und neue Hubraumreglements benachteiligten die schweren BMW, die schon in den letzten Jahren von deutschen Zweitaktern (Maico, MZ) und der wachsenden japanischen Konkurrenz (Honda, Yamaha) in die Zange genommen worden waren. Die Bayern zogen sich nach 1980 von der europäischen Spielewiese zurück und verlegten ihre Offroad-Aktivitäten erfolgreich in die afrikanische Wüste.

> Die BMW-Werksmaschine von 1979. Ein Zentralfederbein war zu dieser Zeit schon sehr fortschrittlich, trotzdem waren die konventionell gefederten Zweitakt-Maicos den Bayern immer noch überlegen.

> Die Six-Days-Maschine, mit der Rolf Witthöft half, die Silbervase 1980 nach Deutschland zu holen, war der vorläufige Endpunkt der BMW-Entwicklung in Sachen Wettbewerbs-Enduro.

> Richard Schalber in Aktion während der Sechstage-Fahrt 1979, dem Jahr, in dem er für BMW nach jahrelanger Durststrecke wieder einen Deutschen Meistertitel einfuhr.

> Während sich Rolf Witthöft (Bild) in der Klasse bis 1000 cm³ gegen starke Konkurrenz von Maico und Yamaha den Europameistertitel sicherte, holte sich Herbert Schek seinen Titel bis 1300 cm³ fast im Alleingang ab.

> Klare Aussage: Mit den neuen /5-Modellen meldete sich BMW 1969 eindrucksvoll auf dem internationalen Motorradmarkt zurück.

Die BMW-Motorräder der siebziger Jahre

BMW hatte sich für das Motorrad entschieden und startete 1969 mit den /5-Modellen beginnend in ein neues Zeitalter. Die 1970er Jahre brachten Rekordumsätze, eine bis dahin nicht gekannte Modellvielfalt und die Stilikone R 90 S.

BMW passte sich mit seinen 1964/65 begonnenen Neuentwicklungen dem internationalen Trend – weg vom reinen Gebrauchsmotorrad, hin zum Freizeit- und Sportgerät – an. Markant waren nun die wiedereingeführte Telegabel mit den auffälligen Faltenbälgen, der große 24-Liter-Tank, die freiliegenden Schraubenfedern der hinteren Federbeine, die durchgehende, hinten etwas hochgezogene Sitzbank, der ein wenig hochgezogene Auspuff, Rückspiegel, Vierleuchten-Blinkanlage und anderes mehr. Ein völlig neuer Antriebsblock hing im nun zweiteiligen Doppelschleifenrahmen aus konischen Stahlrohren. Im hochbauenden Triebwerksblock lag die Nockenwelle jetzt unter der gleitgelagerten Kurbelwelle; im oberen Teil, unter dem Tank, befand sich der Elektrostarter (bei R 50/5 Option).

> Die BMW R 50/5 von 1969 war die kleinste Vertreterin der neuen Baureihe und vor allem für den Behördenmarkt bestimmt.

> R 50/5 und R 60/5 unterschieden sich äußerlich nicht voneinander. Die 496-cm³-Maschine leistete 32 PS, das 599-cm³-Modell 40 PS. 3.696 DM standen 3.996 DM gegenüber.

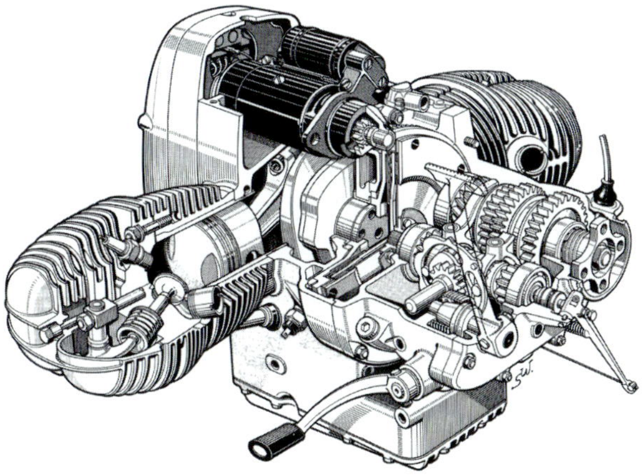

> Die hoch bauenden Motoren der neuen Baureihe hatten oben den Elektrostarter und die Nockenwelle unter der gleitgelagerten Kurbelwelle positioniert. Das Getriebe basierte noch auf dem Vorgängermodell.

Die /5-Modellreihe

Der Einstieg in die neue BMW-Ära begann mit der 3696 DM teuren R 50/5, die vorrangig als Behördenmodell mit einfacherer Ausstattung gedacht war. Deutlich mehr Anklang beim privaten Publikum, besonders unter den Tourenfahrern, fand die 40 PS starke R 60/5, bei der ein Elektrostarter serienmäßig war. Beide Modelle, die 500er wie die 600er, hatten noch die herkömmlichen Bing-Rundschiebervergaser für die Gemischaufbereitung, während das neue Spitzenmodell, die R 75/5, zwei neue, zusammen mit BMW entwickelte Bing-Gleichdruckvergaser mit Drosselklappe aufwies. Nicht zuletzt deshalb mobilisierte der 745 ccm große Motor 50 PS und ließ Spitzengeschwindigkeiten noch jenseits der werkseitig angegebenen 175 km/h zu. Obwohl exakt 1000 DM teurer als die 600er konnte sich die nun größte BMW deutlich an die Spitze der Zulassungszahlen jener Jahre setzen. Apropos: auch »dero Edlen von und zu BMW« wie es Ernst Leverkus einmal formuliert hatte, profitierten ordentlich vom wiedereinsetzenden Motorradboom und von ihren neuen, in die Zeit passenden Modellen. Das mit Beginn der /5-Reihe neu in Betrieb genommene BMW-Motorradwerk in Berlin Spandau verzeichnete in den ersten Jahren ungeheure Produktionszuwächse.

1972 wurden die /5-Modelle überarbeitet. Das Tankvolumen reduzierte sich von 24 auf 18 Liter und infolgedessen war der Kraftstoffbehälter schlanker und sportlicher gestaltet worden. Sitzbank samt Haltebügel wiesen eine geschwungenere Linie auf, während der kleine Knick im Auspuffendrohr verschwand. Die Typenbezeichnung stand nun auch hinten auf der Sitzbank und am Motorgehäuse war sie durch einen dunklen Untergrund deutlicher sichtbar. So blieben die /5-Maschinen noch ein Jahr im BMW-Programm, ehe 1973 weiter überarbeitete Maschinen bzw. Neuentwicklungen angeboten wurden.

> Bikinimädels waren offensichtlich ein Muss in der Motorradwerbung um 1970 herum, BMW machte da bei der neuen R 75/5 keine Ausnahme.

> Mit den neuentwickelten Bing-Gleichdruckvergasern erreichte der 745-cm³-Motor 50 PS, mit denen 175 km/h möglich waren. Im Bild die USA-Exportausführung mit hohem Lenker.

> Motorrad-Klassik: Lenker und Armaturen der BMW /5-Reihe von 1969 bis 1971.

> Die R 75/5 – hier noch ein ganz frühes Modell – avancierte sofort zum mit Abstand meistverkauften BMW-Motorrad der frühen siebziger Jahre.

> Eine R 75/5 von 1971, mit dem großen 24-Liter-Tank, der jetzt 29 D-Mark Aufpreis kostete, aber unter anderem schon mit der Chromabdeckung unter der Sitzbank, dem weniger gebogenen Schalldämpfer, dem neuen Haltebügel und der schwarz unterlegten Typenbezeichnung der überarbeiteten Modelle.

> Die R 60/5 in der gleichen Ausführung und in klassisch-roter Lackierung.

> Mit der Telegabel hatten die /5-Modelle einen Federweg von 214 mm gegenüber der vorherigen Langarmschwinge mit nur 130 mm. Die untere Gabelbrücke war aus geschmiedetem Aluminium, der vordere Kotflügel schon aus Kunststoff.

> Die fertige Maschine hängt noch ohne Tank am Hebezeug. Bald steht sie zum ersten Mal auf den Rädern und absolviert eine Testrunde auf dem Werksgelände.

> Montagearbeiten an der Stirnseite des BMW-Motors. Das Spandauer Werk wurde für eine moderne Motorradfertigung aus- und umgebaut. 1971 war aber immer noch sehr viel Handarbeit angesagt.

> Nach zuletzt rund 6000 Vollschwingen-Motorrädern pro Jahr stieg die Fertigung mit den /5-Modellen schnell auf über 30.000. Das Spandauer Werk war darauf eingerichtet.

> Mit diversen optischen Änderungen erschienen die /5-Maschinen zum Modelljahr 1972. Besonders auffällig war der kleinere 18-Liter-Tank mit Chromspiegel. Die Leistungsdaten blieben unverändert.

> Das Flaggschiff der Baureihe war auch weiterhin die BMW R 75/5, die immerhin 4.996 D-Mark kostete, aber dennoch 38.370 Mal gebaut wurde.

> Einen nicht zu unterschätzenden Anteil am BMW-Wachstum hatte die Auslieferung von /5-Modelle an die deutsche Polizei.

Die /6-Reihe und die R 90 S

Dabei blieb die 500er auf der Strecke; das neue Einstiegsmodell war ab 1973 die R 60/6, die nun als Behördenmodell vorgesehen war und nicht zuletzt deshalb weiterhin komplett mit Trommelbremsen verzögert wurde, während die anderen /6-Modelle vorn eine Scheibenbremse hatten. Allen gemein war ein Fünfgang-Getriebe und ab 1975 neue, jetzt nicht mehr im Lampengehäuse integrierte Armaturen. Weiterhin im Angebot auch die R 75/6, die aber nun vom neuen Flaggschiff der Reihe, der R 90/6, getoppt wurde. 898 cm^3 Hubraum, soviel hatte es bei BMW bisher noch nie gegeben, mobilisierten 60 PS, die für 188 km/h Höchstgeschwindigkeit reichten. Das absolute Top-Modell jener Jahre war allerdings die R 90 S, die erstmals die 200 km/h-Schallmauer durchbrach. Damit kam die BMW zwar an die Kawasaki 900 Super 4 heran, war aber auch schon damals deutlich teurer. 1973 gab es für 8510 Mark ein richtig sportliches Motorrad mit Sitzbank- und Cockpit-Verkleidung, italienischen Dell`Orto-Vergasern und zwei Rückspiegeln. Ab dem Modelljahr 1975 fielen der orange-goldene Farbton (vorher grau), neue Instrumente und die gelochten Bremsscheiben auf. Die R 90 S galt als weiterer Meilenstein in der BMW-Motorrad-Geschichte.

> Bei den ab August 1973 gebauten /6-Modellen war jetzt die 600er das Basismodell, das vorn noch mit einer Trommelbremse auskommen musste. Die Motordaten blieben gegenüber der R 60 /5 unverändert, der Preis hatte aber mit 5.745 D-Mark kräftig angezogen. 13.511 Maschinen wurden bis 1976 gebaut.

Chronik der /5- und /6-Modelle

R 50/5	**1969–1973**	
2-Zyl.-4-Takt-Boxer	500 cm^3 ohv	32 PS / 6400 U/min
R 60/5	**1969–1973**	
2-Zyl.-4-Takt-Boxer	600 cm^3 ohv	40 PS / 6400 U/min
R 75/5	**1969–1973**	
2-Zyl.-4-Takt-Boxer	750 cm^3 ohv	50 PS / 6200 U/min
R 60/6	**1973–1976**	
2-Zyl.-4-Takt-Boxer	600 cm^3 ohv	40 PS / 6400 U/min
R 75/6	**1973–1976**	
2-Zyl.-4-Takt-Boxer	750 cm^3 ohv	50 PS / 6200 U/min
R 90/6	**1973–1976**	
2-Zyl.-4-Takt-Boxer	900 cm^3 ohv	60 PS / 6500 U/min
R 90 S	**1973–1976**	
2-Zyl.-4-Takt-Boxer	900 cm^3 ohv	67 PS / 7000 U/min

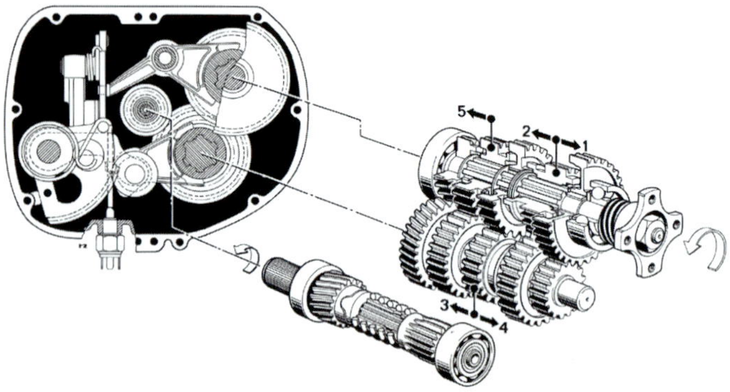

> Als wesentlichste Änderung gegenüber den /5-Modellen muss das neue 3-Wellen 5-Gang-Getriebe genannt werden. Außerdem saß beim Kickstarter jetzt das Antriebsritzel fest und das Zwischenritzel spurte aus.

> Bis auf den Hubraum entsprach die R 90/6 der 750er. Der 898-cm^3-Motor leistete 60 PS bei 6500 U/min. Bis 1976 entstanden 21.070 Exemplare, die in der Grundversion 7.150 D-Mark kosteten.

> Die R 75/6 in der besonders in Deutschland beliebten grünen Lackierung. Der große Tank war weiterhin gegen einen geringen Aufpreis lieferbar ebenso wie eine Doppelscheibenbremse fürs Vorderrad.

> Schön ist anders: Eine optional ausgestattete R 75/6 mit ab Werk lieferbarer Tourenverkleidung. 17.587 Exemplare entstanden bis 1976 von diesem Typ – die allermeisten selbstverständlich ohne Verkleidung.

> Allen /6-Modellen zu eigen waren die in einem Gehäuse untergebrachten Armaturen – damals noch ein Novum im internationalen Motorradbau.

> Eine der ersten R 90/6, noch ohne 900-cm³-Abziehbild auf der Batterieabdeckung, für den Werksfotografen.

> Die neue R 90/6 vor der Kompressor-BMW und den Gesprächspartnern Franz Josef Strauß (mit erhobenem Zeigefinger), Schorsch Meier und Ernst Henne. (Foto H. Angermeyer)

> Die Präsentation der R 90 S war 1973 durchaus eine Sensation auf dem Motorradmarkt; sie war die Antwort auf die neuen japanischen Big Bikes, auch wenn sie an deren Leistung nicht ganz heranreichte.

> Das R 90 S-Cockpit ab 1975. Die Tachoskala war nicht übertrieben, mit ihren 67 PS kam die Maschine bis an die 200-km/h-Marke heran.

> Ebenso waren H4-Scheinwerfer und Doppelscheibenbremsen ein Novum im internationalen Serienmotorradbau. Von der R 90 S entstanden bis 1976 17.455 Exemplare.

> Erstmalig war im Serienmotorradbau eine GFK-Verkleidung eingesetzt worden. Mit der ab 1975 möglichen Farbgebung »Daytona-Orange« erreichte die R 90 S schon zu Lebzeiten endgültig Kultstatus.

> Mit zunächst 8.510 D-Mark und später über 9.000 D-Mark lag die R 90 S zwar deutlich über einer Kawasaki Z 1 900, war aber auch das besser ausgestattete und fahrstabilere Motorrad.

Die /7-Modelle als Zwischenlösung

Mehr als Zwischenmodelle denn als großer neuer Wurf galten bei den /7-Modellen vor allem die R 60/7 und die R 75/7. Kennzeichnend für diese letzte Entwicklungsstufe der Modelle von 1969 war die Form des Tanks, der von der R 90 S übernommen, aber jetzt mit eingelassenem Tankdeckel produziert wurde. Ansonsten hatten diese Motorräder außer neuen Ventildeckeln, Bremssätteln, komplett frei liegenden Schraubenfedern der hinteren Federbeine und Signalhörnern nicht viel Neues zu bieten. Als Behördenmodell schaffte es die R 60/7 immerhin bis 1980 im Programm zu bleiben, während die R 75/7 schon 1977 von der R 80/7 abgelöst wurde.

Trotz 52 cm³ größerem Hubraum ließ die 800er auch nur 50 PS zu, allerdings konnte gegen Aufpreis auf 55 PS aufgerüstet werden (es

> Im Herbst 1976 lösten die neuen /7-Modelle die Vorgängerserie ab. Ihr Markenzeichen war der große, von der R 90 S stammende Tank. R 60 und R 75 waren optisch identisch; auch die kleinste BMW hatte jetzt vorn eine Scheibenbremse.

> Die R 100/7 mit viel Zubehör aus dem Hause BMW: Windschutzscheibe, Nebel- und Weitstrahler, hoher Lenker und Hartschalenkoffer. Die R 100/7 wurde bis 1978 in gut 12.000 Exemplaren gebaut.

> Die R 75/7 wurde nur ein Jahr lang in immerhin 6264 Exemplaren gebaut, die in der Basisversion 7.985 D-Mark kosteten.

> Im Bild die R 80/7 ab Modelljahr 1979 mit Gussrädern und »S-Sitzbank«. Bis 1984 wurde das Modell 18.522 Mal gebaut.

musste hier Super statt einfachem Benzin getankt werden). Apropos Aufrüstung: Das Zubehörprogramm bei BMW hatte inzwischen stattliche Ausmaße angenommen; der Individualität waren kaum Grenzen gesetzt, diese markierte eher der Geldbeutel. Die R 80/7 blieb immerhin bis 1984 im Programm, zu dieser Zeit schon längst mit S-Sitzbank, Gussrädern, Doppelscheibenbremse und anderen Detailänderungen.

Neue Spitzenmodelle mit 1000 cm³

1976 löste auch schon ein weiter aufgebohrter Motor die 900-cm³-Modelle ab. Die R 100/7 und die R 100 S folgten der R 90/6 und der R 90 S. Wie die kleineren /7-Modelle hatten auch die neuen Einliter-Motorräder eine kräftigere Hinterradschwinge und eine Rahmenverstrebung knapp unterhalb des Tanks erhalten. Die beiden 1000er blieben nur zwei Jahre im BMW-Programm; vor allem die neue, ebenfalls 1976 herausgekommene R 100 RS zog die BMW-Kundschaft deutlich stärker in ihren Bann. In 4,6 Sekunden sprintete diese erste vollverkleidete BMW von 0 auf 100 km/h. RS stand für Reisen und Sport, wobei BMW den Tourencharakter des neuen Flaggschiffs hervorhob. Demzufolge sollte die Verkleidung in erster Linie auch Wind- und Wetterschutz sein. Da dieses Modell immerhin sieben Jahre lang im Programm blieb, erfuhr es im Laufe der Zeit einige Modifikationen. Die Drahtspeichenräder wurden durch solche aus Guss und die anfängliche Trommelbremse hinten 1978 durch eine Scheibenbremse ersetzt. Außerdem vergrößerte sich die Ölwanne, der Luftfilter wurde erneuert und eine elektronische Zündanlage eingeführt.

Chronik der /7-Modelle

R 60/7	**1976–1980**	
2-Zyl.-4-Takt-Boxer	600 cm³ ohv	40 PS / 6400 U/min
R 75/7	**1976–1977**	
2-Zyl.-4-Takt-Boxer	750 cm³ ohv	50 PS / 6200 U/min
R 80/7	**1977–1984**	
2-Zyl.-4-Takt-Boxer	800 cm³ ohv	50/55 PS / 7000/7250 U/min
R 100/7	**1976–1978**	
2-Zyl.-4-Takt-Boxer	1000 cm³ ohv	60 PS / 6500 U/min
R 100 S	**1976–1978**	
2-Zyl.-4-Takt-Boxer	1000 cm³ ohv	65 PS / 6600 U/min

> **Die R 75/7 war nur ein Jahr im BMW-Programm und wurde schon 1977 durch die R 80/7 abgelöst. Auch hier blieben die Leistungsdaten trotz Hubraumvergrößerung unverändert.**

> **Die R 100 S löste 1976 die äußerst beliebte R 90 S ab. Der Motor leistete anfangs bescheidene 65 PS, ab Herbst 1978 dann 70 PS. Erstmals knackte ein BMW-Motorrad die 10.000-Mark-Grenze.**

> **Die R 100 S in ihrer klassischen roten Lackierung. Dieses Modell von 1977 hat schon Gussfelgen, aber immer noch die Trommelbremse im Hinterrad.**

> **Letzte Ausführung der R 100 S, von der insgesamt 9657 Exemplare gebaut wurden.**

> Ganz frühe R 100 S, noch mit Speichenrädern und Trommelbremse hinten. Mit diesem Foto warb BMW für die »computergesteuerte« Gegensprechanlage aus dem eigenen Zubehörprogramm.

> Das Topmodell Ende 1976 hieß aber nicht R 100 S, sondern R 100 RS. Die erste vollverkleidete Serien-BMW avancierte trotz ihres hohen Preises von 11.210 D-Mark schnell zum beliebtesten BMW-Motorrad jener Jahre.

> Mit zahlreichen Modifikationen wurde die erste RS bis 1984 in insgesamt 33.648 Exemplaren gebaut.

> RS stand auch für Rennsport und das bedeutete serienmäßig eine einsitzige Höckersitzbank. Ohne Aufpreis war für die R 100 RS auch eine Doppelsitzbank erhältlich. Das hier gezeigte Modell hat bereits eine Scheibenbremse hinten, während die frühen Fahrzeuge noch mit einer Trommelbremse auskommen mussten.

> Zwei Dell'Orto-Vergaser sorgten bei der RS wieder für 5 PS mehr Leistung. Aber mit ihren 70 PS bei 7250 U/min war sie in der Höchstgeschwindigkeit nicht schneller als die R 100 S mit 65 PS – jedoch ohne ansprechende Polycarbonat-Verkleidung.

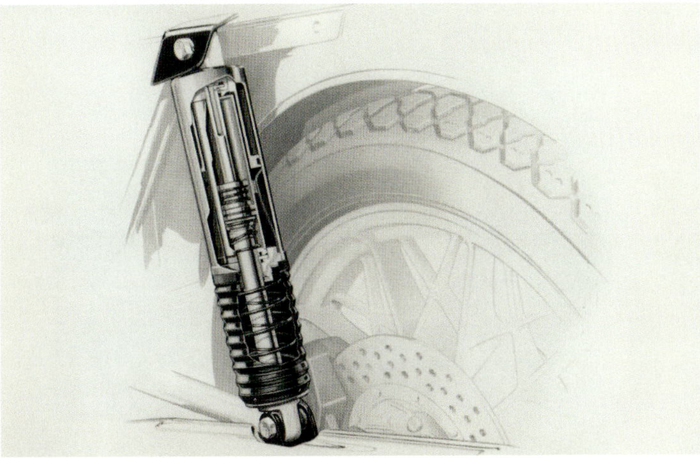

> »Nivomat« nannte BMW die bei der R 100 RT erstmals eingesetzte Niveauregelung der Hinterradfederung, die sich der Belastung entsprechend (Solo, Sozius, Gepäck) automatisch einstellte.

R 100 T und R 100 RT

Im Herbst 1978 stellte BMW einen aus der RS abgewandelten Langstreckentourer vor. Er sollte Goldwing und Harley ein wenig Konkurrenz machen und wurde als »RT« zu einem neuen Begriff in der BMW-Modellpalette. Eine ausladende Vollverkleidung mit hoher, einstellbarer Scheibe und verschließbaren Luftdüsen unter den Blinkern und zwei serienmäßige Seitenkoffer kennzeichnen die RT, die 1980 ebenfalls eine elektronische Zündung erhielt.

Die 60-PS-Version des 980 cm³ großen Motors in der R 100/7 ließ BMW 1978 auslaufen, ersetzte sie durch das 65 PS starke Triebwerk und nannte die neue Maschine R 100 T. Das angefügte T stand für »Touring« und tatsächlich konnte das »Naked Bike« mit Koffern, Windschutzscheibe und anderem Zubehör ordentlich für die Tour aufgerüstet werden. Ab 1980 stand die T mit elektronischer Zündung, aber ohne sonstige erkennbare Änderungen nur noch als R 100 im BMW-Programm.

> Während die RS später in die Kategorie »Sporttourer« eingeordnet wurde, stellte BMW 1978 mit der R 100 RT einen echten Reisedampfer auf die Räder, der die Marke in den Folgejahrzehnten ganz wesentlich mitprägte.

> Mit den gleichen Motorleistungsdaten der RS wurde diese RT auch bis 1984 gebaut. Von der im Inland 11.909 D-Mark kostenden Maschine entstanden insgesamt 13.516 Exemplare. (Foto: Traebbe)

> BMW ließ die R 100/7 schon 1978 wieder auslaufen, setzte das 65-PS-Triebwerk in die Maschine und nannte sie nun R 100 T. Das mit 9.290 D-Mark preiswerteste unter den großen Boxermodellen musste mit einer Trommelbremse im Hinterrad auskommen.

Chronik der R 100-, R 45- und R 65-Modelle bis 1980

R 100 RS	1976–1984	
2-Zyl.-4-Takt-Boxer	1000 cm³ ohv	70 PS / 7250 U/min
R 100 RT	**1978–1984**	
2-Zyl.-4-Takt-Boxer	1000 cm³ ohv	70 PS / 7250 U/min
R 100 T	**1978–1980**	
2-Zyl.-4-Takt-Boxer	1000 cm³ ohv	65 PS / 6600 U/min
R 45	**1978–1985**	
2-Zyl.-4-Takt-Boxer	500 cm³ ohv	27/35 PS / 5000/5500 U/min
R 65	**1978–1985**	
2-Zyl.-4-Takt-Boxer	650 cm³ ohv	45/50 PS / 7250 U/min

Zuwachs in der 27-PS-Klasse

Mit 31.515 Motorrädern verzeichnete BMW 1977 die bisher höchste Jahresproduktion aller Zeiten. Dennoch erkannte man bei BMW die Notwendigkeit, wieder in unteren Hubraumklassen präsent zu sein, um auch Einsteiger oder finanziell Minderbemittelte an ein BMW-Motorrad heranzuführen. Immer noch auf das /5-Triebwerk zurückgreifend, entstand mit 473 cm³ ein neuer Hubraum, mit dessen Hilfe problemlos die für Deutschlands Steuer- und Versicherungsrecht günstigen 27 PS erreicht werden konnten (vor allem für den Export waren auch 35 PS möglich). Ein wenig schnörkelloser versuchten die Bayern die kleine BMW zu machen und eine etwas sparsamere Ausstattung sollte außerdem Kosten sparen. Doch das war bei BMW schon damals schwierig; als die »kleine« BMW im September 1978 auf der Kölner IFMA präsentiert wurde, war sie das deutlich teuerste Bike ihrer Klasse. Dennoch hatte sich mit gut 28.000 verkauften R 45 bis 1985 das Engagement gelohnt, wenngleich man bei BMW mit noch größerem Zuspruch gerechnet hatte. Eine Zweizylinder-BMW unter 650 cm³ gab es künftig jedenfalls nicht mehr. In genau diese Klasse stieg man gleichzeitig zusammen mit der R 45 ein und präsentierte die R 65 mit 649 cm³ und zunächst 45 PS. Optisch mit der kleineren BMW identisch, war die 650er ein typisches Exportmodell, wobei meistens eine zweite Bremsscheibe vorn und diverse sonstige Extras ergänzt wurden.

> 5463 Mal wurde die »T« gebaut, die jetzt bei den großen Boxermodellen das einzige »Naked Bike« war, aber zum vollausgestatteten Reise-Tourer aufgerüstet werden konnte.

> Um neue Käuferschichten zu erschließen, brachte BMW 1978, nach fünf Jahren Pause in der 500er Klasse, mit der R 45 wieder ein echtes Einsteigermotorrad auf den Markt, das mit 5.880 D-Mark dennoch kein Schnäppchen war.

> Eine Scheibe vorn, die alte Trommelbremse hinten und auch sonst hatte die »kleine« BMW weniger zu bieten als die großen Boxer – trotzdem war Mann oder Frau mit einer echten BMW unterwegs.

> Auf der Basis des gleichen Motors hatten die BMW-Ingenieure 1978 parallel zur R 45 mit der R 65 eine für die Bayern ganz neue Hubraumklasse auf den boomenden Markt gebracht.

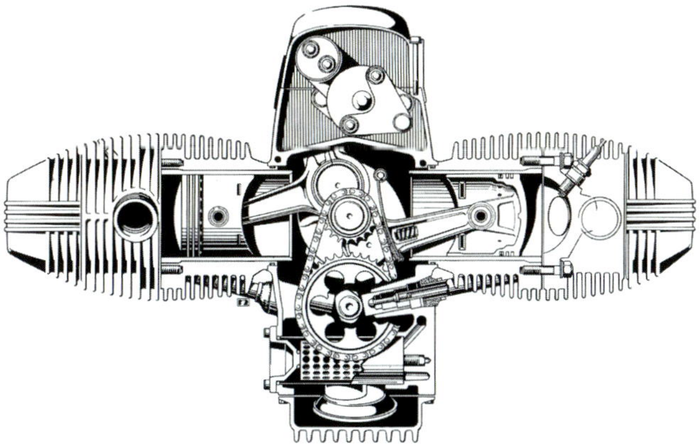

> Die auf Exportkunden zugeschnittene R 65 war anfangs mit 45 PS, ab 1980 dann mit 50 PS unterwegs. Mit 7.290 D-Mark rangierte sie preislich knapp unterhalb der immer noch erhältlichen R 80/7.

> Die Motorbasis für die Modelle R 45 und R 65 war immer noch die der /5-Modelle, in der Breite konnten durch kürzere Pleuel und damit einem kürzerem Hub aber knapp 6 cm eingespart werden.

> 29.454 R 65 entstanden bis 1985, die meisten davon mit viel Zubehör aufgerüstet. Dabei waren die zweite Bremsscheibe und die seitlichen Kofferhalter die Favoriten.

> Für 60 Jahre BMW-Motorräder brachte die Münchner Zentrale 1983 eine ganze Serie spezieller Werbeaufnahmen heraus.

Die achtziger Jahre – von »Ziegelsteinen« und »Wüstenschiffen«

Dieses Jahrzehnt war geprägt von den G/S-Maschinen, einerseits als Rallye-Seriensieger, andererseits als Trendsetter mit dem Begriff »Reiseenduro«. Geprägt aber auch von neuen Drei- und Vierzylinder-Maschinen, die im BMW-Motorradbau völlig neue Akzente setzten.

Im Auftrag der BMW AG hatte die Frankfurter Design- und Entwicklungsfirma Buchmann das Modell »Futuro« entworfen, das 1980 der Öffentlichkeit vorgestellt wurde. Das sehr niedrige, vollverkleidete Fahrzeug mit futuristischer Instrumentierung sollte von einem 800-cm³-Turbo-Boxermotor angetrieben werden. Für spätere Serienfertigungen war die Studie nur wenig von Nutzen.

> **BMW-Studie »Futuro«: Monocoque-Rahmen und Scheibenräder aus Aluminium, Kardan mit Parallelogramm-Abstützung, Cantilever-Federung hinten und Integral-Bremsanlage.**

> **Unter der opulenten – aber leichten – Vollverkleidung werkelte der mittragende, 73 PS leistende 800-cm³-Boxermotor mit Abgasturbolader. Das Gesamtgewicht des Fahrzeugs lag bei 180 kg.**

Modellpflege im R 100-Programm

1980 wurde aus der R 100 T einfach nur die R 100, dafür spendierte BMW dem Modell 2 PS mehr (jetzt 67) und eine elektronische Zündanlage. Bis 1984 blieb die Maschine so im Programm. Mit dem 70 PS starken Motor aus RS und RT baute BMW nun von 1980 bis 1984 die R 100 CS, die zum schnellsten BMW-Serienmotorrad ihrer Zeit wurde. Gussräder und Sonderlackierung in Verbindung mit viel poliertem Aluminium änderten aber nichts daran, dass die R 100 CS bei weitem nicht an die Verkaufszahlen der anderen Top-Modelle herankam. Nur 4038 Exemplare für je 11.260 Mark waren entstanden.

> Die R 100 war 1980 aus der R 100 T hervorgegangen, leistete jetzt 67 PS und kostete 9.590 D-Mark. 10.111 Exemplare entstanden bis 1984.

> Die R 100 CS bekam zwar die Cockpitverkleidung der R 90 S, konnte aber deren Erfolg noch nicht einmal im Ansatz wiederholen.

Die R 65 wird sportlich

Als die R 60/7 1980 endgültig aus dem Programm genommen wurde, spendierten die Ingenieure der R 65 1981 noch einmal fünf zusätzliche Pferdestärken. Die sollten der R 65 LS zusammen mit einer etwas seltsam anmutenden Cockpitverkleidung, einem geschwungenen Lenker, schwarzen Auspuffrohren, einer schwarzen Tankunterseite, einem neuen Sitzbankabschluss und neudesignten, weißen Gussfelgen zu einer sportlichen Note verhelfen. Nur wenige BMW-Kunden sahen ein, dass sie für die R 65 LS rund 1.400 Mark mehr (8.640) als für die einfache R 65 berappen sollten. 1985 wurde diese Maschine wieder aus dem Programm genommen.

> »Muthig«: Die von Hans A. Muth geschaffene neue BMW-Linie, die die R 65 LS für ein jüngeres Publikum attraktiv machen sollte. Der Erfolg hielt sich in Grenzen.

> Die R 65 LS wurde sehr aufwändig beworben, aber es half nichts: Die 50 PS starke 650er wurde bis 1985 nur 6389 Mal gebaut.

Die R 80 G/S setzt Maßstäbe

Ab 1979 hatte sich BMW nach einigen Jahren Pause werkseitig wieder an Geländesport-Wettbewerben beteiligt. Die dafür notwendigen Maschinen waren so entwickelt worden, dass sowohl zivile wie rein sportliche Ableger möglich waren. Die zivile Ausführung wurde am 1. September 1980 in Avignon der Weltöffentlichkeit präsentiert und kann heute getrost als echter Meilenstein der Motorradgeschichte bezeichnet werden. Eine solche Straßen-Enduro hatte es bis dahin nicht gegeben: 50-PS-Boxermotor, elektrischer Anlasser (anfangs Option, ab 1982 Serie), reichlich Platz für zwei Personen und viel Gepäck, großer Tank und stabiles Fahrwerk mit der revolutionären Einarmschwinge fürs Hinterrad. Diese, gleichzeitig als Kardantunnel dienend, wurde von nur einem, am Rad vorbeiführenden Federbein gestützt. Die R 80 G/S (die Buchstaben standen für Gelände und Straße) verkaufte sich bald prächtig und legte den Grundstein für BMW als bis heute führender Hersteller großer Reiseenduros.

Als echte Straßenversion der G/S erschien 1982 die R 80 ST mit identischem Fahrwerk, aber dem Aussehen eines Tourenmotorrades. Angeblich wurde diese Maschine auf Wunsch von BMW-Kunden, die einen reinen Straßenableger der G/S wollten, ins Programm genommen. Als diese Kunden dann aber ausblieben, verschwand das Modell 1984 schon wieder.

An die R 100 RT angelehnt erschien im Herbst 1982 noch die R 80 RT mit dem herkömmlichen BMW-Fahrwerk. Diese Maschine wirkte etwas klobig und hatte tatsächlich ein kleines Defizit im Verhältnis von Leistung und Gewicht. Schon 1984 erschien ein Nachfolger.

> Die Mutter aller großen Reiseenduros: Die R 80 G/S feierte 1980 Weltpremiere. Das Konzept war auf dem Markt der Serienmotorräder völlig neu und daher auch für BMW ein zunächst nicht geringes Wagnis.

> Die R 80 G/S von 1985. Insgesamt entstanden von der ersten BMW-Enduro bis 1987 21.864 Exemplare. Aber das war erst der Anfang der bis heute andauernden GS-Erfolgsstory.

> Der Spaß im Gelände und auf der Straße kostete 8.920 D-Mark. Die G/S war wirklich eine Sensation auf dem Markt und sie erschloss sich schnell eine große Fangemeinde.

> Die erste Generation der R 80 RT war kein sonderlich überzeugendes Fahrzeug. Fahrleistung (50 PS, 161 km/h) und Gewicht (235 kg) passten einfach nicht zusammen.

> ST stand wohl für Straße, und allein dafür war der G/S-Ableger R 80 ST gedacht. Die Maschine hatte das gleiche Fahrwerk und den gleichen 50-PS-Motor wie die Enduro, war ansonsten aber auf Tourer getrimmt worden.

Chronik R 100, R 65, R 80 bis 1987

R 100	**1980–1984**	
2-Zyl.-4-Takt-Boxer	1000 cm³ ohv	67 PS / 7000 U/min
R 100 CS	**1980–1984**	
2-Zyl.-4-Takt-Boxer	1000 cm³ ohv	70 PS / 7000 U/min
R 65 LS	**1981–1985**	
2-Zyl.-4-Takt-Boxer	650 cm³ ohv	50 PS / 7250 U/min
R 80 G/S	**1980–1987**	
2-Zyl.-4-Takt-Boxer	800 cm³ ohv	50 PS / 6500 U/min
R 80 G/S Paris-Dakar	**1984–1987**	
2-Zyl.-4-Takt-Boxer	800 cm³ ohv	50 PS / 6500 U/min
R 80 ST	**1982–1984**	
2-Zyl.-4-Takt-Boxer	800 cm³ ohv	50 PS / 6500 U/min
R 80 RT	**1982–1984**	
2-Zyl.-4-Takt-Boxer	800 cm³ ohv	50 PS / 6500 U/min

> »BMW Monolever« nannten die Bayern ihre Einarmschwinge, die bei der R 80 G/S erstmals an einem Serienmotorrad Verwendung fand, eine präzise Hinterradführung garantierte und Gewicht sparte.

> 5963 verkaufte ST-Modelle bis 1984 stuften die BMW-Verantwortlichen wohl als Misserfolg ein, weshalb die Bayern dieses Konzept nicht weiter verfolgten.

> Die Erfolge bei der Rallye Paris-Dakar nutzend, legte BMW 1984 eine Sonderserie der R 80 G/S auf, die mit den gleichen Leistungsdaten wie die normale G/S aufwartete.

Durch die Wüste

Gleichzeitig erschien ein Sondermodell der G/S, nachdem der Franzose Hubert Auriol 1981 und 1983 mit einer speziell für diesen Wettbewerb präparierten R 80 G/S die Rallye Paris-Dakar gewinnen konnte. Die R 80 G/S »Paris-Dakar« hatte im Gegensatz zur normalen G/S einen mächtigen 32-Liter-Tank, einen roten Einzelsitz, einen verchromten Auspuff und eine große Gepäckbrücke. Ein wenig ähnlich eben, wie die teilweise von BMW (in Zusammenarbeit mit Herbert Schek) oder der im niederbayerischen Seibersdorf ansässigen Tuningfirma HPN aufgebauten Maschinen für die Rallye Paris-Dakar und andere, ähnliche Veranstaltungen. Hier sah BMW nach dem Ausstieg aus dem »gewöhnlichen« Endurosport eine neue Plattform für die eigene Darstellung, insbesondere der neuen Serien-G/S-Maschinen. Und die Wüstenschiffe waren sehr erfolgreich: 1984 landeten BMW-Maschinen mit Rahier und Auriol einen Doppelsieg in Afrika und Gaston Rahier gewann auf BMW auch im darauffolgenden Jahr die Paris-Dakar. Nach einem Debakel 1986 stieg BMW offiziell aus; 1987 wurde Rahier als Privatier noch einmal Fünfter, dann wurde es vorerst ruhig um die bayerischen Wüstenschiffe.

> Der Franzose Hubert Auriol gewann 1981 zum ersten Mal für BMW die rund 10.000 Kilometer lange Rallye Paris-Dakar. 1983 (Foto) konnte er diesen Erfolg wiederholen.

> In das wüstengerecht aufgerüstete G/S-Fahrwerk hatte BMW den 67 PS starken 1000er Boxer implantiert. 1983 (Foto) waren es dann 70 PS, die den Franzosen das härteste Rennen der Welt gewinnen ließen.

> Auch der kleine Belgier Gaston Rahier konnte zweimal die Rallye Paris-Dakar gewinnen: 1984 und 1985 beerbte er Hubert Auriol. 1986 und 1987 konnte Rahier nicht mehr ganz vorne mitfahren.

> Auch Raymond Loizeaux gehörte von 1982 bis 1986 zum BMW-Team für die Rallye Paris-Dakar. Die Bayern lösten danach ihr Werksteam auf; mit käuflichen HPN-Enduros konnten Privatfahrer aber auch weiterhin in die Wüste starten.

> Nur 2445 Käufer sahen bis 1987 ein, dass sie für einen größeren Tank, eine Gepäckbrücke und einen kurzen, roten Sitz deutlich über 1000 D-Mark mehr bezahlen sollten.

> Die 1985er Siegermaschine von Gaston Rahier war wie schon frühere erfolgreiche Wüstenschiffe im Auftrag von BMW von der niederbayrischen Tuningfirma HPN aufgebaut worden.

> R 32 und R 100 RS in einem Motiv aus der Fotoserie, die anlässlich 60 Jahre Motorradbau bei BMW von den Bayern herausgegeben wurde.

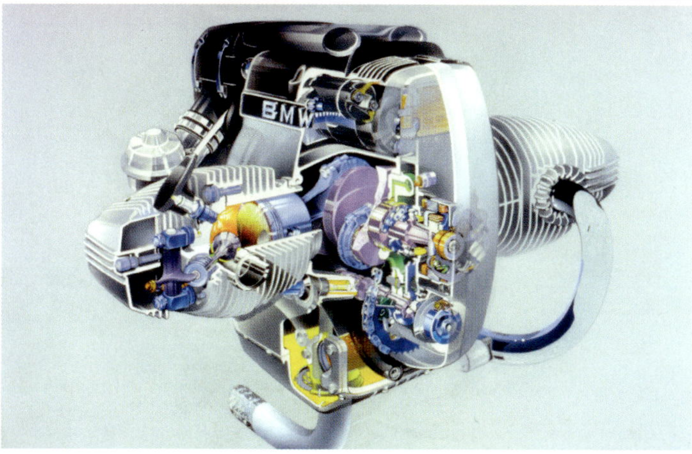

> Nach 60 Jahren wies BMW auf das immer noch geltende Grundkonzept bei den Boxermotoren der Modellreihe 1983 im Vergleich zum ersten Motor hin. BMW betont hier die geringen Motorvibrationen durch die gegenläufige Bewegung der Kolben in den Zylindern.

Stilbruch nach 60 Jahren: Der Vierzylinder-Reihenmotor

Eine Sensation war es nicht mehr, als im September 1983 die neue BMW K 100 mit einem Reihen-Vierzylindermotor vorgestellt wurde. Seit 1979 war diese Maschine entwickelt und im Vorfeld vielfach erwähnt worden. Dennoch war es natürlich etwas Besonderes, erstmals ein BMW-Serienmotorrad mit einem solchen wassergekühlten, mit zwei obenliegenden Nockenwellen agierenden und längs im Rahmen liegenden Motor zu sehen. Zwei Ventile pro Zylinder mussten noch ausreichen. Die Bosch LE-Jetronic-Einspritzung war dagegen fortschrittlich. Während man fahrwerkseitig die schon bekannte Einarmschwinge mit Federbein in der neuen K-Reihe einsetzte, waren der Gitterrohrrahmen, der den Motor als tragendes Teil mit einschloss und das den Wasserkühler berücksichtigende Design neu. Standard für alle K-Modelle wurde die Doppelscheibenbremse vorn und für die meisten auch die Scheibenbremse hinten. Zusammen mit der nackten K 100 stellte BMW ebenfalls noch 1983 die vollverkleidete K 100 RS vor, die zunächst die R 100 RS ablösen sollte. Dass diese Maschine ein absoluter Hit wurde, hob einmal mehr die besondere Stellung von BMW auf dem Motorradmarkt hervor. Denn eigentlich konnte die RS zum Beispiel mit einer fast gleichzeitig präsentierten Kawasaki Z 900 GP R mit Vierventiltechnik, 100 PS und 235 km/h Spitze nicht mithalten. Schon gar nicht in Bezug auf den Preis. Sieben Jahre lang blieb der Sporttourer im BMW-Programm; diverse Modifikationen natürlich eingeschlossen.

> Zusammen mit der RS war die nackte K 100 1983 das erste Modell mit dem neuen Vierzylinder-Motor. Den neuen Gitterrohrrahmen wie auch die Wasserkühlung hatte man zuvor noch nie an einer BMW gesehen.

> Optional konnte die K 100 mit Windschild, Zusatzscheinwerfer, Sturzbügel, Tankrucksack, Gepäckträger und Seitenkoffer für die große Tour geliefert werden.

> Ein Bruch mit der Boxer-Tradition war der im Jubiläumsjahr 1983 erschienene Vierzylinder-Motor. Längs und liegend eingebaut, mit elektronischer Einspritzung und Zündung versehen, ließ sich BMW dieses Konzept patentrechtlich schützen.

> Am Antriebskonzept mit Einarmschwinge und integriertem Kardan hielt man auch bei den K-Modellen fest. Das Aussehen der linken Motorseite mit Ventilabdeckung erinnerte wohl manchen an einen Ziegelstein – daher auch der spätere Spitzname für die Modellreihe.

> Mit fast 35.000 gebauten Exemplaren wurde das neue BMW-Spitzenmodell K 100 RS auf Anhieb ein Bestseller. Und das trotz starker fernöstlicher Konkurrenz.

> Mit der im Windkanal entstandenen Verkleidung erreichte die K 100 RS eine Spitzengeschwindigkeit von 220 km/h. Wer den sportlichen »Ziegelstein« haben wollte, musste mindestens 15.190 D-Mark hinblättern.

> In der Weiterentwicklung erhielt die K 100 eine neue Tank-Sitzbank-Kombination und einen hohen Lenker. So wurde die 12.490 D-Mark teure Maschine bis 1990 gebaut. Insgesamt waren fast 13.000 K 100 entstanden.

> 17.750 D-Mark kostete gar dieses Sondermodell K 100 RS Special, das 1987 auf den Markt kam, nachdem die RS zum vierten Mal in Deutschland zum Motorrad des Jahres gewählt worden war.

Motorräder mit ABS – die Vorreiterrolle von BMW

Ab 1988 konnte für alle K-100-Modelle optional ein ABS-Bremssystem geordert werden, was BMW in diesem Bereich zum Vorreiter machte. Und natürlich fiel in diesen Produktionszeitraum auch die Umstellung auf unverbleiten Kraftstoff.

Eine höhere, noch mehr zum Touren einladende Verkleidung erhielt die 1984 ins Programm genommene K 100 RT, die ansonsten technisch mit der RS identisch war. Der Supertourer mit den zwei serienmäßigen Seitenkoffern löste auch hier zunächst das Boxermodell R 100 RT ab, verkaufte sich aber deutlich besser als Letzteres. 15.600 Mark waren damals für das vorläufige BMW-Flaggschiff zu bezahlen, 20 Jahre später reicht diese Summe in Euro längst nicht mehr zur Bezahlung aktueller BMW-Topmodelle aus.

Getoppt wurde die K 100 RT 1986 vom anfangs als Sondermodell der RT gedachten K 100 LT. L stand hier für Luxus und den gab es für 18.530 Mark auch wirklich pur: Radio, Topcase, Luxussitzbank und Sonderlackierung, um nur das Augenfälligste zu nennen. Aus dem Sondermodell wurde ein normales Serienmodell, das ab 1990 alleiniges Tourer-Modell der K-Reihe blieb.

> Am Hängeband werden in »Deutschlands modernstem Motorradwerk« (O-Ton BMW 1984) die Vierzylindermotoren in die Gitterrohrrahmen der K-Modelle montiert.

> Dieses Foto von 1984 aus dem Berliner BMW-Werk zeigt die parallele Montage von Boxer- und Vierzylinder-Modellen am Hängeband.

Chronik der K-Modelle bis 1000 cm³

K 100	1983–1990	
4-Zyl.-4-Takt-Reihe	1000 cm³ dohc	90 PS / 8000 U/min
K 100 RS	**1983–1990**	
4-Zyl.-4-Takt-Reihe	1000 cm³ dohc	90 PS / 8000 U/min
K 100 RT	**1984–1989**	
4-Zyl.-4-Takt-Reihe	1000 cm³ dohc	90 PS / 8000 U/min
K 100 LT	**1986–1991**	
4-Zyl.-4-Takt-Reihe	1000 cm³ dohc	90 PS / 8000 U/min
K 1	**1988–1993**	
4-Zyl.-4-Takt-Reihe	1000 cm³ dohc	100 PS / 8000 U/min
K 100 RS	**1989–1992**	
4-Zyl.-4-Takt-Reihe	1000 cm³ dohc	100 PS / 8000 U/min
K 75 C	**1985–1990**	
3-Zyl.-4-Takt-Reihe	750 cm³ dohc	75 PS / 8500 U/min
K 75 S	**1985–1995**	
3-Zyl.-4-Takt-Reihe	750 cm³ dohc	75 PS / 8500 U/min
K 75	**1986–1996**	
3-Zyl.-4-Takt-Reihe	750 cm³ dohc	75 PS / 8500 U/min
K 75 RT	**1989–1996**	
3-Zyl.-4-Takt-Reihe	750 cm³ dohc	75 PS / 8500 U/min

> Als drittes Vierzylinder-Modell folgte 1984 die K 100 RT, die sich nur wenig vom RS-Modell abhob, aber 200 D-Mark mehr kostete. Trotzdem verkaufte sie sich mit 22.335 Exemplaren recht ordentlich.

> Die BMW-Flaggschiffe anno 1984: (von links) K 100, K 100 RT, K 100 RS und dahinter das 6er Coupé.

> Die BMW K 100 LT: Luxus pur für die große Fahrt. Auch preislich setzte BMW mit 18.350 D-Mark zum Höhenflug an. Der Antrieb war unverändert derselbe wie bei den bisherigen K-Modellen.

> Trotz des hohen Preises ging die Rechnung für BMW auf: Zwischen 1986 und 1991 entstanden immerhin knapp 15.000 K 100 LT.

> Das Cockpit der K 100 LT verströmt das Flair eines echten Luxustourers. 70 Jahre nach der Gründung der Bayerischen Flugzeugwerke waren hier mehr Schalter und Armaturen versammelt als in den damaligen Flugzeugen.

Drei Zylinder in Reihe: BMW K 75

Mit der Einführung der Reihenmotoren bei BMW war gleichzeitig der Gedanke verbunden, sich von den nicht mehr zeitgemäß scheinenden Boxermotoren zu verabschieden. Um weiterhin in zwei Hubraumgrößen entsprechend vertreten zu sein, war zeitgleich mit dem großen Vierzylindermotor ein 750-cm³-Dreizylinder-Triebwerk entwickelt worden. Aus modellpolitischen Gründen (die Boxer blieben BMW bekanntlich erhalten) wurde der kleinere Reihenmotor erst 1985 in zwei Modellen nachgeschoben. Die K 75 C musste noch mit einer Trommelbremse am Hinterrad auskommen, hielt sich aber sonst im Design – abgesehen von der kleinen Cockpitverkleidung – an die große K 100.

Ebenfalls hinten per Scheibe gebremst und mit einer sportlichen Verschalung (ab 1989 auch für den Motor) versehen, kam die K 75 S auf den Markt. Den sportlichen Charakter unterstützten außerdem noch die verkürzten Federwege. Tatsächlich hatte das zehn Kilogramm leichtere Dreizylinder-Triebwerk eine bessere Leistungscharakteristik als sein größerer Bruder und erreichte unter anderem dank einer höheren Verdichtung eine Literleistung von 100 PS. Dies bedeutete 75 PS für die K 75-Reihe, und damit war das Mittelklasse-Motorrad agiler und auch handlicher als die 1000er K-Modelle.

> Nur noch ein Dreiviertel-Ziegelstein. Der deutlich kürzer bauende Dreizylinder-Motor der K 75-Reihe ist allein schon an der Zahl der Ventildeckel-Schrauben vom größeren Bruder zu unterscheiden.

> Zeitgleich mit dem C-Modell erschien 1985 die K 75 S als sportlicher Teil der Dreizylinder-Reihe. Die Motorverschalung war ab 1989 in die Serienfertigung übernommen worden.

> Die K 75 S kostete anfangs 13.990 D-Mark und wurde bis 1995 in 18.650 Exemplaren gebaut. Scheibenbremsen vorn und hinten waren selbstverständlich und konnten ab 1990 (wie an dieser Maschine) per ABS gesteuert werden.

> Die K 75 C mit einfacher Cockpit-Verkleidung kostete 12.890 D-Mark und wurde bis 1990 in 9500 Exemplaren gebaut. Die Trommelbremse im Hinterrad war da längst nicht mehr auf internationalem Niveau.

Mit den K 75-Modellen zum Produktionsrekord

Die beiden K 75 trugen mit dazu bei, dass BMW – trotz schwächelnder Motorradkonjunktur in den achtziger Jahren – mit rund 37.000 gebauten Motorrädern für 1985 das beste Jahr in der Unternehmensgeschichte vermelden konnte. Der Marktanteil lag zu dieser Zeit in Deutschland bei knapp 12 %.

Der BMW-typischen Modellpolitik folgend erschien erst im Jahr darauf die Basisversion K 75 als völlig nacktes Motorrad mit klassisch rundem Scheinwerfer. Wie die K 75 S blieb auch diese Maschine volle zehn Jahre im BMW-Programm, diverse Änderungen wie 1990 das Sportfahrwerk der K 75 S mit dem kleineren Hinterrad und der Scheibenbremse hinten inbegriffen. Die K 75 machte einen richtig frischen Eindruck und sprach durchaus auch junge Motorradfahrer an.

Das war allein schon wegen ihres sehr hohen Preises bei der letzten K 75-Variante, der erst 1989 vorgestellten RT, eher nicht der Fall. Der Tourer war ein Ableger der K 100 RT und avancierte, obwohl nur knapp sieben Jahre lang gebaut, zum meistverkauften Motorrad der Dreizylinder-Baureihe.

Die Modelle der K 75-Reihe konnten ab 1990 mit ABS ausgerüstet werden; ab der Saison 1992 war der Einsatz ungeregelter Katalysatoren möglich.

> Die nackte K 75 erschien erst im zweiten Jahr dieser Baureihe. Das zeitlos schöne Motorrad gewann viele Freunde auch unter jüngeren Fahrern, die es nicht störte, dass hinten noch mit einer Trommel gebremst wurde.

> Die im Laufe ihrer Bauzeit bis 1996 nur geringfügig modifizierte K 75 kostete anfangs 11.990 D-Mark. Gebaut wurde sie 18.485 Mal.

> Obwohl das mit Abstand teuerste Modell (16.900 D-Mark), avancierte die K 75 RT in nur sieben Jahren mit 21.264 Exemplaren zur meistverkauften Maschine der K 75-Reihe.

> Altgediente BMW-Fahrer schwärmen noch heute von der Langstreckentauglichkeit und dem hervorragenden Fahrverhalten der K 75 RT.

Der Technologieträger K 1

Im September 1988 stellte BMW mit der K 1 eine Art Experimental-Motorrad vor (BMW nannte es »Technologieträger«), das in der Fachwelt für Aufsehen sorgte, beim Publikum aber auf ein eher geteiltes Interesse stieß. Die markant verkleidete Maschine wartete technisch mit dem ersten Vierventil-Motor von BMW und einer Parallelogramm-Hinterradschwinge (Paralever) auf. Der Motor, in vielen Details verändert, leistete 100 PS und konnte die voll auf Aerodynamik gestylte Maschine auf 240 km/h beschleunigen. Eine Reihe weiterer technischer Raffinessen (z. B. progressiv abgestimmtes Gasdruck-Federbein hinten oder dickere Bremsscheiben), die bisher noch nicht in den RS-Modellen zum Zuge gekommen waren, ließ sich BMW gut bezahlen; mit DM 20.200 durchbrach erstmals ein deutsches Großserien-Motorrad die 20.000-Mark-Grenze. 1991 waren es bereits DM 22.000, die den überwiegenden Teil des Publikums abschreckten.

Um die K 1-Technologie ein wenig preiswerter und in einer für die meisten BMW-Freunde gefälligeren Form anbieten zu können, brachte BMW 1989 eine neue K 100 RS auf den Markt, die eben diese technischen Innovationen der K 1 besaß. Also unter anderem 16 Ventile für den Motor, gesteuert durch ein neues Tassenstößel-System, Paralever-Schwinge fürs Hinterrad und größere Bremsen. Obwohl nur drei Jahre produziert, konnten von der neuen K 100 RS fast doppelt so viele Exemplare verkauft werden wie von der K 1.

> Was 1988 noch sehr futuristisch anmutete, würde man heute längst als altbacken bezeichnen. Mit der K 1 bewies BMW den Mut, neue Wege zu beschreiten, wohlwissend, dass ihn nicht viele Käufer mitgehen würden.

> In der K 1 werkelte der erste, in einem BMW-Serienmotorrad eingesetzte Vierventilmotor. Mit dem 987 cm³ großen Reihenvierzylinder knackten die Bayern auch erstmals die 100-PS-Marke.

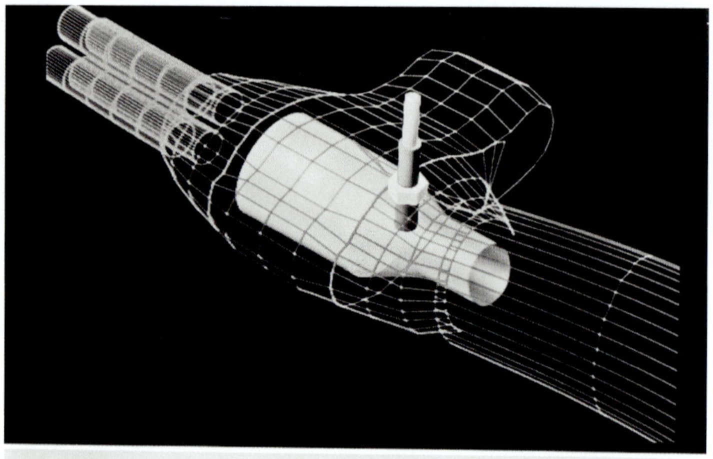

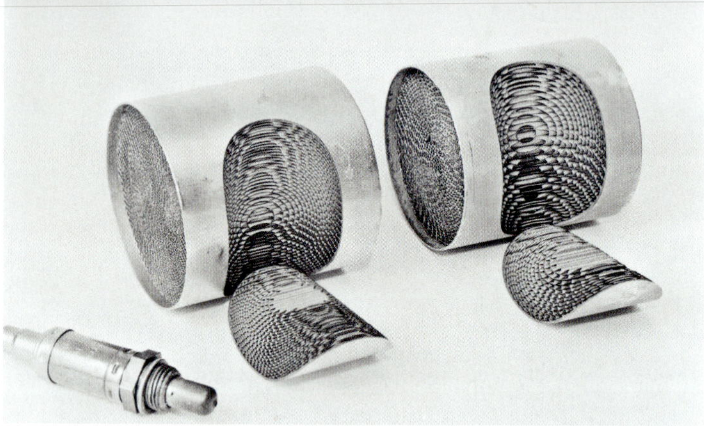

> In München und Berlin waren die Ingenieure auch stolz darauf, im K 1-Motor erstmals einen geregelten 3-Wege-Katalysator mit Lambdasonde einzusetzen. In den anderen K-Modellen musste ein ungeregelter Katalysator reichen.

> BMW zählt die K 1 heute zu den Meilensteinen der eigenen Motorradhistorie. Sie war auf jeden Fall ein wichtiger Baustein hinsichtlich kommender Motorradgenerationen mit dem blau-weißen Propellersymbol.

> Nur knapp 7000 Käufer entschieden sich bis 1993 für das gut 20.000 D-Mark teure Motorrad. Dabei war es neben dem Preis sicher auch das gewöhnungsbedürftige Design, das die Interessenten auf Distanz hielt.

> Denn die neue, mit 19.950 D-Mark nicht wesentlich preiswertere K 100 RS verkaufte sich in drei Jahren 12.666 Mal. Der hier angebrachte Seitenkoffer gehörte nicht zur Serienausstattung.

> Noch einmal die K 100 RS, die gelegentlich auch den Zusatz 4V in der Typenbezeichnung erhielt. Die hier abgebildete Motorverkleidung musste extra bezahlt werden.

> K 100 RS mit der Technik der K 1: Vierventilmotor, digitale Motorelektronik, geregelter Katalysator, ABS und die Paralever-Hinterradschwinge gehörten zum neuen BMW-Topmodell.

Eine neue Boxer-Modellreihe wird aufgelegt

Trotz der Erfolge der K-Reihe hielt BMW am Boxermotor fest und begann 1984 für die Hubraumklassen 800 und 1000 cm³ eine neue Modellreihe aufzulegen. Den Anfang machten die R 80, die es bisher noch gar nicht gegeben hatte, und eine neue R 80 RT. Neben dem gänzlich veränderten Gesamtdesign, zu dem unter anderem neue Gussräder gehörten, waren die Maschinen auch technisch auf den aktuellen Stand gebracht worden. Dazu gehörten ein höheres Drehmoment dank verbesserter Ansaug- und Auspuffanlage, die Einarmschwinge (Monolever) und die Doppelscheibenbremsen vorn. Hinten mussten beide R 80 noch mit der alten Bremstrommel auskommen. Beide Maschinen waren übrigens die ersten von BMW, die bleifreien Sprit konsumieren konnten. Die nun agilere RT verkaufte sich deutlich besser als ihre Vorgängerin und die nackte R 80.

> Die neue Boxer-Modelloffensive begann 1984 mit der nackten R 80, die weiterhin mit dem bewährten 50-PS-Motor auskam, der aber jetzt ein höheres Drehmoment aufwies. Für anfänglich 10.440 D-Mark entstanden bis 1992 13.815 Maschinen.

> Schwarze Ventilabdeckungen kennzeichneten die neuen Boxermodelle. Aus dem überarbeiteten Design stachen besonders die neuen Gussräder heraus.

> Mit über 22.000 verkauften Exemplaren war die neue R 80 RT der absolute Hit unter den 800er Boxern. Sie kostete anfänglich 12.690 D-Mark und blieb ganze elf Jahre im Programm.

> Obwohl die R 80 RT für die große Reise gedacht war, mussten die Koffer extra bestellt werden. BMW hatte sich am umfangreichen Motorrad-Zubehörprogramm schon längst eine goldene Nase verdient.

> Auch das Sondermodell Classic zum Ende ihrer Bauzeit konnte nichts daran ändern, dass die neue R 100 RS nicht sonderlich beliebt war. Nur knapp über 8000 Exemplare entstanden vom 60 PS schwachen Sport-Tourer.

> Nicht besser lief es für die R 100 RT, die BMW aber bis 1996 offiziell im Programm ließ. 60 PS und Trommelbremse hinten – das war für einen modernen (und teuren) 1000-cm³-Reisedampfer zu wenig.

R 100 RS und RT floppen

Nach zwei Jahren Pause erschien mit der R 100 RS 1986 wieder ein BMW-Boxermodell in der 1000-cm³-Klasse. Optisch und technisch an die neuen 80er Modelle angelehnt (also auch mit einer Trommelbremse fürs Hinterrad!), geriet erstmals eine BMW RS zu einem echten Flop. 60 PS und 185 km/h waren nicht nur ein Rückschritt gegenüber der alten RS, sondern auch ein zu großes Defizit gegenüber den K-Modellen und der fernöstlichen Konkurrenz. Nicht viel anders erging es der R 100 RT, die ein Jahr später mit den gleichen Leistungsdaten wie die RS, aber wie üblich mit einer üppigeren Verkleidung aufwartete. Auch hier hielten sich die Verkaufszahlen in Grenzen; dennoch überlebte die R 100 RT die RS um einige Jahre.

> Völlig neu in Design und Fahrwerk erschienen 1987 zeitgleich die beiden GS-Maschinen mit 800 und 1000 cm³ Hubraum. Der Motor der R 80 GS (Bild) leistete weiterhin 50 PS.

> Neben Hubraum und Ölkühler unterschied sich die große GS noch durch die Lampenverkleidung und den Sturzbügel vom kleineren Schwestermodell. Die R 100 GS verkaufte sich deutlich besser als die 80er.

> Mit neuer Cockpitverkleidung, neuen Lenkerarmaturen und dem großen Scheinwerfer kamen R 80 GS und R 100 GS ab Modelljahr 1991 im gleichen Outfit daher.

Eine neue Motorradkategorie: Die »Reiseenduro«

Genauso lange, nämlich von 1987 bis 1996 wurden die beiden neuen GS-Modelle R 80 GS und R 100 GS gebaut. Sprach man bei der Ur-G/S noch vorsichtig von Gelände und Straße, stand das GS ohne Trennung jetzt eindeutig für Geländesport. Die beiden Motorräder waren natürlich keine reinen Sportmaschinen, sondern sogenannte Reise-Enduros; diese gelten nun schon seit Jahrzehnten als Inbegriff für große Alleskönner auf dem Motorradmarkt, der seither in dieser Kategorie klar von BMW dominiert wird.

Die neuen Enduros setzten zwar die Linie der Ur-G/S fort, waren aber in fast allen Details weiterentwickelt worden. Am auffälligsten stach die erstmals im Motorradserienbau eingesetzte Doppelgelenkschwinge (Paralever) ins Auge, die, zusammen mit dem verstärkten Rahmen, den Kreuzspeichenrädern, der neuen Marzocchi-Telegabel und vielem mehr, für ein deutlich besseres Fahrverhalten sorgte. Die beiden GS waren, abgesehen von ihrer Leistung, nahezu identisch. Nur die Lampenverkleidung mit Windabweiser und der über dem rechten Sturzbügel montierte Ölkühler unterschieden die große von der kleinen Enduro. Aber die große Maschine verkaufte sich deutlich besser und wurde für BMW zum Verkaufsschlager und zeitweise zum meistverkauften Motorrad in Deutschland.

> 1987 startete die BMW-Ingenieurin Jutta Kleinschmidt erstmals auf privaten BMW-Maschinen bei einigen internationalen Rallyes, unter anderem der Pharaonen-Rallye in Ägypten.

> 1988 war Jutta Kleinschmidt erstmals bei der Paris-Dakar gestartet, 1992 wurde sie trotz gebrochenem Fuß Fünfte in der Marathon-Wertung und beste Frau auf dem Motorrad. 2001 gewann sie dann die berühmt-berüchtigste Rallye der Welt auf vier Rädern mit einem Mitsubishi.

> **Natürlich musste es von den neuen GS-Maschinen wieder einen Paris-Dakar-Ableger geben. Die R 100 GS wurde ab 1989 serienmäßig unter anderem mit dem großen 35-Liter-Tank angeboten.**

1988 zeigte BMW auf der IFMA eine R 100 GS Paris-Dakar. Anfangs nur als Nachrüstkitt für die 1000-cm³-Maschine erhältlich, war dann ab dem Frühjahr 1989 ein eigenständiges Modell in das BMW-Programm aufgenommen worden. Der 35-Liter-Kunststofftank, eine neue Verkleidung mit Halogen-Rechteckscheinwerfer, diverse Schutzabdeckungen, Handprotektoren und der breitere, aluminiumverstärkte vordere Kotflügel gehörten zum Paris-Dakar-Sonderprogramm, das diese Maschine um über DM 2000 teurer machte als die normale GS. R 80 GS und R 100 GS (Normalausführung) erhielten für 1991 eine neue, rahmenfeste Cockpitverkleidung und den Scheinwerfer der Paris-Dakar-Version, der übrigens von der K 75 S stammte.

> **In der schwarz lackierten Classic-Reihe von BMW konnte ab 1993 auch die R 100 GS Paris Dakar geliefert werden. Von den schwarzen Ventilabdeckungen war man inzwischen wieder abgekommen.**

Chronik der letzten Zweiventil-Boxer-Modelle

R 65	**1985–1993**	
2-Zyl.-4-Takt-Boxer	650 cm³ ohv	48/27 / 7250/5500 U/min
R 65 GS	**1987–1992**	
2-Zyl.-4-Takt-Boxer	650 cm³ ohv	27 / 5500 U/min
R 80	**1984–1992**	
2-Zyl.-4-Takt-Boxer	800 cm³ ohv	50 PS / 6500 U/min
R 80 RT	**1984–1995**	
2-Zyl.-4-Takt-Boxer	800 cm³ ohv	50 PS / 6500 U/min
R 100 RS	**1986–1992**	
2-Zyl.-4-Takt-Boxer	1000 cm³ ohv	60 PS / 6500 U/min
R 100 RT	**1987–1996**	
2-Zyl.-4-Takt-Boxer	1000 cm³ ohv	60 PS / 6500 U/min
R 80 GS	**1987–1996**	
2-Zyl.-4-Takt-Boxer	800 cm³ ohv	50 PS / 6500 U/min
R 100 GS	**1987–1996**	
2-Zyl.-4-Takt-Boxer	1000 cm³ ohv	60 PS / 6500 U/min
R 100 GS Paris-Dakar	**1989–1996**	
2-Zyl.-4-Takt-Boxer	1000 cm³ ohv	60 PS / 6500 U/min
R 100 R	**1991–1996**	
2-Zyl.-4-Takt-Boxer	1000 cm³ ohv	60 PS / 6500 U/min
R 80 R	**1992–1994**	
2-Zyl.-4-Takt-Boxer	800 cm³ ohv	50 PS / 6500 U/min

Die R 65 lebt weiter

Bleibt noch nachzutragen, dass die Geschichte der R 65 eine Fortsetzung erlebte. 1985 ersetzte eine neue R 65 nahtlos das Modell von 1978. Bei dieser R 65 hatte man sich am Design der ein Jahr zuvor erschienenen, neuen R 80 orientiert; auch sie konnte bleifrei betankt werden. Sie verdankte ihre Existenzberechtigung vor allem der Tatsache, nun einziges BMW-Motorrad zu sein, das mit 27 PS geliefert werden konnte. Ausschließlich in dieser Leistungsklasse blieb die 1987 nachgereichte R 65 GS. Fahrwerk und Ausrüstung stammten hier noch von der R 80 G/S, der Motor entsprach dem der aktuellen R 65. In der gedrosselten Version war die kleine GS nicht zu unterschätzen; mit einem Drehmoment von 43 Nm bei nur 3500 U/min kam die Maschine kraftvoll von unten heraus. Dennoch fand dieses heute sehr seltene Modell damals kaum Interessenten.

> **Eine der seltensten BMW-Maschinen überhaupt: Die 9.200 D-Mark teure R 65 GS wurde nur ganze 1727 Mal gebaut.**

> **Auch das war möglich: Eine der nur 8260 Mal verkauften R 65 mit dem vollen Programm aus dem BMW-Zubehörkatalog.**

Die letzten Zweiventil-Boxer

So, wie nach der Einführung der G/S zwei Jahre später der reine Straßenableger ST eingeführt worden war, folgte 1991 mit der R 100 R ein echtes Naked Bike, ausgestattet mit einigen der technischen Neuerungen der neuen GS. Federelemente, Räder und Auspuff waren hier, den rein zivilen Zwecken entsprechend, etwas anders ausgelegt. 1993 stellte BMW der R 100 R das Sondermodell »Mystic« zur Seite, das, ganz auf Eleganz getrimmt, eines der schönsten Nacktmodelle der neunziger Jahre war. Allerdings auch eines der teuersten.

1992 schob BMW dann auch noch eine farbenfrohe R 80 R nach, die die R 80 ablöste und entsprechend den Versicherungsbestimmungen auf 27 bzw. 34 PS gedrosselt ausgeliefert werden konnte. Im Gegensatz zur großen R konnte sich die 800er aber kaum auf dem Markt behaupten und verschwand zwei Jahre später wieder aus dem BMW-Programm.

> Mit Sondermodellen verkaufte sich die R 100 R weit über 20.000 Mal und war damit für BMW ein echter Hit. Im Bild die R 100 R aus der »Classic«-Serie.

> Mit geänderter Sitzbank-Kombination war das Modell R 100 R »mystic« im 1993er Verkaufsprogramm von BMW zu finden.

> Ebenfalls der BMW-Pressemappe von 1993 entstammen diese beiden Abbildungen der nackten R 80 R. Nur 200 D-Mark (13.250) preiswerter als die 100er, entstanden von der kleinen Schwester nur 3593 Exemplare.

> Noch mehr als ein Jahrzehnt hielten sich die liegenden Vierzylinder-Motoren im BMW-Programm, zuletzt mit Vierventiltechnik, 1200 cm³ und 130 PS.

Die neunziger Jahre –

vier Ventile und die Rückkehr zum Einzylinder

Der liegende Reihenvierzylinder vergrößert sich auf 1100 und schließlich 1200 cm³, der Boxer wird auch größer und das Einzylinder-Modell F 650 zum bis dahin meistverkauften Motorrad der BMW-Geschichte. Alle Motoren haben vier Ventile.

Mit Paralever-Schwinge und 1092 cm³ großem Motor präsentierte BMW 1991 mit der K 1100 LT einen neuen Luxustourer, der es auch gleich zum bis dato teuersten BMW-Serienmotorrad schaffte. Der Motor, natürlich mit Vierventiltechnik, leistete 100 PS, was den 290 kg schweren Asphaltdampfer über 200 km/h schnell machte. Das Design war überarbeitet und auf die neuen Dreispeichen-Gussräder, die größeren Seitenkoffer und den Topcase abgestimmt worden. Erstmals gab es eine elektrisch verstellbare Windschutzscheibe und im zuletzt angebotenen Sondermodell »Highline« viel Chrom in Verbindung mit Sonderlackierungen. DM 30.000 waren dafür 1997 hinzublättern – der geregelte Katalysator war mit an Bord.

> **Der Langstrecken-Tourer K 1100 LT war 1991 das erste Modell der neuen Baureihe und mit 22.757 D-Mark das bis dahin teuerste BMW-Serienmotorrad.**

> **Eine K 1100 LT Baujahr 1996. Zehn Jahre lang hatte BMW jetzt schon eine Vierzylinder-LT im Programm und ein Ende war noch lange nicht abzusehen.**

BMW RS jetzt mit 1100 cm³ Hubraum

1992 folgte die RS mit dem 1100er Motor und löste die K 100 RS (4V) ab. Auch hier war wieder ein neues, gefälligeres Design mit Dreispeichenrädern und verbesserter Vollverkleidung eingeführt worden. Für den sportlicheren Einsatz waren gegenüber der LT straffer abgestimmte Federelemente und ein verstärkter Rahmen zum Zuge gekommen. Auch von der RS wurde im letzten Produktionsjahr ein Sondermodell angeboten. Wie überhaupt für die BMW-Motorräder der neunziger Jahre und des neuen Jahrtausends immer wieder diverse Sondermodelle auftauchten, die unter anderem dafür sorgen sollten, die Maschinen am Ende ihres Lebenszyklus noch einmal aufzuwerten.

> Ein Jahr nach der LT kam 1992 auch eine neue RS mit dem größeren 1100 Vierzylinder-Motor ins Programm. Der Sporttourer war etwas leichter als die LT (268 kg gegen 290 kg) und erreichte maximal 220 km/h.

Die K-Reihe weiter aufgebohrt

1997 löste eine neue K 1200 RS die 1100er ab. Diese völlige Neukonstruktion wurde wieder einmal zu einem echten Bestseller im BMW-Programm. Der liegende Reihenvierzylinder hat ein geändertes Hub/Bohrungs-Verhältnis und leistet jetzt sportliche 130 PS (für die entsprechende deutsche Versicherungsklasse sind auch 98 PS möglich). Sechsgang-Getriebe, Telelever-Vorderradführung, Brückenrahmen aus Aluminium und eine runde, ergonomisch fließend in den Motorradaufbau integrierte Verkleidung waren erstmals bei BMW eingesetzt worden. Lenker, Sitzbank, Fußrasten und Windschild sind einstellbar. Als Sporttourer machte die K 1200 RS auch Mitte der Nuller-Jahre noch eine gute Figur, hatte es preislich allerdings schwer, sich gegen die neuen K-Modelle (K 1200 S) mit quer eingebauten Motoren zu behaupten. Zwei Jahre nach der RS und auf deren technischer Grundlage basierend wurde der neue Supertourer LT vorgestellt. Ein Audio-Soundsystem mit vier Lautsprechern gehörte hier ebenso zur Serienausstattung wie die 120 Liter Gepäckvolumen. In späteren Jahren kamen GPS, ein elektro-hydraulischer Hauptständer und ab der Saison 2004 ein paar PS mehr dazu (116 statt bis dahin 98). Das Getriebe musste mit fünf Vorwärtsgängen auskommen, dafür gab es aber eine vom Anlassermotor angetriebene Rückfahrhilfe.
Zwischen RS und LT positionierte BMW 2002 die K 1200 GT. Etwas näher an die RS angelehnt, brilliert die GT mit verbessertem Sitzkomfort, einer gemütlicheren Sitzhaltung dank verändertem Lenker, elektrisch verstellbarer Windschutzscheibe, Koffersystem und Integral-ABS.

> Obwohl mit 21.950 D-Mark (1992) rund einen Tausender preiswerter als die LT, verkaufte sich die K 1100 RS nicht so gut und blieb nur bis 1996 im Programm.

> Auch der große Tourer erhielt das neue Trieb- und Fahrwerk der RS (siehe nächste Seite) und blieb als K 1200 LT von 1998 bis 2009 (!) im BMW-Programm.

> 1997 wurde die 1100er von der neuen K 1200 RS abgelöst. Es war mit 130 PS das bis dahin leistungsstärkste BMW-Serienmotorrad, mit 27.400 D-Mark aber auch das teuerste.

> Mit der K 1200 RS kamen bei BMW unter anderem erstmals ein Sechsgang-Getriebe, eine Telelever-Vorderradführung und ein Brückenrahmen aus Aluminium zum Einsatz.

Chronik der Vierventil-K-Modelle mit liegendem Motor

K 1100 LT	1991–1999	
4-Zyl.-4-Takt-Reihe	1100 cm³ dohc	100 PS / 7500 U/min
K 1100 RS	**1992–1996**	
4-Zyl.-4-Takt-Reihe	1100 cm³ dohc	100 PS / 7500 U/min
K 1200 RS	**1997–2005**	
4-Zyl.-4-Takt-Reihe	1200 cm³ dohc	130 PS / 8750 U/min
K 1200 LT	**1998–2009**	
4-Zyl.-4-Takt-Reihe	1200 cm³ dohc	98/116 PS / 6750/8000 U/min
K 1200 GT	**2002–2006**	
4-Zyl.-4-Takt-Reihe	1200 cm³ dohc	130 PS / 8750 U/min

> 2002 meinte BMW noch ein drittes Reisemotorrad mit dem liegenden Vierzylinder-Motor auf die Räder stellen zu müssen und positionierte die K 1200 GT zwischen RS und LT.

Der erste Vierventil-Boxer

Mit der ab Herbst 1993 verkauften R 1100 RS war BMW in Sachen Fahrwerk und Boxermotoren in ein neues Zeitalter eingetreten. Die alte /5-Konstruktion musste der modernen Vierventiltechnik mit Kipphebeln weichen, was in Verbindung mit einer anders positionierten Nockenwelle zu einem ganz neuen Erscheinungsbild des Boxers und zu einer deutlichen Leistungssteigerung führte. Erstmals setzte BMW auch die Telelever-Vorderradführung (längslenkergeführte Telegabel) ein, die zusammen mit der Paralever-Hinterradschwinge zu BMW-typischen, ausgezeichneten Fahreigenschaften führte, an die sich der Fahrer konventioneller Motorräder allerdings erst gewöhnen musste. Ein weiteres Merkmal dieser Boxergeneration war der dreiteilige Gitterrohrrahmen mit dem Motor als tragendes Element. Die RS konnte wahlweise mit Voll- oder Halbschale geordert werden, ab 1994 war die Sitzhöhenverstellung serienmäßig.

> Ab 1993 setzte BMW das verbesserte ABS II ein, das etwas kompakter war und sensibler reagierte. Es war aber auch ein Stromfresser und machte mancher schwachen Batterie den Garaus.

> 70 Jahre Boxer-Entwicklung: rechts das R 32-Triebwerk von 1923, in der Mitte der Boxermotor um 1980 und links der neue Vierventil-Boxer Jahrgang 1993.

> 1993 eröffnete die R 1100 RS die neue Boxer-Modellreihe mit Vierventil-Motoren. Genau 70 Jahre nach der ersten BMW-Maschine vergaßen die Bayern nicht, dass Tradition auch werbewirksam ist.

> Das Fahrgestell der R 1100 RS mit dem dreiteiligen Gitterrohrrahmen, der Telelever-Vorderradführung und der Paralever-Einarmschwinge zum Hinterrad.

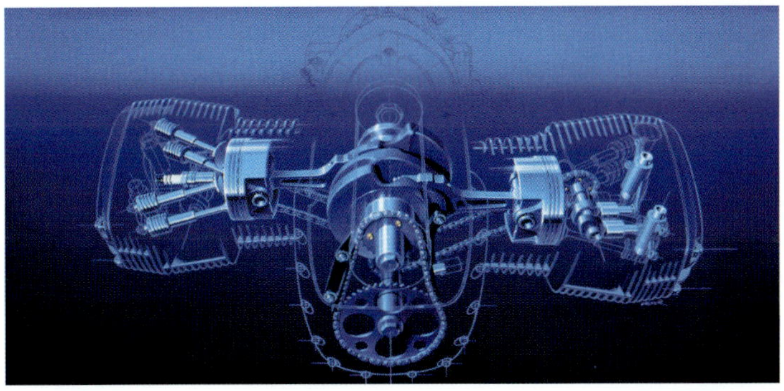

> Diese Röntgendarstellung des R 1100-Motors zeigt sehr schön die Ventile und den Ventiltrieb mit der im Zylinderkopf liegenden Nockenwelle.

> Die R 1100 RS in rasanter Schräglage. Aber RS stand nicht für Rennsport, sondern für sportliches Touren.

> Das Cockpit der R 1100 RS in der ersten Ausführung von 1993. Die Tachoskala reicht bis 240 km/h.

Die GS setzt ihren Siegeszug fort

Ein Jahr nach der RS folgte die GS, die wieder zum absoluten Verkaufsschlager avancierte. Neben dem GS-typischen Styling unterschied sich die GS von der RS vor allem in der Leistungsabstimmung des Motors. So wurden hier zwar nur 80 statt 90 PS erreicht, das Drehmoment war aber bei gleichzeitig niedrigerer Drehzahl um zwei Newtonmeter höher. Fahrwerkseitig konnte bei der GS die Federvorspannung hinten stufenlos hydraulisch verstellt werden.

Mit etwas kürzerem Radstand, aber sonst dem gleichen Chassis und der gleichen Motorabstimmung wurde ebenfalls noch 1994 die nackte R 1100 R auf den Markt gebracht. Federelemente und Räder

> Die R 1100 GS schlug wie eine Bombe auf dem Motorradmarkt ein. Zunächst 17.450 D-Mark kostend, bauten die Bayern bis 1999 in Berlin 43.626 Exemplare.

> 1993 lancierte BMW dieses sogenannte »Rendering« an die Presse, um damit die neue R 1100 GS anzukündigen, die im Folgejahr auf den Markt kommen sollte.

> Und so sah die neue R 1100 GS dann auch tatsächlich aus. Erstmals kam der bis heute markante »Entenschnabel« zum Einsatz.

> Zusammen mit der GS schickte BMW 1994 auch die nackte R 1100 R ins Rennen um die Gunst der Käufer. Sie musste wie die GS mit 80 PS auskommen, was aber immer noch für eine Höchstgeschwindigkeit von 235 km/h ausreichte.

stammten von der RS, ein Lenkungsdämpfer blieb aber der R (für Roadster) vorbehalten. Drahtspeichenräder konnten auf Wunsch ebenso geordert werden wie ABS (2000 Mark) und geregelter Dreiwege-Kat (900 Mark).

Auch ein 850er Boxer mit vier Ventilen

Zusammen mit dem neuen 1100er Vierventiltriebwerk war auch wieder eine 850er Version entstanden, die ab 1994 zunächst aber nur in der R 850 R eingesetzt wurde. Bis auf den 10 PS schwächeren Motor, der aber runder und agiler lief, war diese Maschine baugleich mit ihrer hubraumstärkeren Schwester. Die R 850 R galt als prima Allrounder und war ein gefragtes Behörden-Motorrad, was ihr eine Daseinsberechtigung bis in das Jahr 2002 hinein bescherte. Und eigentlich noch darüber hinaus, denn Ende 2003 kam sie mit geringfügigen Änderungen, wie zum Beispiel einem kleinen Windschild, als R 850 R Comfort auf den Markt zurück. Angeblich habe der italienische Markt nach diesem Modell verlangt, behauptete BMW.

> Auch bei den beiden R-Modellen machte der dreiteilige Gitterrohrrahmen einen sehr filigranen Eindruck. Aber unter anderem die Telelever-Vorderradführung sorgte für genügend Stabilität.

> R 1100 und R 850 unterschieden sich lediglich im Hubraum. Der kleineren Maschine wurde gegenüber der größeren Schwester ein besseres Fahrverhalten attestiert, was sie zusammen mit dem um 1000 D-Mark günstigeren Preis sehr attraktiv machte.

> Die BMW R 850 R wurde einst von den »echten« Motorradfahrern belächelt, galt aber damals wie heute als brave Begleiterin auf allen Strecken und ist heute als Gebrauchtfahrzeug gesucht.

> Nachdem die R 850 R im Jahre 2002 aus dem Programm genommen wurde, tauchte sie als Sondermodell »Comfort« in der folgenden Saison wieder auf und blieb noch bis 2006 im BMW-Programm.

Weitere Vierventil-Boxer-Modelle ab 1995

Auf Basis der neuen Motoren- und Fahrwerktechnik löste die neue R 1100 RT 1995 die R 100 RT langsam, aber sicher ab. Der Boxer-Tourer wurde zu einem ähnlichen Verkaufsschlager wie die GS. Zu seiner Serienausstattung gehörten verstellbare Feder- und Dämpferelemente, eine elektrisch einstellbare Windschutzscheibe, beheizte Lenkerenden, eine dreifach höhenverstellbare Sitzbank, Katalysator und ABS. Mächtig gewaltig sah der Tourer aus und vermeintlich schwerfällig; doch die blendende Fahrwerktechnik im Zusammenspiel mit dem kräftig von unten durchziehenden Motor machte die dicke Bajuwarin agil und handlich.

Das konnte man natürlich erst recht von der zum Modelljahr 1999 vorgestellten R 1100 S sagen. S stand jetzt für Sportler, wenngleich die Maschine in der einschlägigen Literatur immer noch als Sporttourer geführt wird. Aber diese Maschine mit einem neuen Gitterrohrrahmen aus Aluminium, dem Sechsgang-Getriebe, einem gestrafften Fahrwerk (mit vom Fahrer aus einstellbarem, vorderem Federbein), veränderten Motordaten samt überarbeitetem Ein- und Auslasstrakt war konsequent auf Spaß und Sport ausgelegt und wurde vom Publikum sofort positiv aufgenommen. Auf kurvigen Landstraßen fühlte sich diese Maschine pudelwohl; ein auf die Rennstrecke strebender Supersportler war sie freilich nicht.

> **Die R 1100 RT kostete anfangs 24.500 D-Mark in der Basisversion, die schon recht umfangreich ausgestattet war. Bis zur Jahrtausendwende hielten sich die Verkaufszahlen konstant auf hohem Niveau.**

> **Der Reisedampfer R 1100 RT auf einem Bild aus der BMW-Pressemappe von 1996. Trotz ihres massigen Erscheinungsbildes war die RT ein ausgewogener Tourer mit hervorragenden Fahreigenschaften.**

> Ähnlich gut lief die R 1100 S, die mit ihren 98 PS nie ein Supersportler, aber dennoch ein Kurvenräuber par excellence und der Liebling einer großen Fangemeinde war.

Chronik der Vierventil-Boxer mit 1100 und 850 cm³

R 1100 RS	1993–2001	
2-Zyl.-4-Takt-Boxer	1100 cm³ hc	90 PS / 7250 U/min
R 1100 GS	**1994–1999**	
2-Zyl.-4-Takt-Boxer	1100 cm³ hc	80 PS / 6750 U/min
R 1100 R	**1994–1999**	
2-Zyl.-4-Takt-Boxer	1100 cm³ hc	80 PS / 6750 U/min
R 850 R	**1994–2002**	
2-Zyl.-4-Takt-Boxer	850 cm³ hc	70 PS / 7000 U/min
R 850 R Comfort	**2003–2006**	
2-Zyl.-4-Takt-Boxer	850 cm³ hc	70 PS / 7000 U/min
R 1100 RT	**1995–2001**	
2-Zyl.-4-Takt-Boxer	1100 cm³ hc	90 PS / 7250 U/min
R 1100 S	**1998–2005**	
2-Zyl.-4-Takt-Boxer	1100 cm³ hc	98 PS / 7500 U/min
R 1100 S BoxerCup Replica	**2003–2004**	
2-Zyl.-4-Takt-Boxer	1100 cm³ hc	98 PS / 7500 U/min
R 850 GS	**1998–2001**	
2-Zyl.-4-Takt-Boxer	850 cm³ hc	70 PS / 7500 U/min

Mit dem Boxer-Cup auf die Rennstrecke

Anders das von der S abgeleitete Sondermodell R 1100 S Boxer-Cup Replica. Zunächst nur für eine Rennserie (Boxer-Cup) im Nebenprogramm der großen Motorradrennen gedacht – und da durchaus vom Publikum beachtet – dachten sich findige Marketingstrategen, dass sich diese Maschine als ziviler Ableger gut absetzen lassen müsste. Und tatsächlich wurde die Replika schnell zum Bestseller der Jahre 2003 und 2004. Da BMW die Rennserie 2005 nicht wieder ansetzte, musste zwangsläufig auch die Boxer-Cup Replika aus dem Programm entfallen. Von der normalen R 1100 S unterschied sich der weiß-rot-blaue Renner durch das höher gelegte Sportfahrwerk, den Laser-Auspuff und einige neue Designelemente, wie zum Beispiel die Triebwerkverkleidung unter dem Motor.

R 850 GS mit 34 PS

Bleibt für dieses BMW-Kapitel die Einführung der R 850 GS im Jahre 1998 nachzutragen. Die Maschine war identisch mit der 1100er Reiseenduro und sollte in der 34-PS-Version wieder für mehr Nachwuchs in der BMW-Fraktion sorgen. Wie schon bei früheren, gedrosselten BMW-Motorrädern verkaufte sich die kleine GS nur schleppend, nicht zuletzt, weil sie gerade mal 650 Mark weniger kostete als ihre größere Schwester. Schon im Jahr 2000 lief die Fertigung wieder aus.

> Zu Beginn der Nullerjahre war der Boxer-Cup ein nicht allzu teurer Einstieg ins internationale Renngeschehen. Bis 2004 wurden die Rennen auch im Rahmen einiger Grand-Prix-Wochenenden ausgetragen.

> Trotz ihres gegenüber der R 1100 S deutlich höheren Preises (13.712 EUR) und der unveränderten Leistungsdaten (98 PS) verkaufte sich die Boxer Cup Replika recht ordentlich.

> Die kleine Schwester der großen GS: Ab 1998 war die Reiseenduro auch mit dem 850er Boxer zu haben, blieb aber ob ihres bescheidenen Verkaufserfolgs nur gut drei Jahre im Programm.

> Die neue BMW-Einzylinder-Maschine F 650 wurde von einem österreichischen Rotax-Motor angetrieben, der 48 PS leistete, für Einsteiger aber auch auf 34 PS gedrosselt werden konnte.

Der Einzylinder kehrt zurück

Ende der achtziger-, Anfang der neunziger Jahre verkauften sich japanische Einzylinder-Enduros oder sogenannte »Funbikes« wie die berühmten warmen Semmeln. In einer Co-Produktion mit dem österreichischen Motorenproduzenten Rotax und dem italienischen Motorradbauer Aprilia wurde unter der Federführung von BMW ein europäisches Funbike entwickelt und 1993 als BMW F 650 in den Markt eingeführt. Montiert wurden die Maschinen zusammen mit der parallel entwickelten und gebauten Aprilia Pegaso 650 in Italien. Während die italienische Pegaso nicht so recht in Tritt kam, wurde die kleine BMW sofort zum Bestseller und das, obwohl sie alles andere als BMW-typisch und nicht einmal ein echtes deutsches Produkt war und das Hinterrad von einer Kette angetrieben wurde! Der Vierventil-Einzylindermotor war absolut auf der Höhe der Zeit und bescherte mit seinen 48 PS hervorragende Fahrleistungen, die zusammen mit dem guten Fahrwerk der Bezeichnung »Funduro« alle Ehre machten. Ab 1995 gab es serienmäßig einen ungeregelten Katalysator und nach einer Modellüberarbeitung 1997 eine von 810 auf 800 mm abgesenkte Sitzbank (optional war auch die Sitzhöhe 750 mm möglich), eine veränderte Verkleidung mit höherer und schmalerer Scheibe und frische Farben.

Zusammen mit dieser verbesserten Version erschien parallel die F 650 ST, die ausschließlich für die Straße konzipiert war. Eine geänderte Verkleidung ohne Scheibe, ein 18-Zoll-Vorderrad, eine reduzierte Sitzhöhe, verkürzte Federwege, sowie ein reduzierter Radstand und Nachlauf und schließlich ein kürzerer Lenker unterschieden dieses Modell von der Reiseenduro-Variante. Die ST war etwa 500 Mark billiger, verkaufte sich aber nicht so gut wie die Ur-F 650.

> ST für Straße oder Stadt – die von der F 650 abgewandelte F 650 ST fiel unter anderem durch die fehlende Scheibe, den knappen Kotflügel und das etwas kleinere Vorderrad auf.

> Die F 650 war vom ersten Tag ihres Erscheinens an ein Bestseller. Bis zum Jahr 2000 verkaufte BMW 51.400 Exemplare des bei Aprilia in Italien gebauten Einzylinder-Modells.

> 10.950 D-Mark kostete die 191 kg leichte F 650 anfänglich. Das F wurde als Kürzel von »Funduro« interpretiert und Spaß machte die Maschine tatsächlich, wie der Autor, dem die hier abgebildete Maschine gehörte, bestätigen kann.

> Ab dem Modelljahr 1997 ging die F 650 leicht überarbeitet in ihre zweite Lebenshälfte. Sofort erkennbar war das veränderte Design an den nicht mehr in die Verkleidung integrierten Blinkleuchten.

Eine neue 650er aus Berlin

Als neues Modell muss man die im Frühjahr 2000 auf den Motorradmarkt gebrachte F 650 GS betrachten. GS stand wieder für Geländesport und tatsächlich war diese Maschine noch ein wenig mehr als ihre Vorgängerin auf Gelände getrimmt, wenngleich sie als echte Reiseenduro nach wie vor für den Geländesport als solchen eher ungeeignet blieb. Die neue, jetzt in Berlin gefertigte Maschine hatte den besten Einzylinder-Serienmotor ihrer Zeit, der unter anderem mit elektronisch geregelter Einspritzung äußerst kultiviert zur Sache ging und jetzt 50 PS leistete – trotz geregelten Katalysators! Die Optik der Maschine mit dem BMW-GS-typischen Entenschnabel hatte sich unter anderem dadurch verändert, dass der Tank von seiner angestammten Position, wo er Elektronik und Einspritzanlage weichen musste, unter die Sitzbank wanderte. Optional konnte die kleine BMW mit ABS ausgerüstet werden. Für das Modelljahr 2004 gab es leichte optische Retuschen und eine zweite Zündkerze für den Motor, die für einen besseren Verbrennungsvorgang und somit für einen reduzierten Spritverbrauch und bessere Abgaswerte sorgen sollte.

> Die zweite Auflage der BMW F 650 trug den Zusatz GS und wurde nicht mehr bei Aprilia, sondern im Stammwerk in Berlin gebaut.

Chronik der Einzylinder-F-Modelle

F 650	**1993–2000**	
1-Zyl.-4-Takt	650 cm³ dohc	48 PS / 6500 U/min
F 650 ST	**1996–2000**	
1-Zyl.-4-Takt	650 cm³ dohc	48 PS / 6500 U/min
F 650 GS	**2000–2008**	
1-Zyl.-4-Takt	650 cm³ dohc	50 PS / 6500 U/min
F 650 GS Dakar	**2000–2008**	
1-Zyl.-4-Takt	650 cm³ dohc	50 PS / 6500 U/min
F 650 CS	**2002–2005**	
1-Zyl.-4-Takt	650 cm³ dohc	50 PS / 6500 U/min

Die Einzylinder-Modelle Paris-Dakar und CS

Den Siegen bei der Rallye Paris-Dakar 1999 und 2000 durch den Franzosen Richard Sainct auf der leichten 650er widmete BMW gleich ein Schwestermodell, das man der F 650 GS zur Seite stellte: Die BMW F 650 GS Dakar hatte gegenüber der normalen GS längere Federwege, ein 21-Zoll-Vorderrad, eine etwas grobstolligere Bereifung, eine höhere Windschutzscheibe und serienmäßige Handprotektoren. Lackierung und Beklebung sollten Rallye-Charakter vermitteln. 2004 erhielt auch die Dakar eine Doppelzündung und kleine Änderungen im Design.
Für 2002 wurde die 650er-Reihe schließlich um ein weiteres Modell, die F 650 CS, erweitert. Dieses wieder als Funbike bezeichnete Motorrad, das BMW noch »Scarver« nannte, war rein für die Straße gedacht und wartete mit einigen nennenswerten Änderungen gegenüber der GS auf: Aluminium-Dreispeichenräder, 780 oder 750 mm Sitzhöhe, strafferes Fahrwerk und Doppelscheinwerfer. Da bei der CS der Ölvorrat in den Rahmenhauptrohren lagerte, entstand eine offene Tankattrappe, die Platz für allerlei Zubehör bot. Prägend auch der Hinterradantrieb mittels Zahnriemen, der eine neue Aluminium-Einarmschwinge bedingte. BMW setzte große Hoffnungen in die gegenüber der GS rund 500 Euro teureren CS, die allerdings kaum erfüllt wurden.

> Das Modell Jahrgang 2005 mit noch einmal leichten Designretuschen. Der 50-PS-Einzylindermotor wies jetzt eine Doppelzündung auf, mit der die F 650 GS die Umwelt schonte.

> BMW F 650 GS Dakar: Wieder hatten die Bayern einen echten Hit gelandet, die kleine Dakar-Maschine erreichte fast Kultstatus und stand auch als Gebrauchtmotorrad noch lange hoch im Kurs.

> Die BMW F 650 RR für die Rallye Paris-Dakar 2001. In den beiden Jahren zuvor konnte die bayerische Marke zwei weitere Dakar-Siege für sich verbuchen.

> Die F 650 CS, auch »Scarver« genannt, wartete zwar mit einigen Besonderheiten wie etwa dem Zahnriemenantrieb auf, verkaufte sich aber nicht besonders gut und wurde 2005 wieder aus dem Programm genommen.

> Nicht übertrieben: Die F 650 GS Dakar war durchaus auch für längere Reisen geeignet, zumindest solange es bei einer Solobesatzung blieb.

> Das Fahrgestell der CS wies gegenüber der GS-Version einige Besonderheiten auf. So stachen besonders die neue Einarmschwinge aus Aluminium und der Zahnriemenantrieb hervor.

Supermono-Europameister

Neben den Rallyeeinsätzen war der BMW-Einzylinder auch noch anderweitig sportlich aktiv. Aus der 1988 ins Leben gerufenen Rennserie S.o.S. (Sound of Singles) entstand Anfang der neunziger Jahre die Supermono-Rennklasse, für die sogar Europameisterschaften ausgetragen wurden. Teilnehmen durften Prototypen-Rennmotorräder mit Einzylinder-Viertaktmotor ohne Einschränkungen in Design, Konstruktion und Tuning. BMW beteiligte sich wie die meisten anderen Hersteller nicht direkt an den Wettkämpfen. Das Team Pami aus Trier setzte seit 1994 den Single der F 650 in seine Rennmotorräder ein und konnte von 2001 bis 2009 insgesamt acht Mal den Europameistertitel holen. Der Brite Mark Lawes und Benny Jerzenbeck aus Merzig (Saarland) gewannen je drei Mal den Titel.

> Eine Supermono-Rennmaschine von 1994/95, aufgebaut vom Team Pami aus Trier auf der Basis der BMW F 650.

BMW steigt kurzzeitig ins Cruiser-Geschäft ein und erntet nicht nur Bewunderung. Die Boxer-Motoren werden größer: Nach den 1150ern startet BMW Mitte der Nullerjahre eine R 1200-Offensive.

Ein Stück vom in den neunziger Jahren noch dicken Cruiser- und Chopperkuchen wollten sich auch die Bayern abschneiden und präsentierten deshalb 1997 die R 1200 C. C stand für Cruiser und die 1200 für den von 1085 auf 1170 cm³ aufgebohrten BMW-Boxer. Damit sollte ein höheres Drehmoment ermöglicht werden und die Leistung bei gemächlichen 5000 Touren auf 61 PS sinken. Für einen Cruiser eigentlich genug, bei 260 kg Leergewicht aber doch schon fast eine Zumutung. Die Abgase wurden von einem serienmäßigen Katalysator gereinigt. Das Fahrwerk folgte, abgesehen vom deutlich längeren Radstand und der fehlenden Drehmomentabstützung an der Paralever-Schwinge, die so wieder zum Monolever wurde, dem aktuellen BMW-Trend. Barocke Formen, Chrom- und anderer Glanz und das extra betonte Lenkkopf-Telelever-Dreieck dominierten das bayerische Cruiser-Design. Ein kleines Schmankerl war der zur Fahrerlehne hochklappbare Soziussitz.

> Mit der R 1200 C mischte BMW anfänglich sehr erfolgreich auf dem Cruiser-Markt mit. Nachdem später einige Sondermodelle erschienen, erhielt diese Basisversion den Zusatz »Classic«.

> Die R 1200 C Independent, unter anderem mit Einzelsitz, Zweifarben-Lackierung, geschraubten Gussfelgen und Windschild.

> »Avantgarde« nannte sich dieses Sondermodell der R 1200 C mit matt-dunkler Lackierung und schwarzem Motorblock.

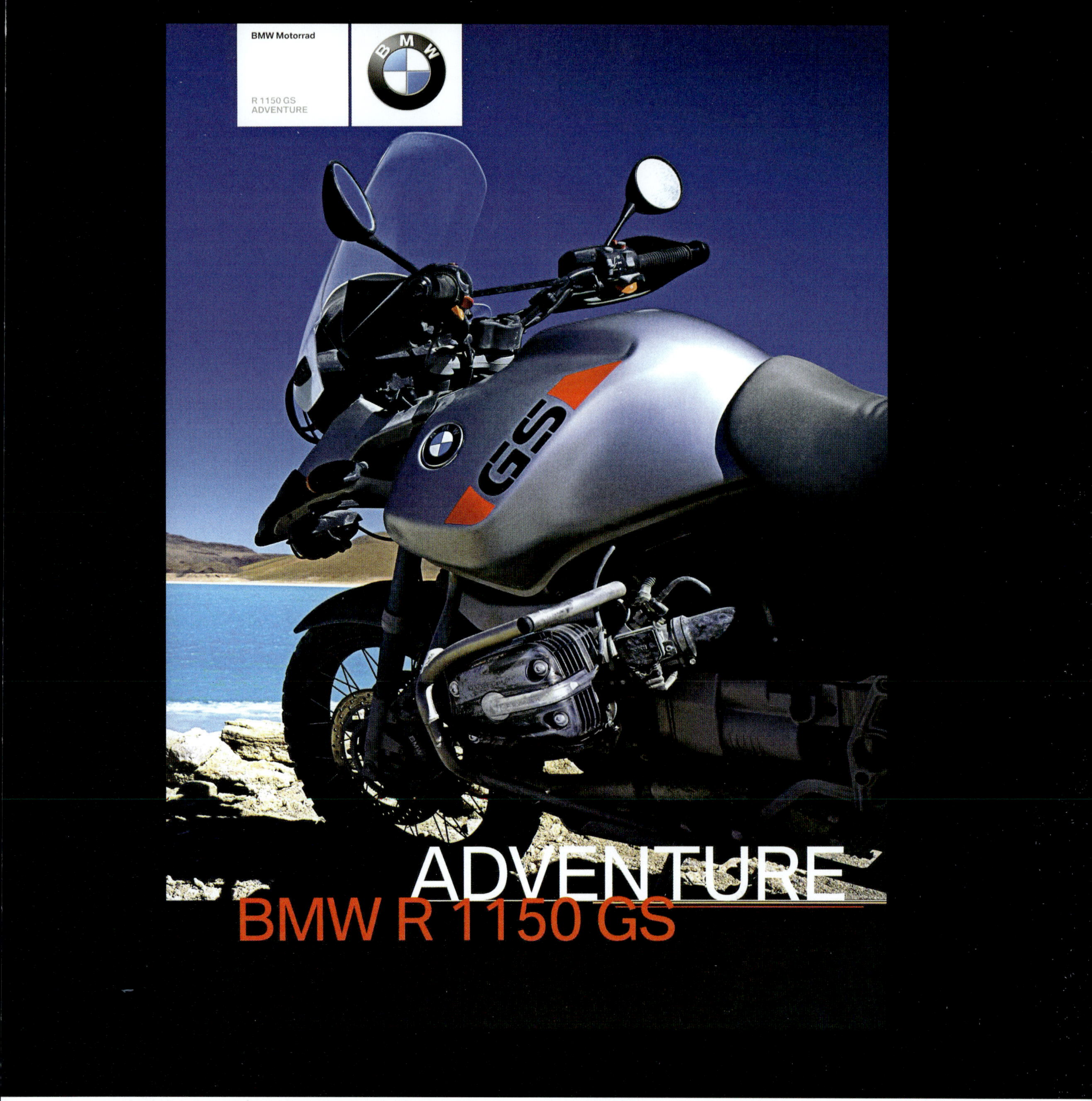

> Mit der GS Adventure brachte BMW 2001 ein Nebenserien-Modell heraus, das bis heute fester Bestandteil im Programm der bayerischen Motorradmarke ist.

Neue Boxer-Modelle

zur Jahrtausendwende

Cruiser hui und Cruiser pfui

23.400 Mark waren 1997 Cruiser-Spitze (Harley-Davidson nicht mitgerechnet), was die Interessenten aber nicht sonderlich schockte – nach zwei Jahren waren schon über 20.000 Maschinen verkauft und bei BMW rieb man sich die Hände.

Die Augen musste man sich eher angesichts der Verkaufszahlen des ein Jahr später erschienenen kleineren Ablegers R 850 C reiben. Dieser stand wie Blei in den Verkaufsräumen und war mit seinen mageren 50 PS (34 PS waren möglich) bei gleichem Leergewicht auch nur schwer von da wegzubekommen. 2001 erschien der kleine Bayern-Cruiser noch im *Motorrad Katalog*, danach dann aber nicht mehr. Optisch und technisch waren beide Modelle übrigens identisch. Zum Modelljahr 1999 kam hinten ein konventionelles Tourenfederbein zum Einsatz. Der Vorgänger mit hydraulischer Federbasiseinstellung blieb als Option erhalten, wie im Übrigen auch eine ganze Reihe von Sonderzubehör für die C-Modelle geordert werden konnte.

Daraus entstanden 2000 dann noch einige Sondermodelle: die Avantgarde-Version mit weniger Chrom, dafür aber mit Designelementen in gediegener Graphit-Lackierung und die Independent-Variante mit Dreispeichen-Rädern, Lampenverkleidung, Nebelscheinwerfern, Zweifarbenlackierung und Einzelsitz.

Chronik der BMW-Cruiser-Modelle

R 1200 C	1997–2005	
2-Zyl.-4-Takt-Boxer	1200 cm³ hc	61 PS / 5000 U/min
R 850 C	**1998–2000**	
2-Zyl.-4-Takt-Boxer	850 cm³ hc	50 PS / 5250 U/min
R 1200 CL	**2002–2005**	
2-Zyl.-4-Takt-Boxer	1200 cm³ hc	61 PS / 5000 U/min
R 1200 C Montauk	**2003–2005**	
2-Zyl.-4-Takt-Boxer	1200 cm³ hc	61 PS / 5000 U/min

> Kaum nachgefragt, weil untermotorisiert, zeigte sich die R 850 C. 24.280 D-Mark waren im Jahr 2000 für diesen Bayern-Cruiser hinzublättern. Als Gebrauchte war auch die 850er später durchaus gefragt.

> Äußerlich unterschieden sich R 1200 C und R 850 C nicht. Beide waren 256 kg schwer, womit der träge 850er Boxer seine liebe Mühe hatte.

Die R 1200 CL und C Montauk

An Harleys Dickschiffe angelehnt und wohl auch in erster Linie für den amerikanischen Markt bestimmt, erschien 2002 der BMW-Cruiser-Dampfer R 1200 CL. Auf den C-Modellen basierend, erhielt die CL unter anderem ein verstärktes Rahmenheck, da Seitenkoffer und Topcase (alles serienmäßig) immerhin 100 Liter schlucken konnten, beheizte Clubsessel, handprotektorenartige Rückspiegel mit integrierten Blinkleuchten, eine breite, vier (!) Scheinwerfer fassende Verkleidung, auf der eine höhenverstellbare Panoramascheibe saß und ... und eine ellenlange Aufpreisliste. 325 Kilogramm Leergewicht musste der immer noch nur 61 PS leistende Boxer bewältigen, weshalb die ersten drei Gänge des Sechsgang-Getriebes etwas kürzer übersetzt wurden.

Mehr als ein C-Sondermodell, und deshalb hier extra vorgestellt, war die 2003 eingeführte R 1200 C Montauk. Sie sollte der Mix aus C und CL sein und hatte deshalb ein mittelgroßes Windschild und mittelgroße Packtaschen an den Seiten. Der breitere Lenker und vorverlegte Fußrasten sollten Lässigkeit suggerieren (kleinere Fahrer hatten damit aber ihre Mühe) und ein neu abgestuftes Fünfganggetriebe den lahmen Motor kaschieren. Immerhin sorgte ein hinteres Federbein mit wegeabhängiger Dämpfung für mehr Komfort. Und während ab Modelljahr 2004 C- und CL-Modelle serienmäßig mit ABS ausgerüstet wurden, musste man es bei der Montauk noch extra bezahlen. BMW ließ die Cruiser-Modelle im Laufe des Jahres 2005 auslaufen.

> Die Bayern-Cruiser wurden zu ihrer Zeit belächelt und verhöhnt – von Harley-Fahrern sowieso, aber selbst von denen, die mit japanischen Harley-Imitationen unterwegs waren. Dennoch hatte sich von Anfang an eine treue Fangemeinde um die C-Modelle von BMW geschart.

> Ein Dickschiff nach amerikanischem Vorbild war die R 1200 CL. Mit den 324 kg dieser Maschine hatte es auch der große Boxer nicht leicht. 15.100 Euro kostete diese Maschine 2002. Ein Schnäppchen im Vergleich zu einer 20.000 Euro teuren Harley Davidson Electra Glide Classic.

> Unter anderem mit einem noch breiteren Lenker und vorverlegten Fußrasten (ein Problem beim Boxer) sollte die ab 2003 erhältliche R 1200 C Montauk Cruiser-Lässigkeit suggerieren.

> Die Montauk kostete 2003 knapp über 14.000 Euro. Gut erhalten und in der abgebildeten Zweifarben-Lackierung ist der Wertverlust bis heute gering.

Der Boxer wird wieder größer

Kennzeichnend für die mit der R 1150 GS eingeführten neuen Modellreihe ist der um 45 cm^3 gewachsene Motor mit mehr Leistung und einem durchweg höheren Drehmoment und das Sechsganggetriebe, das bei den Boxern bisher nur der R 1100 S vorbehalten war. Bei der neuen GS blieb der sechste Gang allerdings eine Art Schongang (Overdrive); vor allem für längere Autobahnpassagen. Designänderungen gab es natürlich auch; diese waren bei der 1999 vorgestellten R 1150 GS allerdings weniger augenfällig als bei der zwei Jahre später folgenden R 1150 R. Bis auf den von der Vorgängerin übernommenen Scheinwerfer hatten hier alle Anbauteile eine neue Form erhalten, die als sehr gefällig aufgenommen wurde. Selbst der einfache Rohrlenker passte hier gut ins Konzept. Im Gegensatz zur GS war der sechste Gang bei der R etwas kürzer übersetzt, was dem sportlichen Charakter der »Nackten« Rechnung tragen sollte. Während die GS alle bisherigen BMW-Verkaufsrekorde sprengte und die Wartezeiten auf bis zu zehn Monate anwuchsen, führte die R, wie ihre Vorgängerinnen auch, nur ein bescheidenes Dasein in der BMW-Zulassungsstatistik.

> Auf der Intermot 2000 präsentierte BMW die R 1150 R, die Roadster mit dem GS-Antrieb. Mit dem 85-PS-Motor kam die 238 kg schwere Maschine auf eine Höchstgeschwindigkeit von knapp 200 km/h.

> Auch als R 1150 GS blieb die große Reiseenduro der Bestseller im BMW-Programm. Zu D-Mark-Zeiten waren knapp 20.000 für die Basisversion zu berappen. Die Aufpreisliste kannte kein Ende.

> Die R 1150 R war nur unwesentlich preiswerter als die GS, spielte in der Zulassungsstatistik aber kaum eine Rolle.

R 1150 RT und RS

Anders wiederum die ebenfalls 2001 in Serie gegangene R 1150 RT. Beim großen Tourer wurde der Motor neu abgestimmt und erreichte unter anderem dank einer höheren Verdichtung 95 PS; ein stets sattes Drehmoment von über 90 Nm stand schon ab 3000 U/min zur Verfügung. Auch die RT war einer deutlichen optischen Retusche unterzogen worden, was unter anderem an der neuen Verkleidung mit Tandemscheinwerfer und Nebelleuchten zu erkennen war. Wenngleich noch drei Kilogramm schwerer als die 1100er RT, sah die neue Maschine filigraner aus und machte einen dynamischeren Eindruck. Neu bei BMW war die EVO-Bremse, die weniger Hebelkraft für mehr Effizienz benötigte. Bei der RT wirkten im Übrigen Hand- und Fußbremshebel gleichzeitig auf beide Räder (integrales Bremssystem).

Nicht ganz der üblichen BMW-Modellpolitik folgend, erschien erst Ende 2001 die R 1150 RS. Und dann auch noch im gegenüber der 1100er nur geringfügig überarbeiteten Kleid, bei dem lediglich die Windschutzscheibe acht Zentimeter länger geworden war. Bei der RS sprach man nun vom teilintegralen Bremssystem, bei dem mit dem Handbremshebel vorn und hinten, übers Fußpedal aber nur hinten gebremst wurde.

Chronik der R 1150-Modelle

R 1150 GS	1999–2004	
2-Zyl.-4-Takt-Boxer	1150 cm³ hc	85 PS / 6800 U/min
R 1150 R	**2001–2006**	
2-Zyl.-4-Takt-Boxer	1150 cm³ hc	85 PS / 6750 U/min
R 1150 RT	**2001–2005**	
2-Zyl.-4-Takt-Boxer	1150 cm³ hc	95 PS / 7250 U/min
R 1150 RS	**2001–2005**	
2-Zyl.-4-Takt-Boxer	1150 cm³ hc	95 PS / 7250 U/min
R 1150 GS Adventure	**2001–2006**	
2-Zyl.-4-Takt-Boxer	1150 cm³ hc	85 PS / 6750 U/min
R 1150 R Rockster	**2003–2005**	
2-Zyl.-4-Takt-Boxer	1150 cm³ hc	85 PS / 6800 U/min

> Die BMW R 1150 RT war serienmäßig sowohl mit der EVO-Bremse als auch mit dem integralen Bremssystem ausgerüstet. Und auch sonst gab es viel Komfort für die nach wie vor beliebte Reisemaschine.

> Gut 30 kg leichter als die RT, aber mit dem gleichen Motor bestückt, kam die R 1150 RS auf maximal 215 km/h. Die standen für das sportliche S in der Typenbezeichnung.

> Mit den moderaten 279 kg hatte der auf 95 PS getrimmte Motor der RT 1150 keine große Mühe, weshalb BMW auch eine Höchstgeschwindigkeit von 200 km/h angab.

> Und das R stand für Reise, denn der Tradition folgend war die R 1150 RS ein klassischer Sporttourer, der spielend für die große Reise aufgerüstet werden konnte.

Zum ersten Mal: GS Adventure

Ebenfalls noch 2001 brachte BMW ein Sondermodell der R 1150 GS heraus, das ob seiner Eigenständigkeit hier extra aufgeführt und mit dem Original-Text des *Motorrad-Kataloges* von 2001 beschrieben werden soll: »Mehr GS war noch nie: BMW hat die Wünsche der Fernreisenden gebündelt und ... eine abenteuerliche GS aufgelegt. Die Adventure hebt sich vor allem mit jeweils 20 Millimeter längeren Federwegen ab, wobei hinten ein nobles White Power-Bein wirkt, dessen Druckstufe sich abhängig vom Federweg verhärtet. Auf der Sitzbank kann der Pilot freier vor- und zurückrutschen, ein höheres Windschild und bessere Vorderrad-Bremssättel schützen vor Unbill, gegen die Zubehörliste vom kurzen ersten Gang bis zum 30-Liter-Tank schützt nur eine dicke Geldbörse.« Als die normale R 1150 GS 2004 ihrer Nachfolgerin Platz machen musste, blieb die R 1150 GS Adventure weiterhin im Programm.

> Auf ins Abenteuer: Das GS-Sondermodell Adventure war bald ein fester Bestandteil des BMW-Angebots und wurde auch nach Anlaufen der 1200-Produktion noch gebaut.

> Das ist das Terrain, auf dem ihre Macher die R 1150 GS am liebsten sahen. Aber diese außergewöhnliche Maschine meisterte auf der großen Reise jeden Untergrund.

Ebenfalls neu: R 1150 R Rockster

Dem Zeitgeist folgend, brachte BMW Anfang 2003 die zunächst nur als Studie gedachte R 1150 R Rockster auf den Markt. Ein Naked Bike, das man heute Streetfighter nennen könnte, wenngleich BMW diesen Begriff tunlichst vermeidet. Bei der Rockster hat BMW richtig in die Lagerregale gegriffen: die Lampen stammen von der R 1150 GS, Vorderrad-Kotflügel, Gabelgleitrohre und diverse Fahrwerkkomponenten von der R 1100 S und der Rest von der R 1150 R. Das merkt man aber kaum, da der Kontrast von giftgrüner (oder orangefarbiger) Lackierung mit mattschwarzen Elementen (u. a. der Motor) alles irgendwie anders erscheinen lässt. Jugendlicher vielleicht. Die Boxermotoren waren ab Modelljahr 2003 mit einer Doppelzündung ausgerüstet.

> **Mit der R 1150 R Rockster traf BMW offensichtlich den Zeitgeist, denn diese Maschine, deren Teile dem BMW-Baukasten entstammten, verkaufte sich besser als die einfache R.**

> Im Rockster-Revier: Auf kurvigen Landstraßen fühlte sich der R 1150 R-Ableger am wohlsten – späterer Stopp vorm Eiscafé natürlich inbegriffen.

Die R 1200-Reihe startet 2004 mit der GS

> Genau 1170 cm³ Hubraum wies der erstmalig bei der neuen GS eingesetzte Motor auf. Das Leistungsspektrum reichte von 98 (GS) bis 122 (S) PS.

Alle paar Jahre 50 Kubikzentimeter und ein paar PS mehr und weiter geht es mit dem guten alten Boxer, so könnte man meinen. Aber BMW verband die Hubraumvergrößerungen auch immer mit Überarbeitungen, die das typischste aller bayerischen Motorradtriebwerke weiter attraktiv hielten. So auch wieder bei der 2004 eingeführten R 1200 GS. Erstmals kam hier eine Ausgleichswelle zum Einsatz, die in der hohlgebohrten Vorgelegewelle für den Nockenwellenantrieb platzsparend platziert wurde und Vibrationen des Zweizylinders eliminierte. Neu auch ein schrägverzahntes Sechsganggetriebe, das einen ständigen Kritikpunkt früherer BMW-Modelle (Schalten war kein Geheimnis und herausspringende Gänge keine Seltenheit) zumindest abmilderte. Das Design der neuen GS lehnte sich zwar an das der Vorgängerin an, die 22 kg Gewichtsersparnis waren ihr aber deutlich anzusehen. Die R 1200 GS baute schmaler und sah filigraner aus. Für den Ausritt ins Gelände war sie nun auch dank einer neuen Paralever-Schwinge und einer stabileren Lagerung zwischen Kardantunnel und Hinterachsgetriebe besser geeignet. Aus der stetigen Modellpflege stach die ab 2008 angehobene Leistung auf 105 PS, sowie die optional erhältliche elektronische Fahrwerksabstimmung »ESA« heraus.

> In dem Wort Reiseenduro steckt alles drin, was die R 1200 GS gut kann; ob Straße oder verschneite Schotterpiste – mit der schlanken Bajuwarin war und ist der Weltenbummler immer gut gerüstet.

> **Die neue R 1200 GS war filigraner und nicht nur deshalb 25 kg leichter als die Vorgängerin. Seit Jahren ist diese Maschine das meistverkaufte Motorrad in Deutschland.**

> **1978 hatte BMW die erste RT auf den Markt gebracht. 2005, mehr als ein Vierteljahrhundert später, schrieb die R 1200 RT die Erfolgsgeschichte der großen Tourenmaschine fort.**

R 1200 RT und ST

Das zweite Modell der neuen Boxergeneration war die ab Januar 2005 gefertigte R 1200 RT. Auch hier verhalfen das Mehr an Leistung (110 statt 98 PS) und das Weniger an Gewicht (immerhin 20 kg) zu mehr Dynamik. Zur vollen Leistungsentfaltung musste allerdings teures Superplus getankt werden. Interessant übrigens, wie im Jahre 2005 auch im Motorradbau ohne Elektronik fast nichts mehr ging: Die Motorsteuerung übernimmt Klopf- und Gemischregelung, die automatische Leerlaufregelung und die Kaltstartautomatik. Die EVO-Bremsen arbeiten mit Teilintegral-ABS und optional kann ein Electronic-Suspension-Adjustment geordert werden, welches das Fahrwerk per Knopfdruck den Straßenverhältnissen anpasst. Der zweiteilige Stahlrohr-Gitterrahmen mit mittragendem Motor war bei der R 1200 RT ebenso neu konstruiert worden, wie die Verkleidung mit markantem Scheinwerferbild und der um 140 mm verstellbaren Windschutzscheibe. Zwei Hartschalenkoffer, die je 32 Liter fassen, waren bei den RT-Modellen längst ebenso Standard wie die höhenverstellbare, zweiteilige Sitzbank.

Einige Wochen nach der RT brachte BMW noch rechtzeitig zu Saisonbeginn die R 1200 ST heraus. Auch hier kamen neben dem größeren Motor der neue Rahmen und die weiterentwickelte Paralever-Schwinge zum Einsatz. Markant, aber sicher gewöhnungsbedürftig war die von einem vertikal angeordneten Doppelscheinwerfer geprägte, kantige Front des Sport-Tourers, die von der Seite betrachtet dennoch ein harmonisches Gesamtbild ergab. Gemessen am angegrauten Design der R 1150 RS, die nun ihre Ablösung fand, erschien die ST geradezu jugendlich. Immerhin ein Gesicht in der Menge. Die Scheibe war ebenso höhenverstellbar wie die Lenkerhälften und die Sitzbank. Anders als bei der neuen RT musste das teilintegrale ABS bei der ST extra bestellt und bezahlt werden.

Chronik der R 1200-Modelle bis 2010

R 1200 GS	2004–2009	
2-Zyl.-4-Takt-Boxer	1200 cm³ hc	98/105 PS / 7000/7500 U/min
R 1200 RT	**2005–2009**	
2-Zyl.-4-Takt-Boxer	1200 cm³ hc	110 PS / 7500 U/min
R 1200 ST	**2005–2008**	
2-Zyl.-4-Takt-Boxer	1200 cm³ hc	110 PS / 7500 U/min
HP2 Enduro	**2005–2008**	
2-Zyl.-4-Takt-Boxer	1200 cm³ hc	105 PS / 7000 U/min
HP2 Megamoto	**2007–2010**	
2-Zyl.-4-Takt-Boxer	1200 cm³ hc	113 PS / 7500 U/min
R 1200 GS Adventure	**2006–2009**	
2-Zyl.-4-Takt-Boxer	1200 cm³ hc	98/105 PS / 7000/7500 U/min
R 1200 S	**2006–2008**	
2-Zyl.-4-Takt-Boxer	1200 cm³ hc	122 PS / 8250 U/min
R 1200 R	**2006–2010**	
2-Zyl.-4-Takt-Boxer	1200 cm³ hc	109 PS / 7500 U/min

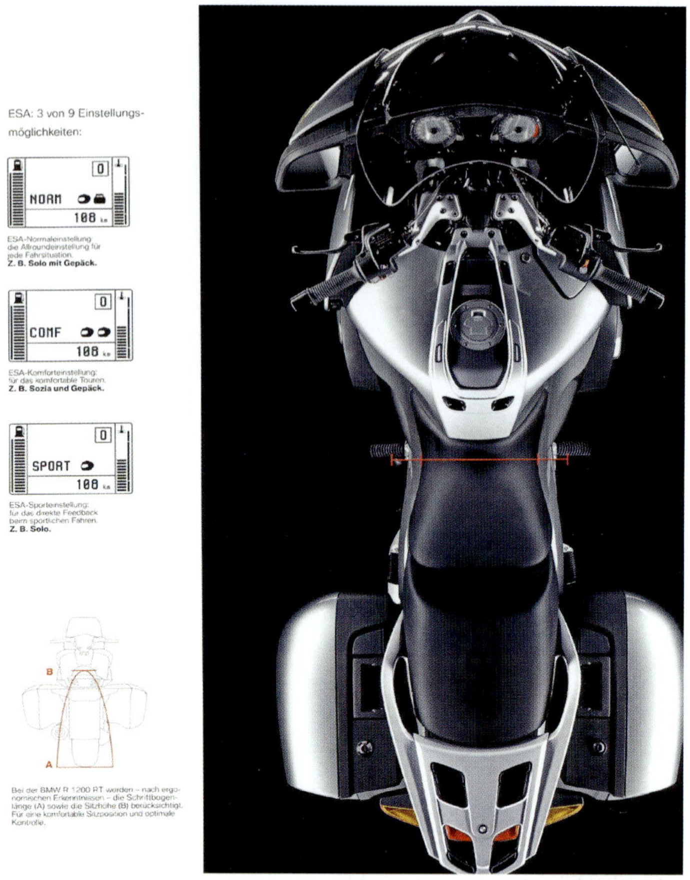
ESA: 3 von 9 Einstellungsmöglichkeiten:

NORM
108

ESA-Normaleinstellung: die Allroundeinstellung für jede Fahrsituation.
Z. B. Solo mit Gepäck.

COMF
108

ESA-Komforteinstellung: für das komfortable Touren.
Z. B. Sozia und Gepäck.

SPORT
108

ESA-Sporteinstellung: für das direkte Feedback beim sportlichen Fahren.
Z. B. Solo.

B
A

Bei der BMW R 1200 RT werden – nach ergonomischen Erkenntnissen – die Schrittbogenlänge (A) sowie die Sitzhöhe (B) berücksichtigt. Für eine komfortable Sitzposition und optimale Kontrolle.

> Der schon 2004 erschienene Prospekt für die R 1200 RT zeigte drei Beispiele für die Einstellung des »Electronic Suspension Adjustment« (ESA).

> Die Frontoptik der R 1200 ST mit dem hochgestellten Scheinwerfer war gewöhnungsbedürftig und sorgte sicher mit dafür, dass diese Maschine kein Hit wurde.

> 2005 löste die neue R 1200 ST die RS-Reihe ab. ST stand nun eindeutig für Sporttourer und konnte nicht mehr mit »Rennsport« verwechselt werden, wie das noch bei den Vorgängermodellen möglich war.

> Mit 110 PS, einem Drehmoment von 115 Nm und einem Leergewicht von nur noch 259 kg (20 kg weniger als die R 1150 RT!) war auch die Reise zu zweit und mit viel Gepäck für die neue R 1200 RT kein Problem.

> So sah das Fahrgestell der R 1200-Modelle im Allgemeinen und das für die R 1200 ST im Speziellen aus. Diese Kombination aus Telelever-Vorderradführung und Paralever-Kardanschwinge gab es nur bei BMW.

> Zum Jahreswechsel 2005/2006 stellte BMW die R 1200 RT als Behördenmodell vor – vor allem für den Polizei- und Eskorteneinsatz.

Die HP2-Enduro und Megamoto

Im sehr innovativen Jahr 2005 brachte BMW mit der Hardenduro HP2 schließlich noch einen richtigen Knaller heraus. Dabei handelte es sich nicht einfach um eine abgespeckte GS, sondern um ein – abgesehen vom Motor, dem lediglich die Ausgleichswelle entnommen worden war – völlig neu konstruiertes Sportgerät, dass vornehmlich im Gelände bewegt werden sollte und durchaus wettbewerbstauglich war. Dafür sorgten ein kräftiger Gitterrohrahmen, eine Upside-down-Gabel (kein Telelever!) mit 270 mm Federweg, das 21-Zoll-Vorderrad, und ein luftgefedertes (!) hinteres Federbein. Tatsächlich federte und dämpfte dies ausschließlich mit Luft, es gab weder eine Stahlfeder noch einen Tropfen Öl. Mit einer normalen Handpumpe konnte die Federung eingestellt und das Fahrzeugniveau ausbalanciert werden.

Auf jeglichen überflüssigen Schnickschnack wurde bei der HP2 verzichtet, selbst der Soziusplatz fiel dem kompromisslos auf Gelände getrimmten Konzept zum Opfer. Alles in allem eine Maschine für die Nische, und der Preis von 16.000 Euro sorgte sowieso für einen sehr eingeschränkten Interessentenkreis. Dessen war man sich bei BMW aber bewusst.

2007 stellten die Bayern der Enduro eine HP2 Megamoto zur Seite. Kürzere Federwege, 180er Niederquerschnittsreifen auf 17-Zoll-Felgen und eine doppelte Scheibenbremse vorn waren unter anderem die Zutaten. Die Motorleistung wurde auf 110 PS angehoben.

> Für betuchte Könner in der Kiesgrube: Die BMW HP2, das Angebot für Hardenduristen.

> HP stand für High Performance und davon hatte die 113 PS starke HP2 Megamotor jede Menge. Diese Maschine vereinte diverse Elemente aus dem BMW-Motorradbaukasten.

> Die Montage der Hardenduro HP2 begann 2005 im Berliner BMW-Werk. Das Jahr war eines der innovativsten in der BMW-Motorrad-geschichte.

> Das Fahrwerk der HP2 war eine völlige Neukonstruktion, ohne Telelever, dafür mit einem luftgefederten hinteren Federbein.

R 1200 GS Adventure und R 1200 S

Für die Saison 2006 legte BMW ab März des Jahres sogar noch mal eine Schippe drauf und offerierte weitere Modelle auch in der Boxer-Reihe. Die R 1200 GS Adventure löste nun auch das 1150er Modell ab und bot gegenüber der normalen GS wieder die klassischen Abenteuer- und Großreise-Spezialitäten: 33-Liter-Tank, höhenverstellbare Sitzbank, größerer Windschild, eine kräftige Gepäckbrücke aus Edelstahl, längere Federwege, eine wegeabhängige Dämpfung hinten, breitere Fußrasten mit verstellbaren Fußhebeln, Motor- und Sturzschutzbügel, verstellbarer Alu-Lenker mit Handprotektoren, Kreuzspeichenräder und mehr Leistung aus der Lichtmaschine. Damit hat die neue Adventure eine deutlich bessere Serienausstattung als ihre Vorgängerin, die sich die Bayern mit 13.762 Euro aber auch gut bezahlen lassen. Extras wie Zusatzscheinwerfer, Kofferset oder abschaltbares ABS gibt's natürlich noch oben drauf.

Im späteren Frühjahr 2006 erweiterte die R 1200 S die neue Boxer-Reihe um ein weiteres Modell und löste endlich die betagte R 1100 S ab. Nie war ein Bayern-Boxer sportlicher: 122 PS bei 8250 U/min bringen die 195 kg leichte Maschine schnell auf Renntempo. Dabei maßt sich BMW nicht an, mit dieser Maschine in die Reihe der Supersportler vorzudringen; vielmehr suchte man mit der Boxer-S traditionell die Ausgewogenheit, von sportlichem Fahren und Alltagstauglichkeit zu realisieren. Und das dürfte mehr denn je gelungen sein.

Das für bayerische Verhältnisse sehr mutige Design (das absichtlich an die gute alte R 1100 S angelehnt ist), der schmale Gesamtaufbau, der filigrane Gitterrohrrahmen und die 17-Zoll-Räder sorgen für richtig sportliches Aussehen, das mit diversen Extras weiter aufgewertet kaum noch an alte BMW-Zeiten erinnert. Wäre da nicht der in vielen Details gegenüber den anderen 1200er Modellen geänderte Boxer-Motor, der bis 8800 Touren drehen kann, und für den entsprechenden Vortrieb sorgt. Das optionale ABS – ohne Integralfunktion und Bremskraftverstärker – ist für den Alltag gut und kann für die Rennstrecke abgeschaltet werden. Die Kardan-Schwinge arbeitet mit wegeabhängigem Federbein wie bei der GS Adventure – je stärker die Einfederung, je straffer arbeiten Druck- und Zugstufendämpfung. 750 Euro war die neue »S« teurer als die alte. Auch für BMW-Fans kein Pappenstiel.

> Zwei Jahre nach der Einführung der R 1200 GS kam 2006 auch eine neue Adventure ins Programm und löste die erfolgreiche 1150er Vorgängerin ab.

> Die R 1200 GS Adventure hatte eine gute Serienausstattung; Zusatzscheinwerfer und Koffer mussten aber immer noch extra bezahlt werden.

> Die 1150 cm³ hatte die S-Baureihe ausgelassen und so löste erst 2006 die neue R 1200 S das äußerst beliebte Vorgängermodell 1100 S ab.

> Mit ihren 122 PS war die S die stärkste Maschine im Boxersegment und natürlich in erster Linie für sportliches Fahren gedacht. BMW bot aber auch ein kleines Kofferset für die längere Tour an.

Die R 1200 R komplettiert die neue Boxer-Reihe

Im Herbst 2006 wurde dann auch die R 1200 R für das neue Modelljahr fertig. Im Design sanft überarbeitet, blieb es eine echte »R«, für deren Motor die Ingenieure 109 PS zuließen. 215 km/h waren damit möglich – theoretisch, denn auf einem nackten Motorrad wird es schon lange vorher ungemütlich. Mittels Elektronik konnte auf einfaches Superbenzin oder gar Normal-Sprit umgeschaltet werden, den es allerdings bald in Deutschland nicht mehr gab. Das hintere Federbein ließ sich je nach Belastung einstellen, in der Basisversion blieb für den Sozius allerdings nur ein unbequemes Sitzbrötchen. Integral-ABS, optional mit Antischlupf-Kontrolle, und – ebenfalls optional – ein elektronisches Reifenkontrollsystem konnten für die neue nackte BMW geordert werden. Wer die Maschine ohne Extras orderte, musste 11.750 Euro hinblättern und bekam dafür ein Motorrad, bei dem der Spaßfaktor im Vordergrund stand.

> Wie inzwischen bei BMW üblich, erschien Ende 2006 die nackte R 1200 R als Letzte in der neuen Typenreihe. Die meisten Kritiken musste sich die Neue ob ihres schmalen Sitzbrötchens für den Sozius gefallen lassen.

> Die »R« war traditionell ein eher wenig gefragtes BMW-Modell, blieb als ehrliches Motorrad mit immer noch leicht konservativem Styling aber fester Bestandteil der Markenpalette.

> Mit der F 800 S startete BMW 2006 in eine neue Modellreihe mit Zweizylinder-Reihenmotoren, die es bis dahin noch nie von der Marke mit dem blauweißen Propeller gegeben hatte.

Mit neuen Motorenkonzepten
ins dritte Jahrtausend

Auf einem rückläufigen Motorradmarkt schickte sich BMW an, mit einer Modelloffensive der scheinbar übermächtigen Konkurrenz aus Fernost die Stirn zu bieten. Mit neuen Vier- und Zweizylinder-Reihenmotoren präsentierten sich die Bayern in einer bisher nicht gekannten Modellvielfalt.

Die K-Frage spielte in Bayern schon immer eine besondere Rolle. BMW beantwortete sie 2004 mit einem völlig neuen Sportler, der von einem Reihen-Vierzylindermotor, der quer zur Fahrtrichtung eingebaut war, angetrieben wurde. Also die klassische Vierzylinder-Anordnung, allerdings mit einem ungewöhnlichen Neigungswinkel von 55 Grad nach vorn. Ohne Ölwanne (Trockensumpfschmierung) ergab sich ein günstiger, tiefer Schwerpunkt. Auch noch nicht alltäglich war im Jahre 2004 die Betätigung der vier Ventile pro Zylinder mittels Schlepphebel.

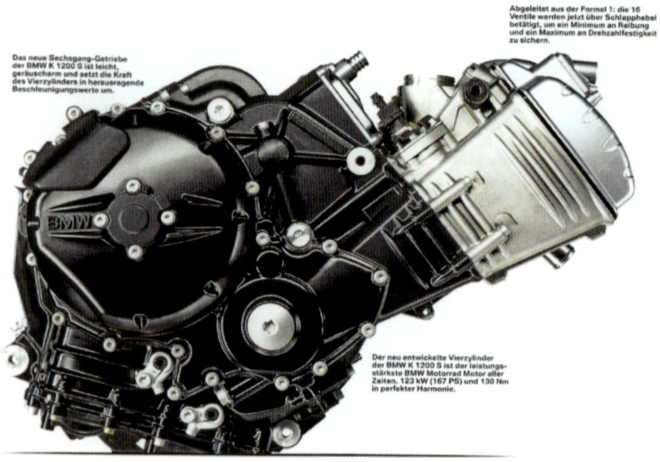

> Mit 167 PS konnten die Bayern endlich den großen japanischen Marken Paroli bieten. Dafür bedurfte es eines Vierzylinder-Reihenmotors in klassischer Anordnung, aber modernster Konstruktion.

Vierzylinder-Modelle mit quer liegender Kurbelwelle

In der neuen K 1200 S leistete der Motor 167 PS, das Drehmoment von 130 Newtonmeter stand bei moderaten 8250 U/min an, 90 waren es bereits bei 3000 Touren. Damit rückte nach langer Zeit wieder einmal eine BMW in die Spitze der serienmäßigen Sportmotorräder auf und mit dem neuen Fahrwerk vielleicht sogar ganz nach vorn. Gehalten von einem Aluminium-Brückenrahmen kam hinten wieder die gewohnte Paralever-Einarmschwinge, von einem Zentralfederbein gestützt, zum Einsatz. Bei den neuen K-Modellen war sie allerdings an der linken Fahrzeugseite angebracht. Die Vorderradführung war völlig neu – wenn man davon absieht, dass sie eine Weiterentwicklung der guten alten Trapezvordergabel (Parallelogrammgabel) ist.

Duolever nannte BMW die Federung, bei der zwei gegossene Aluträger, die das Vorderrad führen, vor dem Federungs-Parallelogramm drehbar gelagert waren. Das Federbein stützte sich am unteren Lenkungspunkt ab. Ein filigraner Dreieckslenker übertrug die Lenkbewegungen auf die ansonsten von der Lenkung getrennte Radführung samt Federung. Die Tester bescheinigten der K 1200 S ein hervorragendes Handling und eine Lenkpräzision auf höchstem Niveau. Während das Integral-ABS bei der neuen BMW zur Serienausstattung gehörte, musste das neue ESA-System (elektronische Einstellung von Federbasis und Dämpfung) extra bezahlt werden.

> Die K 1200 S war nicht nur das erste BMW-Motorrad mit dem neuen Vierzylinder-Motor, sie war auch die erste Maschine mit Duolever-Vorderradführung und neuer Paralever-Schwinge.

> Mit ihren 167 PS und einem Drehmoment von 130 Nm schaffte es die K 1200 S in 2,8 Sekunden von 0 auf 100 Stundenkilometer.

Roadster und Reisedampfer folgen

Als zweites Modell der neuen K-Reihe ging im Laufe des Jahres 2005 die K 1200 R in Serie. Ein Roadster-Modell wie man es bis dahin noch nicht gesehen hatte. Das aufregende, futuristische, aber auch gewöhnungsbedürftige Design, gepaart mit dem neuen Motor und dem neuen Fahrwerk (mit geringfügigen Änderungen) der K 1200 S, bescherte BMW das bis dato stärkste serienmäßige Naked Bike auf dem Motorradmarkt. Und katapultierte so den Begriff Roadster in eine für bayerische Verhältnisse neue Dimension.

Ende März 2006 kam dann die dritte Maschine der neuen K-Reihe auf den Markt, die K 1200 GT, die gleichzeitig das bisherige Modell gleichen Namens mit längs liegender Kurbelwelle ablöste. Mit 152 PS und einem auf hohes Drehmoment ausgelegten Motor präsentierten die Bayern den bisher stärksten Sporttourer ihrer Geschichte. Und auf Grund geringer Baubreite und flüssiger Linie auch den optisch dynamischsten. Technisch basiert die »Gran Turismo«, einschließlich des optionalen, elektrisch einstellbaren Federbeins, auf der K 1200 S. Serienmäßig sind einstellbare Sitzbank und verstellbarer Lenker, elektrisch höhenverstellbares Windschild, ein Koffersystem und das teilintegrale

> Im Jahre 2005 war die K 1200 R mit maximal 262 km/h das schnellste Naked Bike der Welt. Optisch war die Maschine für die klassische BMW-Kundschaft gewöhnungsbedürftig.

> Eine K 1200 R in der Power-Cup-Version. Der Power-Cup sollte 2005 den im Jahr zuvor zum letzten Mal ausgetragenen Boxer-Cup ablösen, kam aber nicht so recht in Gang.

> Als Sporttourer ging 2006 die BMW K 1200 GT an den Start. Mit 17.000 Euro in der Basisversion war sie die bis dahin teuerste BMW-Serienmaschine.

ABS. Das alles lassen sich die Bayern mit 17.000 Euro fürstlich bezahlen und mit diversen Sonderausstattungen sind auch die 20.000 schnell erreicht. Dafür gibt es schon ein ordentliches Auto der Mittelklasse. Was die Käufer der großen BMWs aber wohl kaum je interessiert hat.

Zwischen die K 1200 S und die K 1200 R schob BMW 2007 die K 1200 R Sport mit strömungsgünstiger Halbschalen-Verkleidung. Konservativ, aber durchaus schick versteckte diese Maschine die gewöhnungsbedürftige Frontansicht der nackten R, von der sie sonst aber alle Fahrwerks- und Motorkennzahlen übernahm.

Chronik der K 1200-Modelle mit quer liegender Kurbelwelle

K 1200 S	**2004–2008**	
4-Zyl.-4-Takt-Reihe	1200 cm³ dohc	167 PS / 10.250 U/min
K 1200 R	**2005–2008**	
4-Zyl.-4-Takt-Reihe	1200 cm³ dohc	163 PS / 10.250 U/min
K 1200 GT	**2006–2008**	
4-Zyl.-4-Takt-Reihe	1200 cm³ dohc	152 PS / 9500 U/min
K 1200 R Sport	**2007–2008**	
4-Zyl.-4-Takt-Reihe	1200 cm³ dohc	163 PS / 10.250 U/min

> Setzte sich im BMW-Programm nicht durch: Die K 1200 R Sport versteckte die unsymmetrische Frontpartie der nackten Schwester hinter einer knappen Verkleidung.

Ein neuer Zweizylinder-Reihenmotor

Ende September 2005 stellte BMW mit der F 800 S ein Motorrad mit Zweizylinder-Reihenmotor vor, der eine völlige Neukonstruktion und nicht von den vorher beschriebenen K-Modellen abgeleitet war. Wenngleich sich die Brennraumgestaltung an den Vierzylinder anlehnte. Entwickelt wurde das Vierventil-Triebwerk zusammen mit der Bombardier-Rotax GmbH; die Österreicher übernahmen auch die Fertigung des 85 PS leistenden Zweizylinders.

Die F 800 S – das S stand wieder für »Sportler« – begründete nun eine vierte Modellreihe bei BMW, die beim Hinterradantrieb auf den schon von der F 650 CS bekannten Zahnriemen setzte. Das Vorderrad wird von einer normalen Telegabel mit 43er Standrohren geführt. Der Einstieg in die neue BMW-Mittelklasse war ab 8.450 Euro möglich, ausgeliefert wurde Schwester S ab dem Frühjahr 2006.

Es war dann schon Frühsommer, als die voll verkleidete F 800 ST bei den Händlern auftauchte. Der Sporttourer hatte gegenüber der S außerdem ein höheres Windschild, eine Alugepäckbrücke und einen höheren Lenker, der für eine bequemere Sitzposition sorgte. Die Sitzbank war bei beiden F-Modellen identisch und sorgte dafür, dass sich auch der Sozius wohlfühlte. 700 Euro kostete die Reiselimousine mehr als der Sportler. Eine Drosselung auf 34 PS war für beide F-Modelle möglich.

Die Zweizylinder-F-Reihe wird ausgebaut

Als 2008 eine neue F 650 GS ins BMW-Programm kam, musste man sich erst mal die Augen reiben. Denn es handelte sich eben nicht um einen Nachfolger der seit 1993 gebauten Singles, sondern um eine neue Maschine mit dem modifizierten 798-cm^3-Zweizylindermotor, der schon in der F 800 steckte. Hier allerdings auf 71 PS reduziert. Und anders als bei S und ST steckte diese »800er« in einem Gitterrohrrahmen und musste mit einer Bremsscheibe am Vorderrad auskommen. Für 7.900 Euro war die Basisversion zu haben und wie die anderen

> Die F 800 S mit Zweizylinder-Reihenmotor und Zahnriemenantrieb begründete eine weitere neue Motorradgeneration von BMW. Erstmals gezeigt im Herbst 2005, ging sie für die Saison 2006 in Serie.

> ST stand bei den neuen 800ern wieder für Sporttourer, der gleichzeitig mit dem S-Modell für 9.140 Euro auf den Markt kam.

> Der Zweizylinder-Motor für die neue BMW-F-Reihe wurde seit 2002 von BMW und Rotax gemeinsam entwickelt. Der flüssigkeitsgekühlte dohc-Motor entwickelte 86 Nm bei 5800 U/min.

F-Typen schlug auch diese Zweizylinder-Maschine auf dem Markt voll ein und verkaufte sich prächtig. Anders als die zuletzt schwächelnde Einzylinder-F 650, die von dem neuen Modell mit gleicher Bezeichnung beerbt wurde.

Fürs Gelände war die neue F 650 GS nur bedingt geeignet, besser konnte das die F 800 GS, die ab 2008 als kleine Schwester der großen 1200er zur Seite gestellt wurde. Hier leistete der gegenüber der 800 S überarbeitete Twin wieder 85 PS bei nur noch 7500 U/min; die langen Federwege und das 21-Zoll-Vorderrad luden auf die Schotterpiste ein und die zwei Bremsscheiben vorn hatten jede Verzögerung gut im Griff. Die kleine GS räuberte kaum im Revier der Großen, vielmehr zog sie Interessenten an, die zuvor auf einer Honda Africa Twin oder einer Yamaha Super Tenere gesessen haben.

Mit der Optik der 800er GS konnte ab 2012 auch die F 650 GS als Sondermodell »Sonnengelb« aufwarten, gleichzeitig war die F 800 GS mit Motorschutz und Handprotektoren als Sondermodell »Trophy« zu haben. Und ganz in Schwarz gekleidet bot sie BMW als »Tripple Black« an.

> Die ab 2008 ins Programm genommene F 650 GS hatte zwei Zylinder und eröffnete als preiswertes Basismodell den Einstieg in die 800er Klasse.

> Anders als bei S und ST basierte das Fahrwerk der GS-Modelle auf einem Gitterrohrrahmen. Hier das Trieb- und Fahrwerk der neuen F 800 GS.

> Die F 800 GS war im Gegensatz zur 650er eine echte »GS«, also sozusagen die kleine Schwester der großen Boxermaschine, mit der man auch mal einen Ritt ins Gelände wagen konnte.

> Als Sondermodell »Sonnengelb« war die F 650 GS 2012 für 8.350 Euro im Design der »echten« 800er GS zu haben.

> Und noch ein Sondermodell der F 650 GS in den bayerischen Landesfarben anlässlich 90 Jahre Motorradfertigung bei BMW.

> Für die F 800 GS stand 2012 das Sondermodell »Tripple Black« im Angebotskatalog von BMW.

Die nackte »R« setzt den vorläufigen Schlusspunkt

Die 800er Modelle verkauften sich gut, die nackte K 1200/1300 R war ebenfalls begehrt, also was lag näher, als in der Twin-Reihe noch eine nackte F 800 R nachzuschieben? 2009 kam die Maschine, die optisch (unter anderem mit dem asymmetrischen Doppelscheinwerfer) an die große Schwester angelehnt war, auf den Markt und setzte sich mit ihrem moderaten Preis (8.100 Euro 2010) schnell gegen so manche Konkurrenz aus Fernost durch. 210 km/h waren mit dem 87-PS-Motor theoretisch möglich, die Rennstrecke war aber nicht das Metier dieser Maschine. Die kürzer übersetzten Gänge 4–6 luden vielmehr zum Kurvenräubern auf der Landstraße ein. Wie bei den GS-Modellen, aber anders als bei der F 800 S/ST, lief das Hinterrad in einer Zweiarmschwinge und wurde mittels Kette anstelle des Zahnriemens angetrieben.

Der Stuntman Chris Pfeiffer hatte mit einer selbst nackt gemachten F 800 S und dem Stuntwelt- und Europameistertitel für Furore gesorgt, noch bevor es die R 800 R überhaupt gab. Immerhin sah sich BMW veranlasst, 2010 eine dreifach lackierte R 800 R als Chris Pfeiffer-Replica ins Programm aufzunehmen.

Als neues Modell muss die 2015 auf den Markt gekommene F 800 R bezeichnet werden. Unter anderem neue Scheinwerfer, eine Upside-down-Gabel anstelle der herkömmlichen Telegabel, radial verschraubte Bremssättel, eine angenehmere und tiefere Sitzposition und nicht zuletzt die um drei PS gesteigerte Motorleistung sollte das Modell noch einsteigerfreundlicher machen. Eine Drosselung auf 48 PS war möglich.

> Stuntman Chris Pfeiffer ließ im Auftrag von BMW mit einer F 800 R den Asphalt gummieren.

Chronik der Zweizylinder-F-Modelle

F 800 S	2006–2010	
2-Zyl.-4-Takt-Reihe	800 cm³ dohc	85 PS / 8000 U/min
F 800 ST	**2006–2012**	
2-Zyl.-4-Takt-Reihe	800 cm³ dohc	85 PS / 8000 U/min
F 650 GS	**2008–2012**	
2-Zyl.-4-Takt-Reihe	800 cm³ dohc	71 PS / 7000 U/min
F 800 GS	**2008–2017**	
2-Zyl.-4-Takt-Reihe	800 cm³ dohc	85 PS / 7500 U/min
F 800 R	**2009–2014**	
2-Zyl.-4-Takt-Reihe	800 cm³ dohc	87 PS / 8000 U/min
F 700 GS	**2013–2017**	
2-Zyl.-4-Takt-Reihe	800 cm³ dohc	75 PS / 7300 U/min
F 800 GT	**2013–2018**	
2-Zyl.-4-Takt-Reihe	800 cm³ dohc	90 PS / 8000 U/min
F 800 GS Adventure	**2014–2018**	
2-Zyl.-4-Takt-Reihe	800 cm³ dohc	85 PS / 7500 U/min
F 800 R	**2015–2019**	
2-Zyl.-4-Takt-Reihe	800 cm³ dohc	90 PS / 8000 U/min

> Als Einstieg ins F 800-Programm sah BMW ab 2009 die F 800 R vor. Das Design mit der asymmetrischen Beleuchtungseinheit lehnte sich ein wenig an die große K-Schwester an, war aber ansonsten eine typische 800er.

> Mit veränderter Optik und vielen überarbeiteten Details erschien 2015 für 8.900 Euro eine neue F 800 R, die noch einsteigerfreundlicher sein sollte als das Vorgängermodell.

Alter Wein in neuen Schläuchen

Fünf Jahre lang war es für alle Beteiligten schwierig, die F 650 GS mit dem 800er Twin ins BMW-Programm einzuordnen. Für das Modelljahr 2013 verpassten die Ingenieure dem Einstiegsmodell nun 4 PS mehr Leistung (75 statt 71), eine zweite Bremsscheibe für das Vorderrad, eine neue, sehr bequeme Sitzbank und nannten das Ganze F 700 GS. Mit 8.750 Euro lag das Zweizylinder-Einstiegsmodell (das auf jetzt versicherungsgünstige 48 PS gedrosselt werden konnte) glatte zwei große Scheine unter der »echten« F 800 GS.
Und noch eine 800er startete runderneuert ins 90. Jubiläumsjahr der BMW-Motorräder. Die F 800 GT löste 2013 die ST als Tourenmaschine ab. Ein höherer Lenker, eine größere Scheibe in Verbindung mit einer neuen Verkleidung, eine neue Sitzbank und das serienmäßige ABS verbesserten die Reisetauglichkeit; die auf 90 PS gestiegene Motorleistung machte den nur 213 kg schweren Tourer agiler. Für alle F-Modelle gab es jetzt optional das ESA fürs hintere Federbein und die Antischlupfregelung ASC. Für die 11 Kilogramm, die der GT gegenüber der ST mehr aufgebürdet werden durften, konnten neue Reisekoffer geordert werden.
Und das musste ja kommen: Ab 2014 gab es die F 800 GS auch in der Version »Adventure«. Für den von 16 auf 24 Liter vergrößerten Tank musste das Rahmenheck geändert werden, da die F-Modelle ja nach wie vor den Tank unter der Sitzbank haben. Um den Tank herum waren Stahlrohr-Kofferhalter geführt, die gleichzeitig als Schutzbügel dienten. Handprotektoren, größeres Windschild und Motorschutzbügel gehörten zusammen mit der komfortableren Sitzbank zur Serienausstattung, die sich BMW mit 1.200 Euro extra gegenüber der normalen F 800 GS bezahlen ließ. Fahr- und Triebwerk blieben unverändert.

> Optisch lagen F 800 GS (links) und F 700 GS gar nicht so weit auseinander, technisch und preislich trennten sie aber schon fast Welten.

> Zum Neuheitenfeuerwerk des Jubiläumsjahres 2013 gehörte auch die F 800 GT, die mit vielen Verbesserungen das Modell ST ablöste.

> Für die elf Kilogramm, die die F 800 GT gegenüber der ST mehr laden konnte, hielt BMW im Zubehörprogramm selbstverständlich die richtigen Koffer bereit.

> Wie bei der großen Adventure waren auch ins 800er Paket viele Extras eingebaut worden, die Koffer fürs große Abenteuer mussten aber stets extra bezahlt werden.

> Behördenmodelle gehörten seit eh und je zum Motorradprogramm von BMW. Neben anderen größeren Maschinen war diese F 700 GS in Polizeiuniform vor allem für den Export gedacht.

Einzylinder-Maschinen noch gefragt?

Die Zeiten der einst gefeierten F 650 mit ihren Rekordverkaufszahlen waren längst vorbei, ihre Nachfolger F 650 GS und GS Dakar dümpelten am Ende nur noch so vor sich hin. Leider waren diese Single-Allrounder, die auch gerne mal eine größere Tour vertrugen, nicht mehr sonderlich gefragt. BMW nutzte zwei alte Bekannte, um für das Modelljahr 2007 gleich drei neue Einzylinder-Maschinen vorzustellen: Das Montagewerk von Aprilia und den Rotax-Motor, der immer noch in den F 650-Modellen seinen Dienst tat. Jetzt leicht überarbeitet (weniger Schwungmasse, neue elektronische Steuerung), bildete er, in einem Einheitsrahmen (Stahlbrücke mit Aluschwingenaufnahme) sitzend, die Basis der drei neuen G-650-Modelle Xcountry, Xchallange und Xmoto.

Dabei war die G 650 Xcountry der Allrounder in der Scrambler-Tradition, der sich auf der Straße gut hielt und auch mal einen leichten Ritt ins Gelände mitmachte. 8.162 Euro waren 2008 für die spartanisch ausgestatte Maschine (selbst Soziusfußrasten waren extra zu bezahlen) kein Pappenstiel und schreckte die Kundschaft von Anfang an ab.

Noch mal 300 Euro obendrauf kostete die G 650 Xchallenge, die mit 21-Zoll-Vorderrad, HP2-Luftfederbein und Entenschnabel die Offroad-Version der neuen G-Reihe darstellte. Sich hier aber harter (und preiswerterer) Konkurrenz, etwa der Yamaha XT 660 R oder der Husqvarna TE 610 erwehren musste und sich dabei schwer tat.

Nicht anders erging es der G 650 Xmoto, die mit 8.962 Euro ein echtes Luxusgut darstellte, aber nicht an die Konkurrenz, zum Beispiel der KTM 690 Supermoto, heranreichte. Alle G-Modelle waren für rund 800 Euro Aufpreis mit ABS lieferbar.

> **Der neue Einzylinder-Motor war ein alter Bekannter, der, etwas erleichtert und in der Leistung optimiert (53 PS), ab 2007 in den neuen BMW-G-Modellen seinen Dienst versah.**

> **Für den Ritt ins Gelände war die G 650 Xchallenge gedacht. Wettbewerbsfähig war sie dabei allerdings nicht, taugte aber als Trainingsgerät für Einsteiger.**

> **Wenigstens eine Supermoto-Maschine musste jeder Motorradhersteller im Programm haben. Bei BMW hieß sie G 650 Xmoto.**

> Rahmen und Schwinge war den X-Einzylindern gemein, das Luftfederbein, die Upside-down-Gabel und das 21-Zoll-Vorderrad lassen hier das Fahrwerk der Xchallenge erkennen.

> Die G 650 Xcountry war der Allrounder in der neuen G-Troika und sollte so ein wenig die alten F-Einzylindermodelle ersetzen, was ihr aber nicht gelang.

Die Sportenduro G 450 X

Ein Paukenschlag war es, als BMW im Herbst 2007 verkündete, den traditionsreichen Offroad-Hersteller Husqvarna übernommen zu haben. Allerdings machten sich die Bayern damit Konkurrenz im eigenen Hause für ein Projekt, das 2007 noch im Prototypenstadium steckte und ab 2008 offiziell zum Kauf angeboten wurde: Die BMW G 450 X, eine echte Wettbewerbsenduro mit einem völlig neu konstruierten (und in Taiwan gebauten) Motor und unkonventionellen Konstruktionsmerkmalen (z. B. Hinterradschwinge in der hohlgebohrten Getriebeausgangswelle gelagert). Werkseitig ab 2007 in der Deutschen Enduromeisterschaft eingesetzt, gewann Simo Kirssi ein Jahr später den Titel in der German Cross Country. Das interessierte aber wohl kaum jemanden, denn die ab Mitte 2008 für 8.500 Euro käuflich zu erwerbende Maschine fand nur wenige Interessenten und konnte sich in der Folge sportlich kaum mehr im Wettbewerb durchsetzen, während der Werksprototyp unter Juha Salminen 2010 Enduro-Vizeweltmeister wurde. 2011 stellte BMW die Fertigung ein und übertrug wesentliche Konstruktionsdetails auf die Marke Husqvarna.

> 2007 war Simo Kirssi noch mit einem Prototyp der G 450 X unterwegs (Foto), im Jahr darauf gewann er die German Cross Country.

Chronik der Einzylinder-G-Modelle

G 650 Xcountry	2007–2010	
1-Zyl.-4-Takt	650 cm³ dohc	53 PS / 7000 U/min
G 650 Xchallenge	**2007–2010**	
1-Zyl.-4-Takt	650 cm³ dohc	53 PS / 7000 U/min
G 650 Xmoto	**2007–2010**	
1-Zyl.-4-Takt	650 cm³ dohc	53 PS / 7000 U/min
G 450 X	**2007–2011**	
1-Zyl.-4-Takt	450 cm³ dohc	52 PS / 9000 U/min
G 650 GS	**2011–2015**	
1-Zyl.-4-Takt	650 cm³ dohc	48 PS / 6500 U/min
G 650 GS Sertao	**2013–2015**	
1-Zyl.-4-Takt	650 cm³ dohc	48 PS / 6500 U/min

> 2008 konnte die G 450 X käuflich erworben werden. Weil sie aber schnell an Wettbewerbsfähigkeit und an Kundeninteresse verlor, wurde ihre Fertigung zugunsten der jetzt hauseigenen Husqvarna-Maschinen bald wieder eingestellt.

Ein neuer Anlauf in der G-Klasse

Die Einzylinder-G-Modelle konnten die Verkaufserwartungen nicht erfüllen. Das besserte sich auch nicht, als bekannt wurde, dass BMW die Motoren in China fertigen ließ, was deren Qualität aber keinen Abbruch tat! 2010 stellten die Bayern die Fertigung der Maschinen ein und präsentierten für 2011 eine neue alte Bekannte: Aus der ehemaligen Einzylinder-F 650 GS wurde nun unter anderem mittels Gussräder, neuer Scheinwerfer mit Windschild und neuer Armaturen die G 650 GS. Optisch war die Maschine vom Schnabel bis zur Sitzbank stark an die alte 650er angelehnt und fügte sich sofort gut ins BMW-Programm ein. Wegen der ab 2013 geltenden Führerscheinregelung für Neueinsteiger war der Motor auf 48 PS gedrosselt worden, erhielt aber auch weiterhin beste Noten von Testern und Kunden. Die freuten sich zudem über den Preis von 6.900 Euro (2012), der endlich wieder zu einem Einstiegsmodell passte.

Nachdem also die gute alte F 650 GS zurückgekehrt war, war auch der Weg frei für eine neue Dakar-Version. Die hieß ab 2013 »Sertao« (nach einer Halbwüste in Brasilien), hatte Speichenräder (vorn 21 Zoll), deutlich längere Federwege (210 mm), eine höhere Scheibe, Motorschutz, Handprotektoren und einen längeren Schnabel. Verglichen mit den vorherigen G-Modellen war der Einstieg von 8.050 Euro für diese Maschine ein fairer Preis.

> **Die G 650 GS war der echte Nachfolger der einzylindrigen F 650 GS. Und wie damals erhielt der Käufer auch jetzt viel Motorrad zu einem angemessenen Preis.**

> **Wie einst die »Dakar«, war die G 650 GS Sertao die mehr nach Schotterpiste aussehende kleine Reiseenduro mit einem sehr guten Preis-Leistungsverhältnis.**

> Mit der R nineT konnte BMW neue Käuferschichten erschließen. Schon zu Beginn des Jahres 2014 war die gesamte Jahresproduktion ausverkauft.

Auf dem Weg zum 100. Geburtstag

Rund 100.000 Motorräder baute BMW inzwischen jährlich, wovon knapp 20 Prozent in Deutschland blieben. Damit war man klar Marktführer und baute zudem mit der R 1200 GS das seit Jahren in Deutschland und vielen anderen Ländern meistverkaufte Motorrad. War das letzte BMW-Jahrzehnt schon geprägt von Innovationen, neuen Konzepten und Modellreihen, so begann 2010 ein neues Kapitel in der Geschichtsschreibung von BMW-Motorrad. Neben der Renovierung nahezu aller Motorenbaureihen, der Einführung eines echten Supersportlers und der Präsentation eines Sechszylindermotors war es auch der Wiedereinstieg in den Motorrollerbau, der die Münchner fast zum Komplettanbieter machte. Fast – denn eine jugendfreundliche 125er fehlt bis heute.

> Eine K 1300 R von 2010 sah dem 1200er Modell noch sehr ähnlich, hatte sich technisch aber enorm weiterentwickelt.

Aus K 1200 wird K 1300

Den Anfang hatten schon 2009 die K-Modelle mit querliegender Kurbelwelle gemacht, deren Motor von 1157 cm³ auf 1293 cm³ Hubraum vergrößert worden war. Dabei wuchs die Spitzenleistung um rund zehn PS und das Drehmoment konnte schon bei niedrigen Drehzahlen deutlich zulegen. Ein neues Getriebe und eine jetzt zweigeteilte Kardanwelle mit Ruckdämpfer setzten die Leistung in Vortrieb um. Das überarbeitete Duolever stabilisierte die Vorderradführung. Optisch waren die Retuschen der neuen 1300er marginal. So zeigte die K 1300 R einen neuen Endschalldämpfer und neue Armaturen. Die fanden sich auch an der K 1300 GT, deren Verkleidung samt Beleuchtungselementen sanft überarbeitet erschien. Abgesehen von der HP2 Sport blieb die große GT mit 17.600 Euro die teuerste BMW-Serienmaschine. Das sinnvolle elektronische Fahrwerk ESA (mit neuen Einstellmöglichkeiten vom Fahrersitz aus) kam da noch oben drauf.

175 PS ließen die Ingenieure für die neue K 1300 S zu, was vor allem dem sowieso schon guten Durchzugsvermögen zu Gute kam. Auch

> Im Laufe der Jahre erfuhren die K-Modelle leichte Überarbeitungen, im Bild eine K 1300 R von 2012. Basispreis: 13.900 Euro.

das neue S-Modell war vor allem an der überarbeiteten Verkleidung zu erkennen. Im Laufe ihrer Produktionszeit boten die Marketingstrategen diverse Sondermodelle der S an. So etwa 2012 das Modell K 1300 S/HP mit serienmäßigem ESA, Schaltassistenten, Reifendruckkontrolle Heizgriffen usw. 2013 wurden diese Extras in die Edition 30 Jahre K-Modell übernommen und für 2015 brachte BMW eine K 1300 S/Motorsport als Sondermodell auf den Markt.

Chronik der K 1300- und K 1600-Modelle

K 1300 R	**2009–2015**	
4-Zyl.-4-Takt-Reihe	1300 cm³ dohc	173 PS / 9250 U/min
K 1300 S	**2009–2015**	
4-Zyl.-4-Takt-Reihe	1300 cm³ dohc	175 PS / 9250 U/min
K 1300 GT	**2009–2011**	
4-Zyl.-4-Takt-Reihe	1300 cm³ dohc	160 PS / 9000 U/min
K 1600 GT	**2011–2021**	
6-Zyl.-4-Takt-Reihe	1650 cm³ dohc	160 PS / 7750 U/min
K 1600 GTL	**2011–2021**	
6-Zyl.-4-Takt-Reihe	1650 cm³ dohc	160 PS / 7750 U/min

> Die K 1300 GT blieb vorerst der komfortabelste, aber auch teuerste Tourer von BMW. Bei seinem Erscheinen 2009 wurde aber auch schon an seiner Ablösung gearbeitet.

> Mit 175 PS war die K 1300 S das stärkste Bike der K-Reihe. Racing-Orange war da die passende Farbe für den Sportler.

BMW K 1600 GT / GTL

Schon 2011 wurde die Fertigung der K 1300 GT zugunsten der neuen 1600er eingestellt. BMW war inzwischen mit Abstand Marktführer in Deutschland, die Käufer wurden immer älter und hatten immer mehr Geld zur Verfügung. Da war ein Sechszylinder-Bike eigentlich nur konsequent, zumal BMW hier auf dem Automobilsektor seit Jahrzehnten eine Vorreiterrolle einnahm. Der neue Reihensechszylinder baute nur 13 cm breiter als der 1300er, was die Silhouette schlank und das Handling sowieso BMW-gewohnt leichtfüßig machte. Während die Techniker die Höchstleistung bei moderaten 160 PS beließen, stieg das Drehmoment auf gewaltige 175 Nm bei nur 5250 U/min, was die große GT zum Raumgleiter werden ließ.

2012 kostete das Bike 20.200 Euro, Traktionskontrolle mit Schräglagensensor und ESA II kamen extra dazu. Und wer es auf der großen Reise noch komfortabler haben wollte und 2000 Euro extra übrig hatte, konnte sich die K 1300 GTL unter anderem mit gemütlicher Couch, Audiosystem (mit Navivorbereitung), vorverlegten Fußrasten und Topcase bestellen. Kurvenlicht, Soziusarmlehnen und vieles andere mehr war optional erhältlich. Mit dem etwas größeren Tank (26,5 Liter) wog die Maschine 348 Kilogramm – auch das ein Rekord für ein BMW-Motorrad.

> Die K 1600 GT (rechts) erblickte, wie auch ihre noch üppiger bestückte Schwester K 1600 GTL, im Jahre 2011 die Verkaufsräume der BMW-Händler.

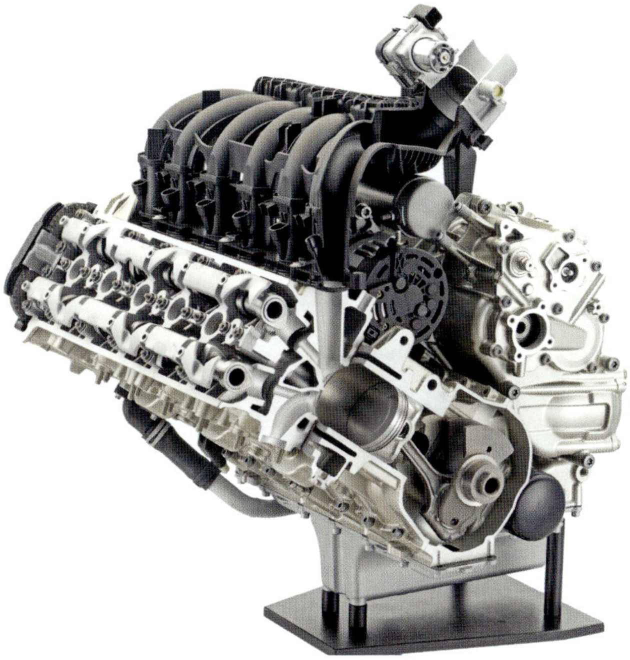

> In Sachen Sechszylinder-Motoren hatte BMW aus der Automobilsparte jede Menge Erfahrung. Das zahlte sich auch für den Motorradantrieb aus, der mit seinem mächtigen Drehmoment die ideale Befeuerung für eine große Reisemaschine war.

> Dieses offizielle Pressefoto der K 1600 GT entstand noch im Herbst 2010. Das 319 kg schwere Motorrad ließ sich federleicht dirigieren.

Schon 2014 hielt BMW für die beiden 1600er je ein Sondermodell bereit. Die K 1600 GT/Sport glänzte mit einer Zweifarb-Lackierung, schwarz glänzenden Felgen, einer etwas anderen Sitzbank und einer niedrigeren Scheibe. Die K 1600 GTL/Exclusive wartete mit einem schlüssellosen Startsystem, Nebelscheinwerfern, beheizter Rückenlehne, Armlehnen, Anfahrhilfe und Kurvenlicht auf. Damit näherte sich diese Maschine bedenklich der 30.000 Euro-Grenze; ein Navigationsgerät musste immer noch extra bezahlt werden.

> Stolz prangt die »6« am Motorgehäuse der K 1600 GTL und tatsächlich baute der Sechszylinder nicht sehr viel breiter als mancher Reihenvierer.

> Die K 1600 GTL/Exclusive war gegenüber der Basismaschine deutlich massiver – vor allem mit Elektronik – aufgerüstet und war entsprechend über 6.000 Euro teurer.

> Die K 1600 GT/Sport wartete 2014 mit ein paar wenigen, sportlich angehauchten Features auf und kostete gut 400 Euro mehr als das Basismodell.

Der Boxer wird renoviert

Es gab die HP2 Enduro und die HP2 Super Moto, fehlte also noch ein Sportler mit »High Performance«. Der erschien als HP2 Sport 2008, basierte auf der R 1200 S und war auf Anhieb der bis dahin schnellste und mit 21.600 Euro auch teuerste Serienboxer aller Zeiten. Extremer Leichtbau bis ins Detail mit viel Kohlefaser, Federelementen und Bremsen aus dem Rennsport und geschmiedeten Leichtmetallrädern, um nur einige Besonderheiten dieser besonderen BMW zu nennen. 130 PS stemmte der Motor dank zweier obenliegender Nockenwellen pro Zylinder und der damit möglichen Drehzahlreserve.

2010 hielt die neue Boxermotor-Konstruktion mit je zwei obenliegenden Nockenwellen und radial angeordneten Ventilen bei den 1200er Serienmaschinen R 1200 GS, R 1200 GS Adventure und R 1200 RT Einzug. Während bei den GS-Varianten die Motorleistung auf 110 PS stieg, beließ man die schon zuvor bei der RT erreichten 110 PS zugunsten eines etwas höheren Drehmoments. Optisch blieben die Maschinen gegenüber der ab 2004 eingeführten Baureihe nahezu unverändert, waren aber an den neuen Ventildecken gut erkennbar.

Wie immer musste die R 1200 R auch jetzt die Rolle des Nachzüglers übernehmen und erschien erst 2011 dann ebenfalls mit dem neuen Boxermotor. Auch hier änderte sich optisch nicht viel; ein kürzerer, jetzt gebürsteter Auspufftopf, dickere Gabelstandrohre und der jetzt serienmäßige Hauptständer waren schon fast alles. Und nur Drahtspeichenräder, schwarze Lackierung, silberne Fahrwerksteile und ein verchromter Auspuff machten den Unterschied zwischen der gleichzeitig angebotenen R 1200 R Classic und der normalen R aus. Die 800 Euro Mehrpreis wollte dafür kaum jemand bezahlen.

> **Die HP2 Sport mit dem neuen Boxermotor mit zwei im Kopf liegenden Nockenwellen war bis ins letzte Detail auf Rennstrecke getrimmt.**

Chronik der R 1200-Modelle mit zwei obenliegenden Nockenwellen

HP2 Sport	2008–2011	
2-Zyl.-4-Takt-Boxer	1200 cm³ dohc	130 PS / 8750 U/min
R 1200 GS	**2010–2012**	
2-Zyl.-4-Takt-Boxer	1200 cm³ dohc	110 PS / 7750 U/min
R 1200 GS Adventure	**2010–2013**	
2-Zyl.-4-Takt-Boxer	1200 cm³ dohc	110 PS / 7750 U/min
R 1200 RT	**2010–2013**	
2-Zyl.-4-Takt-Boxer	1200 cm³ dohc	110 PS / 7750 U/min
R 1200 R	**2011–2014**	
2-Zyl.-4-Takt-Boxer	1200 cm³ dohc	110 PS / 7750 U/min
R 1200 R Classic	**2011–2014**	
2-Zyl.-4-Takt-Boxer	1200 cm³ dohc	110 PS / 7750 U/min
R nineT	**2013–2020**	
2-Zyl.-4-Takt-Boxer	1200 cm³ dohc	110 PS / 7750 U/min

> Anlässlich 30 Jahre GS-Motorräder von BMW konnte 2010 auch dieses Sondermodell einer R 1200 GS erworben werden.

> Eine R 1200 GS, Baujahr 2010 und jetzt erkennbar an den neuen Ventildeckeln. Die Koffer mussten extra bezahlt werden.

> Auch die R 1200 GS Adventure war mit der neuen Ventilsteuerung und – wie im Bild – als Jubiläumsmaschine 30 Jahre GS erhältlich.

> Die R 1200 RT, Baujahr 2010, mit dem neuen Motor und zusätzlichen Schutzkappen auf dem Zylinderdeckel.

> Die nackte R 1200 R war wie immer die Letzte aus der Reihe, die in den Genuss neuer Konstruktionsdetails kam. 2011 erhielt auch sie den 110-PS-Boxer.

90 – nineT – Jahre BMW-Motorräder

Zu den R 1200-Modellen mit zwei obenliegenden Nockenwellen muss auch die Jubiläumsmaschine R nineT gezählt werden, die im Herbst 2013 vorgestellt wurde und deren Jahresproduktion 2014 im Handumdrehen ausverkauft war. Im Vorfeld war viel spekuliert worden, wie der angekündigte klassische Roadster denn aussehen würde, am Ende war es nicht wirklich spektakulär. Klar machten Drahtspeichenräder mit Bobberbereifung, freistehende, runde Scheinwerfer, ebensolche Instrumente und der modular aufgebaute Stahl-Gitterrohrrahmen mit abnehmbarem Heck (und dem coolen Soloauftritt vor der Eisdiele) schon was her. Dazu gab es eine Upside-down-Gabel anstelle des Telelever und zwei nach links herausgezogene Auspufftöpfe. Mit entsprechendem Zubehör sollte die R nineT sogar reisetauglich sein. Und dafür knapp 2000 Euro mehr hinlegen als für eine R 1200 R? Ja sagt die Kundschaft, auch die, die nie im Leben BMW fahren wollte.

Ein Supersportler mit 1000 Kubik

Schon 2009 war BMW mit der S 1000 RR in der Superbike-WM gestartet, zunächst um Erfahrung zu sammeln und Lehrgeld zu bezahlen (siehe nächstes Kapitel). So war es jedenfalls keine große Überraschung mehr, dass die Maschine 2010 für rund 15.500 Euro als Serienprodukt zu den Händlern rollte. Und sich auf Anhieb in der BMW-Verkaufsrangliste hinter dem Topseller R 1200 GS einreihte. Dabei war die S 1000 RR so gar kein typisches BMW-Motorrad: Ein neukonstruierter Vierzylinder-Reihenmotor mit querliegender Kurbelwelle, ein Brückenrahmen aus Leichtmetall, eine Upside-down-Gabel fürs Vorderrad und eine Zweiarmschwinge fürs Hinterrad. So waren auch japanische Supersportler aufgebaut, aber die konnten der BMW mit ihren 193 PS bei nur 205 kg fahrfertigem Leergewicht, dem Renn-ABS, Schaltassistent und vielen elektronischen Helferlein mit der Traktionskontrolle (optional) an der Spitze nicht mehr das

> 90 Jahre konnte man auf Englisch auch nineT nennen und dazu ein Jubiläumsbike bauen, das es so ähnlich zwar schon von manchem Eigentüftler gegeben hatte, aber noch nie bei BMW direkt gekauft werden konnte.

Wasser reichen. Wer hätte das je gedacht: BMW baute plötzlich den besten Serien-Supersportler der Welt, der genauso teuer war wie eine Yamaha R 1!
Für 2012 wurde die S 1000 RR sanft am Fahrwerk und der Motorelektronik überarbeitet, so dass sie weiterhin jeden Vergleich mit der Konkurrenz gewann. Optisch hatte es an der Verkleidung und dem Heckaufbau leichte Retuschen gegeben.

Die S 1000 RR und ihre Ableger

Nach der Auffrischung der Basis-Tausender 2012 stellte BMW noch im selben Jahr einen Super-Super-Sportler mit dem gleichen Motor als HP4 auf die Räder. Nochmals optimiertes Gewicht (199 kg), noch hochwertigere Materialien und vor allem das von BMW entwickelte DDC (dynamische Dämpfungsanpassung, elektronisch errechnet aus Schräglage, Geschwindigkeit, Drehzahl, Federbewegung usw.) mach-

> 2009/10 blies BMW zum Angriff auf die letzte Bastion der Japaner. Und die S 1000 RR schaffte es spielend, zum meistverkauften Supersportler in Deutschland zu werden.

> Kleine Veränderungen beim Motormapping, an der Verkleidung und dem Heck frischten die S 1000 RR für das Modelljahr 2012 auf.

> Weder Paralever noch Telelever: Rahmen und Fahrwerk der S 1000 RR waren ähnlich dem Motor konventionell konstruiert; beides wurde durch viel Elektronik bestens in Szene gesetzt.

> Die Steigerung von S 1000 RR hieß HP4 und war – vor allem mit dem Competition-Kit (Foto) – gnadenlos auf Rennstrecke getrimmt.

> Weit über 23.000 Euro musste hinlegen, wer mit seiner eigenen HP4 im Rennoutfit ein Wheelie auf die Rennstrecke zaubern wollte – zu viel, wie die ausbleibenden Käufer zeigten.

ten die HP4 unschlagbar. Aber auch 4.000 Euro teurer als die S 1000 RR. Und für weitere 2.900 Euro gab es einen sogenannten Competition-Kit zur Kurvenhatz auf der Rennstrecke.

Nach dem Upgrade musste natürlich auch ein Downgrade folgen. Der kam im Modelljahr 2014, nannte sich S 1000 R, wobei das R hier für Roadster stand. Denn bis auf die offensichtlich unverzichtbaren Plastik-Schnörkeleien war die Maschine verkleidungsfrei. Ansonsten basierte sie sowohl fahrwerks- wie auch motorseitig auf der S 1000 RR und war mit jetzt 160 PS immer noch ausgezeichnet motorisiert. Die Maschine wurde gegen Aufpreis mit einem Sport-Paket, das unter anderem einen Schaltassistenten beinhaltete, oder einem Dynamic-Paket, unter anderem mit elektronischer Fahrwerkssteuerung, angeboten. Die S 1000 R (12.800 Euro) war nun neben der R 1200 R (12.600 Euro), der R nineT (14.500 Euro) und der K 1300 R (15.000 Euro, alle Preise 2014) das vierte Roadster-Modell im BMW-Angebot. Mit der F 800 R waren es sogar fünf.

> Ein Naked Bike sollte die S 1000 R sein, denn das R stand hier für Roadster. Ohne ein paar Plastikwinkelchen hier und da ist das in modernen Motorradzeiten offensichtlich nicht mehr möglich.

Und da ging doch immer noch etwas: Für 2015 kam dann die S 1000 XR ins Programm. Ein Allrounder mit hochbeinigem 17-Zoll-Fahrwerk, langen Federwegen, gutem Wetterschutz und viel Elektronik, zum Beispiel abschaltbares, teilintegrales ABS oder Rain- und Road-Modus. Die Aufpreisliste (u. a. mit dem elektronischen ESA-Fahrwerk) war endlos, der Motor mit 160 PS der S 1000 R entnommen. »Ausdrucksvoller Adventure Sport« nannte BMW das Konzept des bisher gattungslosen Crossover-Bikes, das doch ein bisschen Reiseenduro und ganz viel Alltagsfahrzeug war. Die Multistrada von Ducati ließ grüßen. Mit 15.200 Euro war die BMW einen guten Tausender preiswerter als die leistungsgleiche Italienerin.

Chronik der S 1000-Modellreihe

S 1000 RR	**2010–2014**	
4-Zyl.-4-Takt-Reihe	1000 cm³ dohc	193 PS / 13.000 U/min
HP4	**2012–2014**	
4-Zyl.-4-Takt-Reihe	1000 cm³ dohc	193 PS / 13.000 U/min
S 1000 R	**2014–2020**	
4-Zyl.-4-Takt-Reihe	1000 cm³ dohc	160 PS / 11.000 U/min
S 1000 XR	**2015–2021**	
4-Zyl.-4-Takt-Reihe	1000 cm³ dohc	160 PS / 11.000 U/min
S 1000 RR	**2015–2018**	
4-Zyl.-4-Takt-Reihe	1000 cm³ dohc	199 PS / 13.500 U/min

> Sieht aus wie ein Motorrad, das einerseits jede Menge Spaß macht und andererseits jede Alltagssituation souverän bewältigt: das Multifunktions-Bike S 1000 XR.

2015 – eine neue S 1000 RR

Supersportler unterliegen einem schnelleren Modellwechsel als andere Motorräder, insofern ließ sich BMW viel Zeit für die neue S 1000 RR. Immerhin waren die Verkaufszahlen von 2049 Exemplaren im Jahre 2010 auf nur noch 1.135 Maschinen 2013 zurückgegangen. Die neue war jetzt so komplett auf Rennstrecke getrimmt, dass es der HP4 nicht mehr bedurfte. Der vor allem im Zylinderkopf überarbeitete Motor leistete jetzt mindestens 199 PS (die offizielle Höchstgeschwindigkeit wurde mit 299 km/h angegeben), was die drei Kilogramm leichtere Maschine noch agiler machte. Fahrwerksseitig waren die Änderungen marginal, elektronisch wurde aber weiter massiv aufgerüstet, zum Beispiel mit einem elektronischen Gasgriff ohne Bowdenzüge! Oder einem neuen Schaltautomat, der schnellstes, kupplungsfreies Schalten in beide Richtungen ermöglichte – für heutige Rennmotorräder unerlässlich. Optisch war die neue Tausender auf Anhieb an der neuen Verkleidung mit entschärfter, aber immer noch asymmetrischer Lampenoptik zu erkennen. Mit rund 17.500 Euro lag sie nun etwas über der Konkurrenz von Kawasaki (ZX-10R) und Yamaha (R1/M).

> Sehr viel hypermoderne elektronische Renntechnik fließt in moderne Supersport-Motorräder ein. Ein elektronischer Gasgriff inklusive! Die S 1000 RR Modelljahr 2015.

> Nachdem sie sich von dem Schock erholt hatte, war die japanische Konkurrenz inzwischen wieder an die S 1000 RR herangefahren. Zeit also für BMW, 2015 eine gründlich überarbeitete RR anzubieten.

Die neue R 1200 GS – jetzt mit Wasserkühlung

Echte Boxer-Fans mussten tapfer sein, als BMW die neue GS für die Saison 2013 vorstellte. Eine kombinierte Wasser-/Luft-Kühlung und fast gerade Ansaugwege veränderten vor allem die Zylinderköpfe und zusammen mit dem nun gemeinsamen Gehäuse von Motor, Getriebe und Kupplung das gesamte Bild des Boxers nachhaltig. 125 PS schaffte die Maschine jetzt bei immer noch sehr moderaten 7700 U/min, was die Souveränität dieses seit Jahren in Deutschland am meisten verkauften Motorrads (6000 Exemplare 2012) weiter steigerte. Und die neue, um den Motor herum konstruierte und mit einem weiterentwickelten ESA ausgestattete GS schaffte da auf Anhieb den Anschluss. In der Grundausstattung kostete die Maschine 14.400 Euro, die Aufpreisliste war lang. Ebenso wie die Liste der GS-Fahrer, die sich über technische Mängel, vor allem Kupplungs- und Getriebeprobleme beklagten. Waren 19 Motorrad-Grundmodelle und drei Motorroller, darunter viele Neuentwicklungen für die Saison 2015 vielleicht doch etwas zu viel des Guten?

> Auch mit dem neuen Boxer blieb die R 1200 GS das meistverkaufte Motorrad in Deutschland und vielen anderen Ländern. In welchem Lebensbereich gibt es schon sonst noch die eierlegende Wollmilchsau?

> An der 2013er R 1200 GS war aber nicht nur der Antriebsblock samt Getriebe und Kupplung neu. Auch Fahrwerk und Design waren gründlich überarbeitet worden.

> Als zweites Modell mit dem neuen Boxermotor folgte 2014 die R 1200 GS Adventure, weiterhin unter anderem gut erkennbar am großen Tank und den diversen Schutzbügeln.

Weitere Modelle mit dem neuen Boxermotor folgen

2014 folgte die völlig überarbeitete R 1200 GS Adventure mit dem neuen Boxermotor. Der war mit etwas mehr Schwungmasse ausgestattet, um ihn bei geringen Drehzahlen agil zu halten. Diese Maßnahme übernahm BMW dann auch für die anderen Boxermodelle. 260 kg wog die große Reiseenduro mit dem 30-Liter-Spritfass, diversen Schutzbügeln, Rohrgepäckträgern und dem besseren Windschutz. 15.900 Euro kostete die Maschine – Koffer waren da noch nicht dabei.

Auch die R 1200 RT erhielt für 2014 den neuen teilwassergekühlten Boxermotor mit 125 PS. Der wurde jetzt für längere Autobahnetappen etwas drehzahlberuhigt. Ansonsten war auch die RT eine Neukonst-

> Auch bei der neuen RT war der Rahmen neu, Sitz, Lenker und Fußrasten lagen 20 mm tiefer als beim Vorgängermodell. Gegen Aufpreis gab's ab 2015 das »Keyless-Ride-System« ohne Zündschlüssel.

> Leichte Geländeausritte waren mit der 260 kg schweren Adventure (ohne die weiterhin aufpreispflichtigen Koffer) durchaus möglich.

ruktion mit neuen Bauteilen wie Rahmen, Sitzen, Lenker usw. Stabilitätskontrolle ASC und Fahrmodi »Rain« oder »Road« gab es wieder serienmäßig, weitere hilfreiche Elektronik musste bei einem Basispreis von 16.990 Euro extra bezahlt werden. Ein speziell für die RT entwickelter Schaltassistent ermöglichte sämtliche Schaltvorgänge ohne Gasgriff und Kupplung.

Chronik der R 1200-Modelle mit Wasser-/Luft-Kühlung

R 1200 GS	2013–2018	
2-Zyl.-4-Takt-Boxer	1200 cm³ dohc	125 PS / 7700 U/min
R 1200 GS Adventure	**2014–2018**	
2-Zyl.-4-Takt-Boxer	1200 cm³ dohc	125 PS / 7700 U/min
R 1200 RT	**2014–2018**	
2-Zyl.-4-Takt-Boxer	1200 cm³ dohc	125 PS / 7750 U/min
R 1200 R	**2015–2018**	
2-Zyl.-4-Takt-Boxer	1200 cm³ dohc	125 PS / 7700 U/min
R 1200 RS	**2015–2018**	
2-Zyl.-4-Takt-Boxer	1200 cm³ dohc	125 PS / 7700 U/min

Neu 2015: R 1200 R und R 1200 RS

Der ewige Nachzügler R 1200 R erhielt dann für 2015 den neuen Boxermotor, der als mittragendes Element in einem neu konstruierten Stahlrohr-Brückenrahmen saß. Neu war auch die Upside-down-Gabel, die etwas überraschend und bedingt durch den Wasserkühler die seit über 20 Jahren bei den BMW-Boxern verwendete Telelever-Radführung ersetzte. Die Paralever-Einarmschwinge mit dem Kardanantrieb wechselte von der rechten auf die linke Seite. ABS, ASC und die Fahrbanmodi »Rain« und »Road« waren serienmäßig an Bord. Viele Extras konnten auf den Grundpreis von 12.800 Euro zugebucht werden.

Im fast identischen Fahrgestell wie bei der R 1200 R stellte BMW Ende 2014 seit langem mal wieder ein RS-Boxermodell vor. Die R 1200 RS war als Sporttourer mit einer Halbverkleidung unterwegs, die optisch an die S 1000 RR erinnerte. Der Motor war das inzwischen bekannte luft-/wassergekühlte Boxertriebwerk mit 125 PS, das die 236 kg schwere Maschine bis auf 210 km/h beschleunigte. 13.400 Euro kostete die neue RS, Elektronik wie bei der »R« aufgeführt, serienmäßig, alles andere war der aufpreispflichtigen Sonderausstattung zu entnehmen.

> Ein roter Rahmen kommt immer gut. Ab 2015 gab es ihn zusammen mit der neuen R 1200 R und dem wassergekühlten Boxer beim Händler zu kaufen.

> Seit dem Auslaufen der R 1150 RS im Jahre 2005 hat es diese Modellvariante bei den Boxern nicht mehr gegeben. 2015 wurde sie mit der R 1200 RS wieder ins Leben gerufen.

> Wie bei der nackten R führte auch bei der RS eine Upside-down-Telegabel das Vorderrad. RS stand für Reise und Sport und genau da sortierte sich die Maschine zwischen R 1200 RT und S 1000 R ein.

> Mit der S 1000 RR hatte sich BMW eine Basis geschaffen, mit der man in den internationalen Motorradrennsport zurückkehren konnte.

Die S 1000 RR im Motorsport

Mit den Werksrennversionen der S 1000 RR holperte BMW 2009 in die Superbike-WM, in der man aber erst 2012 und 2013 wirklich ankam. Es blieben vorerst die beiden erfolgreichsten Jahre für die Rennmaschine aus München.

Seit Mitte der Nuller-Jahre des neuen Jahrtausends schossen die Spekulationen um ein kommendes Sportmotorrad für Straßenrennen von BMW wie Pilze aus dem Boden. Sogar von einem Einsatz im Prototypen-Grand-Prix war die Rede. Was BMW nie ernsthaft dementierte und was seit Ende 2014 wieder durch die Presse geisterte. Jedoch als Wiedereinsteiger in den internationalen Rennsport und als Neuling auf dem Gebiet modernster Sporttausender ging es BMW zunächst einmal darum, in der zweitwichtigsten Rennserie, der Superbike-WM, Fuß zu fassen und Erfahrungen zu sammeln. Die S 1000 RR zielte auf das ab 2008 geltende neue Reglement, das Vierzylinder-Maschinen bis 1000 cm³ Hubraum und mindestens 162 kg Gesamtgewicht zuließ. Für die Homologation galt 2009 die Produktion von 1000 Serienmotorrädern, ab 2010 mussten es 3000 Exemplare sein. Dem Tuning von Motor und Fahrwerk waren enge Grenzen gesetzt.

> Und so sah dann die Maschine aus, mit der Troy Corser 2009 in die Superbike-WM eingriff, aber nicht zuletzt wegen vieler technischer Pannen ohne Podestplatz blieb.

> Im Oktober 2008 stellte BMW diese S 1000 RR als Rennversion vor.

> Die BMW-Piloten Ruben Xaus (links) und Troy Corser mit ihren Arbeitsgeräten für die Saison 2009, in der Fahrer und Team viel Lehrgeld zahlten.

BMW in der Superbike-WM

Im Rahmen des Erlaubten leistete die S 1000 RR in der WSBK-Version (Werks-Superbike) 209 PS und war dank diverser Karbonteile nur 178 kg schwer. Für die erste Saison 2009 engagierte BMW keinen Geringeren als den Australier Troy Corser, der bereits zwei Superbike-WM-Titel in der Tasche hatte, und stellte ihm den ebenfalls sehr erfahrenen Spanier Ruben Xaus zur Seite. Am Ende der Saison mussten sich die beiden mit den Plätzen 13 und 17 zufrieden geben, ohne einmal auf dem Treppchen gestanden zu haben. Das schaffte dann Troy Corser im Jahr darauf mit dem jeweils dritten Platz in San Marino und in Monza.

2011 war schon eine ganze Flotte mit den BMWs unterwegs, im Werksteam fuhr jetzt der Brite Leon Haslam neben Troy Corser. Während Corser nicht mehr an alte Erfolge anknüpfen konnte, kam Haslam dreimal als Dritter ins Ziel und belegte am Ende den fünften Platz. 2012 kam dann endlich der Durchbruch. Der Italiener Marco Melandri, bereits Weltmeister in der 250er Klasse, kam zu BMW und sorgte mit sechs Siegen, insgesamt elf Podestplätzen und dem dritten Rang in der Endabrechnung für den bisherigen Höhepunkt in der Neuzeit der BMW-Renngeschichte. Viele Ausfälle, wie in den Jahren zuvor, verhinderten eine bessere Platzierung. 2013, das Werksteam war jetzt zum italienischen Importeur verlegt worden, stand Melandri dann zwölf Mal auf dem Treppchen, wurde bei drei Siegen aber insgesamt nur Vierter. Der Brite Chaz Davies, ebenfalls auf der S 1000 RR unterwegs, stand ebenfalls drei Mal ganz oben und reihte sich am Ende hinter Melandri ein. Schon im Sommer 2013 kündigte BMW den Ausstieg aus der Superbike-WM an, was die Spekulationen um eine Beteiligung am MotoGP von neuem anheizte.

> Mit Marco Melandri kam der Jubel: Am 28. Mai 2012 wurde er im Miller Sportspark in Salt Lake City im ersten Rennen noch Zweiter, im zweiten stand er dann ganz oben auf dem Treppchen.

Die S 1000 RR in der Werksrennversion war in den Superbike-Jahren natürlich ständig weiterentwickelt und in allen Details optimiert worden. Parallel zum Serienmodell gab es 2012 eine generelle Überarbeitung des Bikes, die auch deutliche optische Veränderungen mit einschloss. Der Rennmotor leistete da schon 220 PS.

> Chaz Davies (links) und Marco Melandri hießen die BMW-Fahrer für die Superbike-WM-Saison 2013.

> 2013 wechselte der BMW-Werkseinsatz in der Superbike WM von Deutschland zu BMW Motorrad Italia, Team GoldBet. 220 PS und eine sehr umfangreiche Elektronik wollten von den Fahrern Marco Melandri und Chaz Davies beherrscht werden.

> 2012 wurde Melandri Dritter in der Endabrechnung der Superbike-WM und BMW hinter Aprilia Zweiter in der Konstrukteurswertung.

> Der Brite Leon Haslam fuhr 2011 an der Seite von Troy Corser und 2012 (Foto) neben Marco Melandri. Insgesamt stand er fünf Mal für BMW auf dem Podest, ein Sieg war nicht dabei.

> Chaz Davies in Aktion bei Testfahrten 2013 in Phillip Island. Am Ende der Saison stand für ihn ein fünfter Platz.

FIM Superstock 1000 Cup

Jahr für Jahr hatten sich die Superbike-Renner immer mehr in Richtung MotoGP-Prototypen hin entwickelt und ließen nur noch den reichen Werksteams die Chance, vorne mitzufahren. Wenn mittlerweile ein Elektroniksatz für ein einziges Superbike-WM-Motorrad – sofern es in der Spitze mitfahren wollte – um die 200.000 Euro kostete, hat man eine Vorstellung davon, wohin die Reise ging. Seit 2014 waren die Verantwortlichen nun dabei, den Rückwärtsgang einzulegen und mit tatsächlich seriennaher Technik die ausufernden Kosten zurückzufahren.

Diese Probleme gab es im Superstock 1000 Cup, der im Rahmenprogramm der Superbike WM lief, nicht. Die Meisterschaft ist für Superbikes der 1000-cm^3-Kategorie ausgeschrieben. Das technische Reglement ist auf höchste Seriennähe ausgelegt und erlaubt nur geringe Unterschiede zwischen den verwendeten Rennmaschinen und den käuflichen Straßenversionen der Motorräder. Es wird auf profilierten Einheitsreifen von Pirelli gefahren, das Höchstalter der Piloten beträgt 24 Jahre. Der Vorläufer des FIM Superstock 1000 Cups war die Superstock-1000-Klasse der Motorrad-Europameisterschaft, die von 1999 bis 2004 ausgetragen wurde.

In der Saison 2010 sorgte der Italiener Ayrton Badovini auf einer BMW S 1000 RR des Teams BMW Motorrad Italia STK für ein Novum. Er gewann die ersten neun ausgetragenen Rennen und krönte sich in Silverstone nach dem siebenten von zehn Läufen bereits zum Meister der Saison. Für BMW war dies der erste Titel im FIM Superstock 1000 Cup. Zwei weitere folgten 2012 und 2013 durch den Franzosen Sylvain Barrier, der ebenfalls für das italienische BMW-Werksteam startete. Mit dem Rückzug von BMW aus der Superbike-WM endete auch das Engagement des Werksteams im Superstock Cup. Zwar fuhren auch weiterhin diverse private Fahrer auf einer S 1000 RR bzw. HP4 mit, Podiumsplätze waren aber nicht mehr drin.

> Ayrton Badovini dominierte den Superstock 1000 Cup 2010 wie kein anderer zuvor oder danach. Mit seiner BMW S 1000 RR sicherte er sich vorzeitig den Titel.

Die IDM und andere Landesmeisterschaften

In der wechselvollen Geschichte der Deutschen Motorradmeisterschaft gab es seit 1983 die Kategorie Superbike, in der seriennahe Rennmaschinen bis 1200 cm^3 starteten. In der Neuzeit und bis einschließlich der Saison 2012 fanden IDM-Rennen in den Klassen 125 cm^3, Moto 3 (seit 2012), Supersport, Superbike und Sidecar statt. Die Rennen sind für internationale Fahrer offen und wurden unter dem Namen Internationale Deutsche Motorradmeisterschaft ausgetragen. Mit Beginn der Saison 2013 hat die MotorEvents GmbH den DMSB als Promotor der Serie abgelöst. Im Zuge dessen wurde der Name in SUPERBIKE-IDM – International German Championship geändert.

Die für BMW so erfolgreichen Jahre 2012 und 2013 spiegelten sich schließlich auch in den IDM-Superbike-Ergebnissen dieser Jahre wider. Auf der S 1000 RR holte sich zunächst der Franzose Erwan

> Sylvain Barrier gewann mit dem italienischen BMW-Werksteam 2012 und 2013 den Superstock 1000 Cup.

> Der Franzose Erwan Nigon, hier beim IDM-Lauf 2012 in Assen, holte sich im selben Jahr den Titel in der Superbike-Klasse.

Nigon den Titel, im Jahr darauf dann Markus Reiterberger aus Deutschland, der 2014 Dritter wurde.

Im Rahmen ihres »internationalen Kundensportprogramms« konnte BMW mit den Modellen S 1000 RR und HP4 seit 2010 weltweit zahlreiche Landesmeisterschaften in den Kategorien Superstock und Superbike verbuchen. Herausragend hier der Belgier Grégory Fastré, der in seinem Land von 2010 bis 2012 dreimal hintereinander den Superbike-Titel gewann, genau wie Greg Gildenhuys in Südafrika.

> Markus Reiterberger, hier bei der BMW-Motorrad Race Trophy 2014, wurde 2013 IDM Superbike-Champion.

> Grégory Fastré gewann dreimal hintereinander die belgische Meisterschaft und war auch in der Endurance-Langstrecken-WM unterwegs. Wie hier beim 6-Stunden-Rennen von Spa 2012. BMW beendete auch diese Aktivität nach der Saison 2013.

TT-Siege nach 75 Jahren

Der Nordire Michael Dunlop, Neffe des TT-Rekordsiegers Joel Dunlop, gewann im Juni 2014 auf der Isle of Man die TT-Rennen in gleich vier Kategorien. Jeweils auf einer BMW S 1000 RR des Hawk Racing Teams mit BMW-Werksunterstützung gewann er das Supersport-Rennen 2, die Superstock-Klasse, das Superbike-Rennen und die prestigeträchtige Senior TT. Damit war Dunlop der erfolgreichste Fahrer und die S 1000 RR die erfolgreichste Maschine der TT-Woche. Was die Bayern werbeträchtig ausschlachteten, zumal nach ihrer Rechnung der letzte große Sieg der weißblauen Marke 1939 von Schorsch Meier eingefahren worden war und dies nun 75 Jahre zurück lag. Helmut Dähnes Sieg 1976 als Privatfahrer auf einer R 90 S musste da unter den Tisch fallen.

> Der große Triumphator der TT-Woche auf der Isle of Man 2014: Michael Dunlop gewann auf der BMW S 1000 RR neben dem Superbike-Titel auch drei weitere Rennen.

> Das BMW Motorrad Hawk Racing Team kümmert sich um Michael Dunlop und seine BMW S 1000 RR. Für 2015 hatte BMW UK den Vertrag mit dem Team nicht verlängert.

> Darf bei einem Bildbericht von der Isle of Man nie fehlen: Sprungszene mit Michael Dunlop und der S 1000 RR beim Superbike-Rennen 2014.

> Der BMW C1 war der erste in Serie gebaute Motorroller der Bayern, ein echter Stadtflitzer mit vielen gut durchdachten Details, der aber nicht zuletzt wegen seiner Optik beim Publikum durchfiel.

Motorroller
von BMW

Bringt man BMW heute mit der Fahrzeuggattung Motorroller in Verbindung, denkt jeder vermutlich sofort an den berühmten und markanten C1, der ab 1999 von italienischen Montagebändern lief. Doch schon in den fünfziger Jahren wäre BMW beinahe zum Rollerproduzenten geworden.

Der Münchner Motorradbauer hatte nach dem Ende des Zweiten Weltkriegs Probleme, wieder auf die Beine zu kommen. Die Gelder des Marshall-Planes waren es schließlich, die das traditionsreiche Unternehmen retteten und ab 1948 wieder an das Bauen von Motorrädern denken ließen. BMW etablierte sich sehr schnell wieder am Markt und konnte jährlich enorme Zuwachsraten verbuchen. Doch während die Milbertshofener 1952 noch über 25.000 Motorräder absetzen konnten, ging es im Jahr darauf schon wieder bergab und wie bei anderen Herstellern, dachten auch die BMW-Verantwortlichen über eine Kompensation der rückläufigen Absätze nach und kamen zwangsläufig auf den Motorroller.

> Der erste Prototyp eines Motorrollers von BMW hatte noch sehr viel Ähnlichkeit mit einem Motorrad und wurde schnell wieder verworfen.

Der BMW R 10

Ein erster Prototyp entstand, der technisch wie auch optisch noch sehr an den Motorradbau angelehnt war. Als Antriebsquelle diente hier ein R 25-Motor, der aus Platzgründen auf Seitensteuerung umgebaut worden war. Dieses Konzept wurde schnell verworfen und über einen weiteren Prototyp kam man schließlich zum dritten Modell, das als R 10 ab 1955 in Serie gehen sollte. Mit diesem Roller hatten die BMW-Entwickler ihr gewohntes Motorrad-Metier verlassen und eine ganz eigene Konstruktion entworfen, die zu den besten ihrer Zeit zählte und in ihrer schlichten Formgebung zu den schönsten obendrein. Angetrieben wurde der R 10 von einem neu entwickelten, oben gesteuerten 197-cm^3-Viertaktmotor, der 7 PS leistete und diese Kraft über ein Dreiganggetriebe mittels BMW-typischer Kardanwelle ans Hinterrad weitergab. Gestartet wurde per Knopfdruck mit einer Dynastartanlage. Das Fahrwerk bestand aus einem kräftigen Rohrrahmen, hydraulisch gedämpften Einarmschwingen vorn und hinten und 10-Zoll-Rädern mit kräftigen Trommelbremsen.

Parallel zum offenen R 10 war bei BMW auch der Kabinenroller Isetta entwickelt worden und am 30. Oktober 1954 verkündeten die Münchner, 1955 beide Fahrzeuge in Serie bauen zu wollen. Doch während die Isetta zum Erfolgsmodell wurde, hatte man das Rollerprojekt nach einer eingehenden Marktanalyse – sicherlich nicht ganz zu Unrecht – in letzter Minute gestoppt. Nur zwei Prototypen waren bis dahin vom R 10 entstanden.

> Dieses Holzmodell des BMW R 10 kam der endgültigen Form des für die Serienproduktion vorgesehenen Rollers schon sehr nahe.

Unkonventionell: Der BMW C1

Fast 40 Jahre sollte es dauern, ehe wieder ein Roller-Prototyp von BMW in die Schlagzeilen geriet. Auf der IFMA, Anfang Oktober 1992 in Köln, zeigten die Bayern mit der Design-Studie C1 ein Rollerkonzept, das eine neue Ära von Cityfahrzeugen einläuten sollte. Dabei verkauften die Marketing-Strategen eine jahrzehntealte und in Dut-

> Die interessante Hinterradaufhängung des R 10. Die Schwinge hielt das Rad nur an dieser Seite und der hydraulische Stoßdämpfer wurde noch von einer Schraubenfeder unterstützt. Der Kardanantrieb war bei BMW natürlich obligatorisch.

> »Design-Studie« nannte BMW dieses auf der IFMA 1992 vorgestellte Modell, das zumindest die grobe Richtung für den künftigen Serienroller vorgab.

zenden Varianten längst realisierte Idee als Zukunftsmusik der Zweiradbranche: Aus der Kombination von Automobil und Motorrad ein Fahrzeug zu entwickeln, das den Ansprüchen des Straßenverkehrs moderner Großstädte gerecht wird. Die Umsetzung sah bei BMW dann aber doch ein wenig anders aus, als man es bislang im Rollerbau gemeinhin gewohnt war.

Es dauerte aber noch sieben Jahre, ehe im Spätjahr 1999 der BMW C1 dann tatsächlich ausgeliefert werden konnte. Bei dessen Entwicklung waren drei Themenschwerpunkte abzuarbeiten gewesen: passive Sicherheit, Wind- und Wetterschutz und ein Stauraum von rund 50 Litern. Heraus kam ein City-Roller, der mit Dach und Windschutzscheibe optisch zwar gewöhnungsbedürftig aussah, technisch jedoch Maßstäbe in dieser Fahrzeuggattung setzte.

Der massive Rahmen aus Alu-Strangpressprofilen, der eine crashgetestete Fahrgastzelle beinhaltete, erlaubte dem angeschnallten Fahrer ohne Helm zu fahren (der außerhalb der Überdachung sitzende Sozius musste ihn tragen). Außerdem hatte das Fahrwerk eine von den BMW-Motorrädern her bekannte Telelever-Vorderradgabel erhalten, während das Hinterrad an einer Triebsatzschwinge hing. Mit diesen Zutaten galt das Fahrverhalten des Rollers als ausgezeichnet.

> Der »gestrippte« Roller C1 zeigt unter anderem den crashsicheren Rahmen aus Aluminiumprofilen und den Sitz des kleinen Einzylinder-Viertakters.

Für Sicherheit sorgten auch die Scheibenbremsen vorn und hinten, die optional mit ABS ausgestattet werden konnten.
Den Antrieb besorgte ein sehr moderner, von Rotax entwickelter 125-cm³-Vierventil-Motor mit elektronischer Einspritzung und G-Kat in der Abgasanlage. Die 15 PS reichten trotz des Gewichts von 185 kg für ordentlichen Vortrieb und eine Endgeschwindigkeit von 106 km/h.

Der große C1 200

Wem das nicht reichte, der konnte noch 2001 den C1 200 ordern (der 125er wurde nun C1 125 genannt), dessen Motor aus 176 cm³ Hubraum drei PS mehr mobilisierte, die dem Fahrzeug deutlich bessere Fahrleistungen bescherten. Mit der Einführung dieses Modells gingen die Verlängerung der A-Säule, die Montage eines neuen hinteren Dachspoilers und die Verlegung diverser zusätzlicher Dämmmatten einher.
Der C1, der nicht in Deutschland, sondern bei Bertone in Italien montiert wurde, konnte die Erwartungen seiner Erfinder hinsichtlich der Verkaufszahlen nicht ganz erfüllen. 2004 war das letzte Produktionsjahr des BMW-Rollers. Oder besser dieses BMW-Rollers, denn die Zweirad-Zukunft der Bayern sah abseits ihrer Motorräder auch wieder Roller vor.

C 600 Sport und C 650 GT

Acht Jahre nach dem Ende des C1 nahm BMW wieder einen Roller – diesmal in der Kategorie »Großroller« angesiedelt, ins Programm. Das heißt, zwei Roller waren es, die sich in die exakt gleichen Fahr- und Triebwerke teilten und 2012 das BMW-Zweiradprogramm bereicherten. Auch wenn die Typenbezeichnungen anderes suggerierten – beide Modelle wurden von dem 647 cm³ großen Zweizylinder-Viertakt-Reihenmotor angetrieben, der 60 PS leistete und von BMW neu konstruiert worden war. ABS, Bordcomputer, Parkbremse, G-Kat und Helmfach waren serienmäßig an Bord. Der C 650 GT war etwas länger, weil er 60 Liter Gepäck im Stauraum unterbringen konnte. Außerdem war die Sitzbank des Reisrollers niedriger und noch bequemer als die der Sportversion und das größere Windschild war höhenverstellbar. 11.100 Euro kostete der C 600 Sport 2013, der C 650 GT schlug mit

> Sondermodelle wie dieser C1 200 »Familys Friend« mussten her, um den ungeliebten BMW-Roller dem Publikum doch irgendwie schmackhaft zu machen.

11.450 Euro zu Buche. Das lag zwar über dem Wettbewerb, dürfte aber nicht der alleinige Grund für den eher schwachen Verkaufsstart gewesen sein. Gut 700 BMW-Roller waren insgesamt 2012 abgesetzt worden, aber schon im Jahr darauf fuhren die Scooter mit über 6500 Exemplaren in die Erfolgsspur.

Chronik der BMW-Motorroller

R 10 Prototyp	**1954**	
1-Zyl.-4-Takt	200 cm³ ohv	7 PS / 5500 U/min
C1 125	**1999–2004**	
1-Zyl.-4-Takt	125 cm³ dohc	15 PS / 9250 U/min
C1 200	**2001–2004**	
1-Zyl.-4-Takt	176 cm³ dohc	18 PS / 8500 U/min
C 600 Sport	**2012–2019**	
2-Zyl.-4-Takt-Reihe	650 cm³ dohc	60 PS / 7500 U/min
C 650 GT	**2012–2019**	
2-Zyl.-4-Takt-Reihe	650 cm³ dohc	60 PS / 7500 U/min
C Evolution	**2015–2020**	
Elektromotor	Synchron-Innenläufer	48 PS / 9200 U/min

> Der C1 200, hier als Sondermodell »Executive« mit dem 176-cm³-Motor. Beim C1 durfte der Fahrer ohne Helm unterwegs sein, während für den hinten aufsitzenden Sozius ein Helm Pflicht war.

> Das Chassis ist für C 600 Sport und C 650 GT nahezu identisch. Das über 70 kg wiegende Triebwerk ist ein mittragendes Element in der Rahmenkonstruktion.

> Der Sportliche: Mit dem C 600 Sport und seinen 60 PS hatte sich BMW in der Großroller-Szene am obersten Ende der Angebotspalette etabliert.

> Der BMW C 650 GT war etwas länger als sein sportlicher Bruder und in den Details für die bequeme, große Reise ausgerüstet. Trotz unterschiedlicher Bezeichnungen waren beide Roller mit dem gleichen Motor unterwegs.

Elektromobilität: Der BMW C Evolution

Motorroller dominieren schon lange die sich jährlich vergrößernde Flotte funktionierender Elektrofahrzeuge. Da die Benzinroller von BMW längst in die Erfolgsspur gefunden und die Bayern auch im Automobilbereich diese Antriebstechnik etabliert haben, war es nur konsequent, auch einen Motorroller von BMW mit Elektroantrieb anzubieten. Mit dem Modelljahr 2015 kam er dann für stolze 15.000 Euro auf den Markt und traf auf eine wohlwollende Kritikerzunft. Spätestens nach einem Ampelstart, bei dem der Roller mit seinen permanent anstehenden 72 Nm einem Formel 1-Boliden Paroli bieten kann, ist gute Laune angesagt.

Optisch und fahrwerksseitig an seine Benzin schluckenden Kollegen angelehnt, sitzt anstelle des viertaktenden Zweizylinders ein flüssigkeitsgekühlter Elektromotor, der maximal 48 PS bei 9200 U/min mobilisieren kann, die aber im Fahrbetrieb elektronisch begrenzt werden. So stehen bei normaler Fahrt 15 PS an, die für eine Spitzengeschwindigkeit von 120 km/h reichen. Die drei Batteriemodule sind im Tunnel in der Fahrzeugmitte untergebracht und sollen laut Hersteller eine Reichweite von rund 100 Kilometern ermöglichen.

> Das Aluminium-Gehäuse anstelle eines konventionellen Rahmens birgt die Elektrik des Rollers inklusive drei Batteriemodule mit jeweils 12 Zellen und 60 Ah.

> BMW C evolution nannte sich der erste, aus bayerischen Konstruktionsbüros stammende Elektroroller, der 2015 als Serienfahrzeug das Licht der Welt erblickte.

> Eine Designstudie der 2017 vorgestellten BMW G 310 GS zeigt schon die Ähnlichkeit mit der ganz großen Schwester.

Hundert Jahre

BMW

Im Jubiläumsjahr 2016 knackte BMW bereits im Oktober die Zahl 100.000 bei den Motorradauslieferungen. Wieder ein Rekord in der Firmengeschichte!

Und das, obwohl die Vertriebsstrategen die Einzylindermaschine G 650 GS und auch die 1300er Vierzylinder vom Markt genommen hatten. Auch die Motorrollertypen konnten die Erwartungen hinsichtlich ihrer Verkaufszahlen nicht erfüllen, was nicht zuletzt an der Preisgestaltung lag. Aber BMW war mit dem übrigen Programm sehr gut aufgestellt und konnte vor allem im Ausland punkten. In erster Linie für den Export war auch das ab Oktober 2016 ausgelieferte neue Einstiegsmodell G 310 R gedacht. In Deutschland stieß die in Indien gefertigte Maschine zunächst nur auf ein verhaltenes Interesse.

Für 2017 waren die meisten BMW-Typen überarbeitet und in weitere Modellvarianten aufgesplittert worden. In technischer Hinsicht war es wichtig, alle Motoren auf die nun geforderte Euro-4-Norm zu trimmen. Alles in allem war die Münchner Marke mit ihrem Fertigungswerk in Berlin auch nach 95 Jahren Motorradbau bestens aufgestellt.

> Zu den diversen Sonderfarbvarianten des Modelljahrs 2016 gehörte auch die R 1200 GS Triple Black.

Einstieg mit 313 Kubik

In ein völlig neues Segment stieß BMW 2016 mit dem Modell G 310 R vor. Eine Einzylindermaschine mit Designelementen der S 1000 R in der versicherungsgünstigen 34-PS-Klasse sollte den Altersdurchschnitt in der BMW-Käuferschaft senken und ein Stadtflitzer in den Metropolen dieser Welt werden. Der Einstiegspreis wurde in Deutschland im Einführungsjahr bewusst deutlich unter 5000 Euro gehalten. Was wenig nützte, kaum 100 Maschinen wurden hierzulande in den ersten Monaten abgesetzt. Das war aber unwesentlich, denn für die in Indien gefertigte Maschine sah BMW Afrika, Asien und Südamerika als Hauptabsatzmärkte vor.

> Durch den Großstadtverkehr asiatischer und südafrikanischer Metropolen sollte sich die neue G 310 R wühlen, die in Deutschland mit einem Basispreis von 4.750 Euro an den Start ging.

Hier, wo Hubraum- und PS-Boliden nicht die große Rolle spielen, wollte sich BMW als Motorradmarke neu aufstellen. Inzwischen ist die Einzylindermaschine mit Gitterrohrrahmen aber auch in Deutschland angekommen und erhält von den Testern gute Noten. Als ersten Ableger der kleinen BMW brachten die Bayern 2017 ein GS-Modell auf den Markt. Optisch war die »Baby-GS« an die große 1200er angelehnt, viel mehr konnte man im Vergleich von der 34-PS-Maschine kaum erwarten.

> Mit der G 310 GS schob BMW für 2017 einen ersten Ableger des neuen Einstiegsmodells nach.

BMW G 310 R	2016–	
1-Zyl.-4-Takt	313 cm³ dohc/4	34 PS / 9500 U/min
BMW G 310 GS	**2017–**	
1-Zyl.-4-Takt	313 cm³ dohc/4	34 PS / 9500 U/min

Die R nineT Familie

Nach der erfolgreichen Einführung der R nineT in der Roadster-Version brannte BMW ein ganzes Retro-Feuerwerk ab, das die »neue BMW Motorrad Erlebniswelt Heritage« begründen sollte. Den Anfang machte noch 2016 die R nineT Scrambler. Ein größeres 19-Zoll-Vorderrad (Aluguss oder Speichen), eine Telegabel im Classic-Look mit Faltenbälgen, ein zentraler Tacho und die linksseitig hochgezogenen Schalldämpferenden machten den Unterschied zur bisherigen R nineT. Und der Preis: glatte 13.000 Euro rief BMW 2017 für den Scrambler auf, während die zweifellos alltagstauglichere R ninT mit 15.200 Euro zu Buche stand. Die Leistungsdaten des luft-ölgekühlten Boxermotors blieben unverändert.

> Mit der R nineT Scrambler begann BMW 2016 die Modellpalette der Retrobikes auszubauen.

Noch preiswerter ging es ab 2017 mit der R ninT Pure für 12.300 Euro, einem in Farbe, Chrom und Ausstattung reduziertem Bike, sozusagen die »Sportster« unter den BMW-Klassikern.

Ein völlig anderes Bild gab die ebenfalls 2017 eingeführte R nineT Racer. Mit Halbschalenverkleidung um den Rundscheinwerfer, Einmann-Höckersitzbank und BMW-Sportlackierung (bei unveränderten Leistungsdaten) entstand ein sehr spezielles Motorrad für ganz spezielle Interessenten.

Die suchte auch die R nineT Urban G/S für glatte 13.000 Euro. Die Scrambler diente hier als Ausgangsbasis, der die Ingenieure einen hochgezogenen vorderen Kotflügel, eine knappe Lampenverkleidung und eine Lackierung im Stil der Paris-Dakar-G/S, mit der Hubert Auriol 1981 diese Rallye gewann, verpassten. Optional und zu dieser Maschine passend, gab es Stollenreifen auf Speichenrädern.

> Die Pure Freude: Mit 12.300 Euro begann 2017 der Spaß mit einer R ninT Pure.

> R nineT Racer nannte BMW die Mischung aus Retrobike, 70er-Jahre-Renner und bayrischer Rennsportlackierung.

> Und wenn schon Retro, dann muss auch ein Modell an den Beginn der R 80 G/S-Fertigung erinnern: R nineT Urban G/S.

R nineT Scrambler	2016–2020	
2-Zyl.-4-Takt-Boxer	1170 cm³ dohc	110 PS / 7750 U/min
R nineT Pure	**2017–2020**	
2-Zyl.-4-Takt-Boxer	1170 cm³ dohc	110 PS / 7750 U/min
R nineT Racer	**2017–2020**	
2-Zyl.-4-Takt-Boxer	1170 cm³ dohc	110 PS / 7750 U/min
R nineT Urban G/S	**2017–2020**	
2-Zyl.-4-Takt-Boxer	1170 cm³ dohc	110 PS / 7750 U/min
R nineT / S	**2019–2020**	
2-Zyl.-4-Takt-Boxer	1170 cm³ dohc	110 PS / 7750 U/min

Auch die 1200er GS-Baureihe erhält Zuwachs

Bei nahezu allen BMW-Motorrädern des Jahrgangs 2017 waren Maßnahmen bei der Motorsteuerung ergriffen worden, die Euro-4-Norm im Abgasbereich einzuhalten, was teilweise auch zu optisch neuen Endschalldämpfern führte. Auch sonst waren die schon seit einigen Jahren auf dem Markt befindlichen Modelle leicht überarbeitet worden, ohne jedoch zu neuen Typen zu werden, die hier extra vorgestellt werden müssten.

Der R 1200 GS stellten die Münchner aber neben der Adventure zwei weitere Sondermodelle zur Seite, die an dieser Stelle Erwähnung finden sollten. Im Motorradkatalog 2017 las sich das folgendermaßen: »Zwei Ziele scheint das Entwicklungsteam der R 1200 GS für 2017 gehabt zu haben: Erstens: dem Bestseller im BMW-Programm jetzt aber wirklich alle Assistenzsysteme mitzugeben, die in den Elektroniklabors der Münchner in den letzten Jahren ertüftelt wurden. Und zweitens: dem Alleskönner, der eben auch ein wenig aussieht wie Hans Dampf in allen Gassen, optisch und teilweise auch technisch eine breitere Basis zu geben. Das schaffen die Ausstattungsvariante Exclusive, die in gediegener Garderobe daher kommt, und die Version Rallye, für die

> Exclusive schön: die BMW R 1200 GS Exclusive ab 2017 für 15.480 Euro beim Händler zu bestellen.

es optional ein Sportfahrwerk mit härterer Feder, längeren Federbeinen und mehr Federweg gibt.« Allen GS-Boxern waren die Fahrmodi »Rain« und »Road« gemein, die mit der automatischen Stabilitätskontrolle für optimale Traktion sorgten.

> Unter anderem mit dem serienmäßigen Sportfahrwerk sollte die R 1200 GS Rallye auf Schotterpisten brillieren.

R 1200 GS Exclusive	2017–2018	
2-Zyl.-4-Takt-Boxer	1170 cm³ dohc	125 PS / 7750 U/min
R 1200 GS Rallye	**2017–2018**	
2-Zyl.-4-Takt-Boxer	1170 cm³ dohc	125 PS / 7750 U/min

Ein Dickschiff für Amerika

BMW wollte wachsen, mittelfristig auf 150.000 Motorräder pro Jahr, langfristig sollten es sogar 200.000 sein. In Deutschland war man zwar seit einigen Jahren Marktführer, aber hierzulande war ein Wachstum nur noch eingeschränkt möglich. Export hieß das Zauberwort. Dafür hatten die Münchner am untersten Ende ihrer Produktskala die G 310 R gesetzt; in der Mitte die eierlegende Wollmilchsau R 1200 GS mit ihren Varianten und die R nineT-Familie.

Am oberen Ende gab es ab 2017 die K 1600 B, die vor allem den US-amerikanischen Markt aufmischen sollte, den die bayrischen Strategen als zweitwichtigsten nach Deutschland sahen. Bei der K 1600 B war alles ein bisschen schwärzer und ein bisschen pompöser als bei den bisherigen Sechszylinder-Modellen. Das B stand für »Bagger«, das wiederum für die neuen, spitz nach hinten zulaufenden Heckkoffer stand. Für diese musste das Heck konstruktiv verändert werden, was auch eine tiefere Sitzposition für den Sozius mit sich brachte. In die Koffer war die Heckbeleuchtung integriert. Für 21.900 Euro konnte die Maschine ab September 2017 auch in Deutschland bestellt werden.

K 1600 B	2017–2021	
6-Zyl.-4-Takt-Reihe	1650 cm³ dohc	160 PS / 7750 U/min

> Den US-amerikanischen Markt fest im Blick: Das Sechszylinder-Modell K 1600 B.

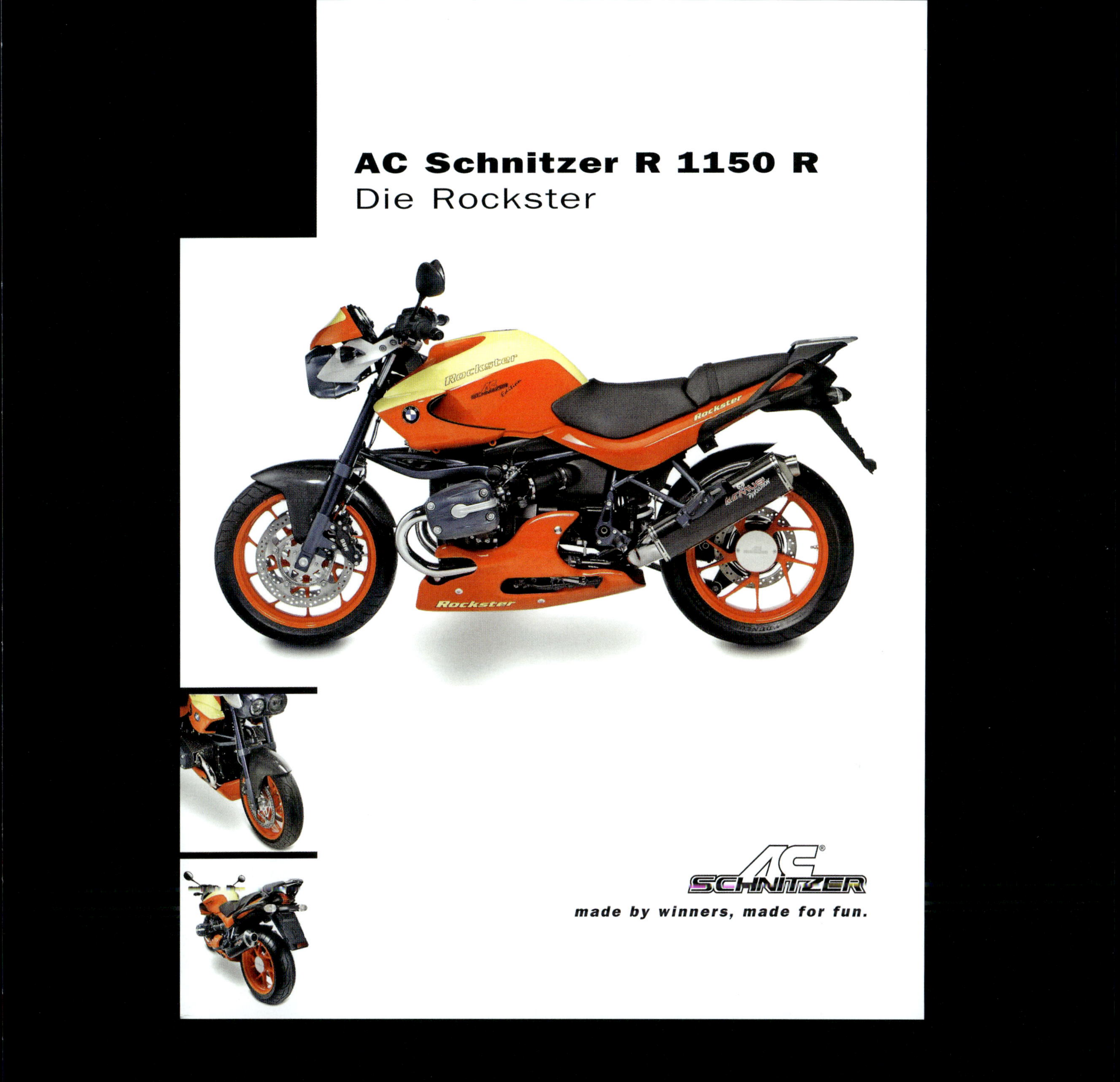

> AC Schnitzer feierte heuer 30-jähriges Bestehen und ist einer der bekanntesten Tuner für BMW-Automobile und Motorräder.

Die BMW-Veredler

Unter »Tuning« verstanden Motorradfahrer bis weit in die siebziger Jahre hinein vor allem die Leistungssteigerung von Serienmotoren. Die Zulassungsgesetzgebung in Verbindung mit strengen Abgaskontrollen machte es Firmen, die sich auf diesem Gebiet einen Namen gemacht hatten, aber zunehmend schwerer, abseits von reinen Sportmotorrädern weiter aktiv zu bleiben. Eine Marktnische konnte sich künftig nur sichern, wer auf Fahrwerks- und Ausstattungsoptimierung setzte.

Ende der siebziger Jahre waren etwa ein Dutzend Firmen professionell auf diesen Zug aufgesprungen und boten von einfachen Änderungen z. B. an Bremsen oder Federelementen bis hin zum komplett neuen Fahrwerk mit eigenem Rahmen ein breites Spektrum für diejenigen Individualisten an, die ihre Maschine nicht von der Stange kaufen wollten und sich das auch leisten konnten. BMW-Motorräder waren zu allen Zeiten beliebte Veredlungsobjekte, hinter denen zum Teil bis heute große Namen der Branche stehen.

AC Schnitzer

Das letzte Motorrad-Konjunkturhoch war fast schon wieder am Abflauen, als der große BMW-Automobil-Tuner AC Schnitzer im Jahr 2000 die AC Schnitzer Motorradtechnik gründete. Nach eigener Aussage wegen der großen Nachfrage nach Spezialentwicklungen für BMW-Motorräder.

Wie die AC Schnitzer automobile Technik ist auch die Sektion Motorradtechnik ein Geschäftszweig der Kohl Automobile GmbH in Aachen, einem der weltweit größten BMW-Vertragshändler.

Nahezu alle BMW-Motorrad-Modelle werden von der Aachener Firma veredelt und weltweit über die BMW-Vertriebsorganisation angeboten. Die Umbauten umfassen im Wesentlichen die Auspuffanlagen, die Räder/Reifen-Kombinationen, das Design von Lenker, Sitzbank und diversen Anbauteilen und natürlich die Sonderlackierungen in den Schnitzer-Farben Orange und Gelb. Sehr schön und sehr exklusiv zweifellos – aber auch nicht billig. 2006 kostete die AC Schnitzer-BMW K 1200 Beaster rund 25.000 Euro.

Brune

Seit über 30 Jahren ist die Brune GmbH von Manfred Brune aus Telgte in Sachen Motorradtechnik aktiv auf dem Markt. Das Programm ist äußerst umfangreich und reicht von einfachen Reparaturen bis hin zum Angebot von Komplettfahrzeugen. Letztere werden von Brune meist mit französischen Martin-Fahrwerken auf eine sportlichere Note getrimmt. So geschehen z. B. mit der BMW K 100 und ab etwa 1990 mit der BMW K 1.

Die schwergewichtigen K-Modelle erhielten einen von Brune und Martin entwickelten Gitterrohrrahmen aus Chrommolybdänstahl, Leichtgussräder, eine Brembo-Bremsanlage und im so genannten Er-

> Zwei AC-Schnitzer-Modelle aus dem Jahre 2006: Die R 1200 S Sprintstar und die F 800 S Twinstar. (Foto: AC Schnitzer)

> **Die ab 1990 von Brune gebauten BMW K 1 waren rund 30 kg leichter als die bayrischen Originale.**

weiterungskit auch neue Gabeln samt Brücken und einen neuen vorderen Kotflügel. Als Komplettangebot gab es neue Verkleidungs- und Anbauteile mit Sonderlackierungen. Die Maschinen erhielten so mehr Bodenfreiheit und eine Gewichtsreduzierung von immerhin rund 30 kg. Mehr Individualität war für die großen BMWs nicht möglich, allerdings kosteten sie auch fast doppelt so viel wie die Serienmodelle. Heute sieht Brune sein Hauptgeschäft in der Vermarktung von E-Bikes und in der Lieferung von Motorrad-Ersatzteilen bis zurück in die 1970er Jahre.

Fallert

Im Sommer 1977 begann der Acherner BMW-Händler Werner Fallert mit Unterstützung der Motoren-Experten Ludwig Apfelbeck und Fritz Kläger und des Fahrwerk-Spezialisten Werner Dieringer eine Rennsport-Maschine auf BMW-Boxer-Basis auf die Räder zu stellen. 1980 konnten mit der Fallert FM 1000, von der nur wenige Einzelstücke gebaut wurden, erste Erfolge eingefahren werden.

Bis auf die Kurbelwelle und dem Boxer-Prinzip war vom ursprünglichen Bayern-Triebwerk nicht mehr viel übrig geblieben. Der Motor mobilisierte 112 PS, womit die Maschine eine Spitzengeschwindigkeit von über 250 km/h erreichte.

In den achtziger Jahren nahm sich Fallert gerne der R 80-Baureihe von BMW an, bohrte die Motoren auf knapp 1000 cm³ auf, legte Fahrwerke tiefer und verpasste den Maschinen ein schickes Design.

Die Fallert GmbH & Co avancierte zu einem der führenden BMW-Tuner in Deutschland. Von Einzelteilen über Bausätze bis hin zu Komplettumbauten reichte das Programm, das kaum eine Serienmaschine mit dem blau-weißen Propeller-Symbol ausließ. Selbst die F 650 CS konnte mittels Tuning-Kit 60 PS stark gemacht werden.

Im Dezember 2005 ging die Meldung durch die Presse, dass Fallert Motorrad-Sport einen Insolvenzantrag stellen musste und Angestellte die Firma übernehmen und im Januar 2006 neu eröffnen wollten. Das funktionierte und Fallert ist als BMW-Händler bis heute äußerst erfolgreich am Markt.

> **Kompromissloser Sportler: Fallert-BMW FM 1000 von 1981. (Foto: Thomas Stutz)**

GMR

Die GMR Sportmotorrad GmbH von Günter Michel aus Guntersblum (später Ludwigshöhe) fiel in den neunziger Jahren besonders durch ihre sportlichen BMW-Umbauten auf. Da war zunächst das »GMR-Superbike«, eine Mischung aus R 100 GS und K 1 mit der Verkleidung der K 75, einem verstärkten Rahmen, einem überarbeiteten Boxer-Motor mit Dellorto-Vergasern und L&W-Auspufftopf. 82 PS leistete der Sportler, der 1992 für rund 24.000 Mark zu haben war. Ein wenig günstiger, aber dafür mit 100 PS, konnte die ähnlich umgebaute K 100 Sport erworben werden.

> GMR-BMW R 100 R mit Ducati-Verkleidung, dem Tank einer R 80 G/S, den Rädern einer BMW K 1 und der Telegabel einer K 100. (Foto: Günter Michel)

Ein wenig schwer tat sich Zweiventil-Boxer-Spezialist Michel mit der Einführung der Vierventil-Motoren bei BMW. Dennoch war die GMR-BMW RS 1100 BoT mit Tank, Verkleidung und sonstigen Anbauteilen von GMR und einer Auspuffanlage von BoT ein echter Hingucker und mit 120 PS ordentlich motorisiert. 35.000 Mark kostete die Maschine 1995/96. Da hatte sich Günter Michel schon aus dem Geschäft und dem Rennsport zurückgezogen. Ein schwerer Verkehrsunfall im Februar 1993 war für ihn der Anfang vom Ende.

hesa

Seit über 20 Jahren ist die Firma hesa Motorsport aus Kierspe im Motorrad-Zubehörbereich tätig und hier besonders auf Sportmotorräder und nackte Streetfighter spezialisiert. Neben der Lieferung von Technik, Anbauteilen und Bausätzen werden bei hesa auch Umbauwünsche im eigenen Werkstattbereich realisiert sowie Komplettmotorräder angeboten.

Einige Jahre lang bot hesa auch Umbaumöglichkeiten für die BMW R 1100 S und die BMW R 1150 R an, wobei bis auf den Auspuff nicht in die Antriebstechnik eingegriffen wird.

2009 benannte Karsten Henkel seine Firma in »Jack Lomaxx« um und spezialisierte sich auf Custom-Bikes, in der Regel mit V-Zwei-Motoren aus US-amerikanischer Fertigung.

> Hesa-Umbau einer BMW R 1200 S von 2009.

HPN

Seit über 30 Jahren bietet die Firma HPN Motorradtechnik GmbH im bayrischen Seibersdorf Komplett- und Rallyeumbauten für BMW GS-Modelle an. Ausgangsbasis waren die Rahmen der BMW-247 E-Baureihe, ab der R 80 G/S von 1980 bis zur R 80 GS basic von 1996, sowie der R 80 ST- und R 100 R-Modelle, die entsprechend dem neuen Verwendungszweck optimiert werden. Die HPN-Grundkonzepte unterscheiden sich im Wesentlichen durch verschiedene Schwingenkonstruktionen, die dem Charakter und dem Einsatzzweck der Maschinen angepasst sind. Interessant ist sicher der Aufbau der alten BMW-Reihe mit der moderneren GS-Schwinge aus den 1100er und 1150er Modellen.

HPN rüstet Gebrauchtfahrzeuge vom kleinen Detail bis zum großen Fahrwerkskit um, tunt Motoren oder baut aus BMW-Ersatzteilen komplette Neufahrzeuge auf. Dabei ist von der sanften Reiseenduro bis zum harten Sportgerät für die Sandgrube alles möglich.

> HPN Paris-Dakar von 1986: 1043 cm³, 75 PS, 60-Liter-Tank, 230 kg. Federwege vorn und hinten ja 300 mm.

Jung

Die Simon Jung KG in Köln hatte sich einen Namen mit Spezialfahrwerken für nahezu alle handelsüblichen japanischen Motorrad-Motoren gemacht, wobei der Schwerpunkt auf den Kawasaki-Modellen lag. Als Basis galt ein einfacher, aber stabiler Zentralrohrrahmen. Zusammen mit getunten Motoren machten Jung-Maschinen auch im Sporteinsatz auf sich aufmerksam. 1984/85 baute Jung auch ein BMW-K 100-Triebwerk in ein eigenes Fahrgestell ein. 90 PS waren hier bei einem Leergewicht von 210 kg für 230 km/h gut.

Krauser

Bis 1980 war Fabrikant Mike Krauser aus dem bayerischen Meringen als Rennsportmäzen mit eigenem Racing-Team und Motorradzubehör-Spezialist bekannt. Dann präsentierte er Ende des Jahres seine Krauser-MKM 1000 und galt fortan auch als Motorrad-Produzent. Denn die Maschine mit eigenem Gitterrohrrahmen, Vierventiltechnik im auch sonst stark modifizierten BMW-Boxermotor, umgestalteten Federelementen und GFK-Anbauteilen (inklusive einer damals sehr schönen Vollverkleidung) war schon mehr als nur ein Tuning-Bike.

> Schneller und rassiger als eine BMW R 100 RS, aber auch deutlich teurer: Die Krauser-MKM 1000.

Krauser verzichtete bei der Typenbezeichnung auch bewusst auf die BMW-Initialien und in der Regel auch auf das Tankemblem.

Zweifellos war die Krauser eine BMW, wie sie sich viele BMW-Fans wünschten, aber vom Hersteller mit dem blau-weißen Propeller nicht bekamen: 217 kg leicht, 82 PS, richtig schicke Schale und deutlich über 200 km/h schnell. Dafür musste der Kunde aber auch stolze 27.000 Mark hinblättern. Und dabei bekam man für so viel Geld bei Krauser nicht nur Licht, sondern auch Schatten: Der Motor war durch seine Veränderungen recht laut geworden, und stellte seinen Dienst bei 7400 Touren abrupt und mit deutlichen Grüßen vom Ventiltrieb ein. Ansonsten überzeugte er mit einer gleichmäßigen Kraftentfaltung über den gesamten Drehzahlbereich hinweg.

Die MKM 1000 wurde – wie bei einem Tuner üblich – ständig weiterentwickelt und modifiziert. 1984 gab es auch eine nur 145 kg leichte Rennversion mit 110 PS.

Ab Mitte der achtziger Jahre kam die Maschine nicht mehr so recht bei der Kundschaft an und wurde nur noch auf Bestellung gefertigt. Der Preis war 1987 sogar auf 24.000 Mark gesunken.

Mader

Helmut Mader aus Erding liefert Sportumbauten für BMW-Motorräder und hatte sich in den 1990er Jahren besonders der R 1100 S gewidmet. Vom überarbeiteten Straßenmotorrad bis zum echten Rennstrecken-Bike, das mit dem legendären Boxer-Team erfolgreich war, bietet die kleine bayrische Tuning-Schmiede Motorrad-Technik vom Feinsten. Bis zu 130 PS konnte der auf 1170 cm^3 aufgebohrte Motor mit Schmiedekolben, Schmidepleuel, feingewuchteter Kurbelwelle und überarbeiteten Zylinderköpfen leisten. Das Fahrwerk konnte nach Wunsch modifiziert werden, Karbonheck und Karbonverkleidung von CPF sorgten zudem für eine Gewichtsreduzierung von mindestens 30 kg. 2005 kostete der Umbausatz für die Mader CFP-BMW R 1100 S 11.800 Euro.

Michel

Seit den siebziger Jahren war Willi Michel aus Mommenheim bei Mainz als Tuner in der BMW-Szene bekannt. Dabei arbeitete er nicht nur für Privatleute, sondern präparierte im Auftrag von BMW auch Motoren für deren Werksteams im Geländesport.

Zu Beginn der achtziger Jahre konnten bei Michel R 65 bis R 100 mit optischer und/oder technischer Überarbeitung samt Leistungssteigerung geordert werden. Nach einigen Erfolgen im Rennsport bot er die Maschinen auch für die Straße an und blieb gegenüber anderen Tunern in seiner Preisgestaltung durchaus moderat. So war eine Michel-BMW R 100 im Jahre 1982 schon ab 12.000 Mark zu haben.

Mit Erscheinen der BMW-K-Modelle nahm sich Michel auch dieser Maschinen an und präsentierte 1986 die Michel-BMW K 100 S mit 100 PS und exzessiver Rennsport-Optik. Dieses Motorrad, wie auch die anderen Typen, waren sowohl als Komplettfahrzeuge, wie auch in Teilen und Bausätzen erhältlich. Zum Ende der achtziger Jahre hin wurde es still um den Einzelkämpfer Michel.

> Michel-BMW R 100 S mit den für Michel typischen Verkleidungsteilen und in den BMW-Rennfarben lackiert.

> Es durfte auch ein bisschen kleiner sein: Michel-BMW R 65 in sportlichem Dress.

PAck-Parts

PAck-Parts aus Wachenheim, eine Tochterfirma der Ackermann CAD-Konstruktions-GmbH, erschien erstmals 1999 auf der Motorrad-Bildfläche, als die Firma mit einer umgebauten R 1100 S in der Sound-of-Thunder-Klasse an der offiziellen Europameisterschaft für Zweizylinder-Motorräder teilnahm und gleich den dritten Platz belegte.
Aus den Erfahrungen dieser ersten BMW-Umbauten und der langjährigen Praxis im Bereich von Konstruktionen für die Automobilindustrie ergab sich die Möglichkeit, Komplettumbauten, Zubehör und Tuningteile für BMW-Motorräder professionell herzustellen bzw. in Zusammenarbeit mit anderen Zulieferern anzubieten.
Das Spitzenprodukt war die PAck-Parts-BMW R 1100 S, die mit einem selbst entwickelten Gitterrohr-Chassis, vielen Magnesium-Teilen und

> Der Rennboxer NB 2 von Pack-Parts aus dem Jahre 2016 leistete 135 PS und konnte damit in der »Sound-of-Thunder«-Klasse ganz vorne mitfahren. (Foto: PAck-Parts)

der Kohlefaser-Verkleidung nur 171 kg auf die Waage bringt. Damit hat der auf 1170 cm^3 aufgebohrte und 125 PS leistende Motor leichtes Spiel.
Im August 2016 gab die Firma bekannt, sich weitestgehend aus dem Geschäft zurückzuziehen.

Schalber

Unter den vielen Tunern von BMW-GS-Modellen war Richard Schalber aus Hindelang – zumindest in der zweiten Hälfte der neunziger Jahre – einer der bekanntesten. Immerhin hatte er sich als mehrfacher Titelträger im Enduro- und Langstreckenrallye-Sport und als Chefinstruktor der BMW-Enduroschule einen Namen gemacht und kannte sich wie kein anderer speziell mit der R 100 GS bestens aus. Auf deren Basis baute er die Schalber-BMW GS auf, die allein für den harten Einsatz im Gelände gedacht war. Den ermöglichten White-Power-Federelemente, japanische Excel-Räder und stabile Kunststoffteile. Die Interessenten konnten selbst über die jeweiligen Ausbaustufen der Maschinen entscheiden. So auch über modifizierte Rahmen, leichte Auspuffanlagen und vor allem getunte Motoren. Für 33.500 Mark konnte 1996 der Komplettumbau auf R 100 GS-Basis erworben werden.
Die 1993 gegründete Richard Schalber GmbH ging 2003 in der Schalber Event GmbH auf, die sich um den Aufbau von Enduroparks und der Durchführung von Rallyeveranstaltungen kümmerte.

> Der Komplettumbau einer Schalber R 100 GS kostete 1996 schlappe 33.500 Mark. Dafür war die Maschine dann aber auch echt wettbewerbsfähig.

Schek

Lange vor dem oben genannten Richard Schalber hatte Herbert Schek aus Wangen im Allgäu seine Enduro-Karriere begonnen und war unter anderem viele Jahre lang bei der Rallye Paris–Dakar mit von der Partie gewesen. Noch bevor BMW serienmäßig Reiseenduros baute, machte sich Schek daran, biedere R 45- und R 65-Straßenmotorräder in durchaus ordentliche Enduros zu verwandeln. Dafür verpasste er ihnen neben diversem Zubehör einfach Stollenreifen, längere Federwege und eine geänderte Auspuffanlage. Moderate 1700 Mark kostete der Umbau 1980, ein mögliches Motortuning kam extra hinzu.

> Seit etwa 1980 ist die Firma Schek Spezialist für BMW-Enduros. Die Palette reicht von kleinen Tuningmaßnahmen bis zu kompletten Umbauten. (Foto: Schek)

Mit dem Erscheinen der Serienenduros machte sich BMW-Händler Herbert Schek in den achtziger Jahren daran, diese Maschinen noch Offroad-tauglicher zu machen. Dabei wurde dem Motor vor allem zu mehr Drehmoment verholfen, die Schwinge wurde ebenso verlängert wie die Federwege (Marzocchi-Gabel) und die Bremsscheiben schwimmend gelagert. So eine Schek-BMW R 80 G/S kostete 1986 rund 20.000 Mark. Um 1990 herum gab es die Schek-BMW 1000 auf R 80- oder R 100 GS-Basis mit größerem Tank und White Power-Upside-Down-Gabel und -Federbein.
Noch heute können beim BMW-Händler Schek in Wangen Umbauten und Restaurierungen bestellt werden. Herbert Schek ist daran freilich nicht mehr beteiligt.

team Metisse

Die team Metisse GmbH aus Auenwald ist interessanterweise in zwei völlig unterschiedlichen Geschäftszweigen tätig. Auf der einen Seite beschäftigt man sich mit Musikinstrumenten, und andererseits ist die Mannschaft um Horst Eder seit den achtziger Jahren durchaus erfolgreich mit der Herstellung und dem Vertrieb von hochwertigem Motorradzubehör am Markt vertreten. Anfangs sorgten sich die Schwaben hauptsächlich um klassische, englische Motorräder; inzwischen sind alle bekannten Hersteller inklusive BMW-Motorräder beim team Metisse bestens aufgehoben.
Die überwiegend selbst entwickelten und gefertigten Produkte werden heute allein im deutschsprachigen Raum bei über 5000 Motorradhändlern und -werkstätten vertrieben.
Natürlich gehören inzwischen auch beim team Metisse Komplettumbauten zur Pflichtaufgabe. Und speziell für Maschinen von BMW hat es auf diesem Gebiet in den letzten Jahren einige spektakuläre

> **Metisse R 1200 CR Classic Racer, ein Café Racer, wie er im Buche steht. (Foto: Metisse)**

Vorstellungen gegeben. So etwa das Projekt Turbo-Boxer, das vom stärksten Boxer der Welt mit 155 PS angetrieben wird. Oder die 60.000 Euro teure M1, die aus der Basis einer 2002 gefertigten R 1100 S aufgebaut wurde, oder die nicht ganz so spektakuläre R 1150 GS Strada. Bis heute können in Auenwald Tuningkits und Komplettmotorräder von BMW und anderen Marken geordert werden.

Touratech

In den achtziger Jahren begann die Geschichte der von Herbert Schwarz und Jochen Schanz gegründeten Firma mit Alu-Koffern für die Abenteuer-Reise und beleuchteten Tachometern fürs Fahrrad. Ein Markstein der 1990 gegründeten GBR Touratech war der ab dem gleichen Jahr in Serie produzierte Motorrad-Computer IMO, der eine Menge Informationen für den Motorrad-Reisenden bereithielt und Touratech zum Durchbruch am Markt verhalf. Ab 1995 begann die Firma auch personell zu wachsen und zog 1998 in ein großes Gebäude in Niedereschach am Rande des Schwarzwalds.

Zwar blieben Tripmaster (und ständig weiterentwickelte Motorrad-Computer inklusive Navigationssystemen) und Koffersysteme weiterhin feste Standbeine der Schwaben (ab 1999 Touratech AG), doch wurde die Produktpalette stetig erweitert. Besonders gerne

> **Touratech-BMW R 1200 GS von 2013. Speziell auf die GS-Modelle der Bayern haben es die Schwarzwälder abgesehen. (Foto: Touratech)**

stattete man die GS-Modelle von BMW mit Spezialzubehör aus und bot etwa seit der Jahrtausendwende auch Komplettumbauten für BMW-Reiseenduros an. Auf der Basis der F 650 GS gibt es die Modelle »Oryx«, die durch konsequenten Leichtbau für Fahrspaß sorgt, die »TT 39« für entspanntes Reisen und die »Rallye«, die mit ihrem Fahrwerk, der Tankkapazität und dem Cockpit fürs Enduro-Abenteuer taugt.
Bei den Boxer-Enduros war zunächst der Reiseumbau »Desierto« im Angebot, der inzwischen aber von verschiedenen Varianten der »Re-Vamp« abgelöst wurde. Das Konzept hält im Wesentlichen an den Grundzügen der BMW-Modelle fest, setzt aber vor allem auf Gewichtsoptimierung und ein auffallendes Design.

VV

Die Firma VV-Motorradtechnik des Wuppertalers Ulrich Völkel begann Mitte der achtziger Jahre mit der Herstellung von Tuning-Teilen für BMW-Motorräder. Als Komplettumbau stellte die Firma 1985 eine R 100 vor, die auf einem völlig veränderten Fahrwerk, bestehend aus einem Gitterrohrrahmen mit Cantilever-Hinterradfederung (Bilstein-Monoshok) und einer WiWo-Bremsanlage, und einem überarbeiteten Motor mit 70 PS für Sporteinsätze gedacht war.
In den Folgejahren setzte VV auf Funbikes und sportliche Straßenmaschinen, beteiligte sich aber auch mit einer eigenen Rennmaschine (alles auf BMW-Basis) erfolgreich am Battle of the Twin-Wettbewerb (BoT). Die Straßenversion dieses Renners kostete 1987 immerhin 24.000 Mark.

> VV-BMW R 100 von 1986: 70 PS, 190 kg, 204 km/h, 22.000 Mark.

Neben der eigenen Hinterradschwinge begann Ulrich Völkel Ende der achtziger Jahre auch seine Idee von einer Achsschenkel-Lenkung an Stelle der Telegabel umzusetzen. Erstmals kam diese Technik bei einer BMW K 100 zum Einsatz, bevor dann 1990 auch einige BoT-Rennmaschinen mit Boxermotor damit ausgerüstet wurden und recht erfolgreich in dieser Kategorie mitfuhren. In den darauf folgenden Jahren wurde es ruhig um die kleine Edelschmiede, die zuletzt in Halver-Oberbrügge zu Hause war.

WiWo

Schon seit Mitte der achtziger Jahre hatte sich Wolfgang Wilhelm mit seiner Firma WiWo im Eifel-Städtchen Ulmen-Vorpochten einen Namen als Hersteller von Motorrad-Bremsteilen, speziell für Rennzwecke, gemacht. Um diese Zeit begann er auch ganze Motorräder umzubauen und rüstete etwa die R 80 G/S unter anderem mittels White Power-Gabel, und WiWo-Bremsen zum Funbike um.

> Der WiWo-Boxer Eifel Racer mit verstärktem R 100 GS-Rahmen von 1990.

Neben BMW-Modellen wurden in den Folgejahren auch Enduros anderer Hersteller bei WiWo umgebaut, wobei die bayrische Marke doch immer wieder dominierte. Wie etwa um 1990/91 herum, als Wilhelm den WiWo-Boxer-Eifel-Racer auf Basis der R 100 GS mit API-Luftgabel, WiWo-Bremsen, getuntem Motor, Sportauspuff und Rennsport-Karosserie auf die Räder stellte.
In den neunziger Jahren erweiterte Wilhelm das Programm seiner selbst entwickelten und gebauten Teile unter anderem um Speichenradsätze und Exenterkastenschwingen. Damit scheute er sich nicht, selbst Harleys umzurüsten.
1996 stellte man die BMW R 1100 R Liberte mit WiWo-Speichenrädern, Breitreifensatz, vorverlegter Fußrastenanlage und schöner Sonderlackierung vor. Der letzte große Auftritt der Firma aus der Eifel, um die es zum Ende der neunziger Jahre hin sehr ruhig wurde.

WÜDO

»WÜDO« steht für Wüstenhöfer Dortmund und ist inzwischen ein weltweit bekanntes Markenzeichen in Sachen BMW-Motorräder. Sylvia und Helmut Wüstenhöfer gründeten 1975 ihren Kfz-Elektrikbetrieb, in dem sich von Anfang an alles um die motorisierten Zweiräder mit dem weiß-blauen Propeller-Symbol drehte. Schließlich fuhr Helmut Wüstenhöfer auf BMW äußerst erfolgreich in der Langstrecken-Weltmeisterschaft mit. Seit 1977 sind die Dortmunder erfolgreiche BMW-Vertragshändler und schon ein Jahr später kamen die ersten WÜDO-Spezialteile auf den Markt. In den Folgejahren waren Entwicklung und Fertigung von Spezialzubehör für BMW-Motorräder ein we-

> R 1100 GS von 1994 mit spezieller Cockpitverkleidung von WÜDO für besseren Wind- und Wetterschutz. (Foto: WÜDO)**

sentliches Standbein der Firma. Dabei wurde alles geboten, was in dieser Branche so angesagt ist:
Karbonteile, Tuning-Teile und -Kits für die Motoren, Fahrwerksoptimierung, Sonderlackierungen usw. Und immer wieder fiel die inzwischen nach Holzwickede, am Dortmunder Flughafen, beheimatete Firma durch ihre Komplettumbauten auf. Zum Beispiel durch die WÜDO-BMW R 1200 GS »Die Rote« mit Öhlins-Federbeinen, LED-Blinker und -Rücklicht, Speichenräder, Tankverkleidung mit Zusatzscheinwerfern und Spiegel mit integrierten Blinkleuchten von 2005. Seit 2009 lenkt Tochter Martina den Familienbetrieb, der 2013 in neue Räumlichkeiten in Dortmund umzog.

Wunderlich

1985 gründete Erich Wunderlich seine Firma zur Entwicklung und Fertigung von Motorradzubehör und spezialisierte sich zwei Jahre später auf die deutsche Marke BMW. Heute hält Wunderlich ein Zubehör-Komplettangebot für alle BMW-Modelle ab Baujahr 1993 bereit. Und spätestens seit dem Umzug ins neue Firmengelände mit 1800 qm in Sinzig, im Frühjahr 2004, können auch immer wieder Komplettumbauten der weltweit agierenden Firma bewundert werden.
Wie etwa der R 1150 GS Basic Beast für 18.000 Euro oder deren Nachfolgerinnen R 1200 GS Jararaca und der R 1200 GS-WR für 13.500 bzw. 20.000 Euro. Während bei den ersten beiden Modellen mehr auf Alltagstauglichkeit gesetzt wird, steht WR für Wunderlich-Racing und eine Enduro, die mit 107 PS und 119 Nm, der erhöhten Bodenfreiheit, dem Sportfahrwerk und nicht zuletzt der 12 kg Gewichtsreduzierung gegenüber dem Serienmodell für den echten Rallye-Einsatz taugt.
Sport wird bei der Firma Wunderlich überhaupt groß geschrieben. Mit eigenem Team gelang beim BMW-Boxer-Cup im Jahre 2004 der fünfte Platz und im nachfolgenden Power-Cup-Jahr fuhr man ebenfalls erfolgreich mit.

> Elektromobilisierung: Wunderlich R 1200 GS LC Hybrid von 2015 mit einem 7,6 KW Nabenmotor im Vorderrad.

> 2019 erhielten – bis auf die Retro-Bikes – alle aktuellen Boxer-Modelle einen neuen 1250 cm³ großen und 136 PS starken Motor.

BMW Modelloffensive

2018-2020

BMW Motorrad-Modellpflege-maßnahmen 2018

BMW kündigt auch für das Modelljahr 2018 wieder umfassende Pflegemaßnahmen an. Der Kunde kann beispielsweise im Paket **BMW Motorrad Spezial** unter diversen Sonderlackierungen für ausgewählte Fahrzeuge wählen sowie hochwertige Frästeilsätze bis in zu Schmiederädern ordern.

Die neue Sonderausstattung **BMW Motorrad Connectivity** soll dem Motorradfahrer in Form eines 6,5 Zoll großen Vollfarb-TFT-Displays in Verbindung mit dem weiterentwickelten **BMW Motorrad Multi-Controller** schnelle und klare Informationen bei geringstmöglicher Ablenkung bescheren.

Die **BMW R 1200 GS Adventure** wird vom Modelljahr 2018 an in neuen Farben ausgeliefert werden und dabei über noch mehr Sonderausstattungen verfügen, darunter einen intelligenten Notruf, die oben erwähnte Connectivity, Fahrmodi Pro, die neue elektronische Fahrwerksanpassung Dynamic ESA sowie ein neues Soziuspaket mit hoher Sitzbank, Keyless Ride und dem Schaltassistent Pro.

Ebenfalls in neuen Farben erhältlich sein wird die **BMW R 1200 RT**. Darüber hinaus wird das schräglagenoptimierte ABS Pro für mehr Sicherheit beim Bremsen sorgen. An Sonderausstattungen werden der Intelligente Notruf und die Dynamic Traction Control DTC zur Verfügung stehen. Als optische Aufwertung kommt noch ein RT-Logo im Bereich des Soziussitzes.

Ebenfalls in einer Vielzahl neuer Farben ausgeliefert werden die Modelle BMW R 1200 R, R 1200 RS, S 1000 XR, S 1000 RR, C 650 Sport, C 650 GT, K 1600 GT, K 1600 GTL, K 1600 B, F 700 GS F 800 GS und F 800 GS Adventure.

> BMW C 650 Sport.

> BMW R 1200 GS.

> BMW R 1200 RS.

> BMW R 1200 RT.

BMW-Modelloffensive 2018–2020

Neben den genannten Modellpflegemaßnahmen konzentrierte sich die Entwicklung von BMW für das Modelljahr 2018 auf die Mittelklasse und den Ausbau der Motorroller-Modellpalette.
Im Jahr darauf ging erneut eine neue Boxer-Generation in allen bekannten Modellvarianten an den Start und eine brandneue S 1000 RR sorgte weiter für Furore.

> Der Elektroroller C evolution war 2019 nur noch in Mineralgrau metallic/Schwarz erhältlich.

Alte und neue Motorroller

An dieser Stelle muss eingefügt werden, dass die Fertigung der großen Roller C 600 Sport und C 650 GT nach offiziellem BMW-Sprachgebrauch schon 2015 endete. Und die Maschinen im gleichen Jahr mit überarbeitetem Antriebsstrang (Kupplung, Übersetzung) und neuem Auspuff als »neu« angepriesen worden. Der Reiseroller GT erhielt ein größeres Helmfach, ein elektrisches Windschild und den »Totwinkel-Warner« im Spiegelausleger. Mehr nach neu sah die Sportvariante mit überarbeitetem Design aus; auch hier nun ein überarbeiteter Antriebsstrang und ein neuer Auspuff. Scheinbar erwachsen geworden durfte sich der C 600 Sport jetzt C 650 Sport nennen. Die Hubräume beider Roller waren ja schon immer gleich.
Eine große Rolle spielten die BMW-Roller auf dem Markt aber immer noch nicht. 2017 und 2018 hatte BMW mehr Elektroroller verkauft, als von den beiden Benzinern zusammen. 2019 war der C evolution (jetzt mit kleinem e) nur noch in der Farbkombination Mineralgrau metallic/ Schwarz erhältlich.

> Technisch und auch deutlich optisch überarbeitet wurde 2016 aus dem C 600 Sport der C 650 Sport.

> Wie der C 650 Sport war auch beim GT-Modell für das Modelljahr 2016 der Antriebsstrang und der Auspuff überarbeitet worden.

C 400 X und C 400 GT

Für 2018 brachte BMW einen neuen, kleineren Roller mit einem völlig neu konstruierten 350-cm³-Einzylindermotor heraus, der als C 400 X auf die internationalen Märkte kam. Integriert in eine Triebsatzschwinge mit Fliehkraft-Trockenkupplung und Antriebsriemen leistete der Motor steuer- und führerscheinfreundliche 34 PS. Mit einem akzeptablen Einstiegspreis von 6.800 Euro und rund einen Zentner weniger Gewicht als die größeren Geschwister, sollte der Roller eine jüngere Kundschaft ansprechen und vor allem in den Riesenmetropolen dieser Welt Punkte sammeln. Dafür verfügte der Roller schon in der Basisversion über eine ordentlich Ausstattung wie der Stabilitätskontrolle ASC und einem üppig ausgestatteten Instrumenten-Board. Das sich freilich optional noch aufrüsten ließ.

Mit dem BMW C 400 GT präsentierte BMW Motorrad 2018 dann auch die auf noch mehr Komfort und gesteigerte Tourentauglichkeit ausgelegte Gran-Turismo-Variante des Midsize-Scooters. Sei es bei der Fahrt in die City, auf dem Weg zur Arbeit oder beim genüsslichen Touren nach Feierabend oder am Wochenende – der neue BMW C 400 GT war laut BMW »der perfekte Partner für lustvollen Freizeitgenuss auf zwei Rädern. Und das nicht nur solo, sondern auch zu zweit.«

Als Antrieb diente dem BMW C 400 GT der wirkungsgradoptimierte

> Den nur schwer verkäuflichen großen Zweizylinder-Rollern setzte BMW 2018 das Einzylinder-Modell C 400 X zur Seite.

Einzylindermotor mit (25 kW) 34 PS Leistung, wie er auch im BMW C 400 X zum Einsatz kam. Die Kraftübertragung erfolgte über ein stufenloses CVT-Getriebe und eine torsionssteife Triebsatzschwinge mit in-

> Wie könnte es bei BMW anders sein: Auch für das kleine Rollermodell musste eine GT-Variante her. Zum Reisen innerhalb der Metropolen dieser Welt.

novativer Schwingenlagerung für geringstmögliches Vibrationsaufkommen und damit bestmöglichen Komfort. Für gesteigerte Sicherheit beim Beschleunigen – gerade auf schlüpfrigem Untergrund – sorgte die Automatische Stabilitätskontrolle ASC.

Wie bereits der BMW C 400 X setzte der neue BMW C 400 GT auf einen robusten Gitterrohrrahmen aus Stahl. Die Aufgaben von Federung und Dämpfung übernehmen vorn eine Teleskopgabel, während hinten zwei Federbeine zum Einsatz kommen. Souveräne Bremsleistung und ein sehr hohes Maß an Sicherheit boten die Doppelscheibenbremse vorn in Verbindung mit einer Einscheibenbremse hinten sowie das serienmäßige ABS.

Beide C 400-Roller wurden bei der Firma Loncin in China gebaut.

Chronik der BMW-Motorroller seit 2016

C 650 Sport	2016–2021	
2-Zyl.-4-Takt-Reihe	650 cm³ dohc	60 PS / 7500 U/min
C 650 GT	**2016–2021**	
2-Zyl.-4-Takt-Reihe	650 cm³ dohc	60 PS / 7500 U/min
C 400 X	**2018–**	
1-Zyl.-4-Takt	350 cm³ dohc	34 PS / 7500 U/min
C 400 GT	**2018–**	
1-Zyl.-4-Takt	350 cm³ dohc	34 PS / 7500 U/min

Neue Reihenzweizylinder mit 850 cm³

Hubraum ist durch nichts zu ersetzten, außer durch noch mehr Hubraum. Nach dieser Devise entwickelte BMW seit Jahrzehnten sein Motorradprogramm und hielt auch 2018 und 2019 daran fest.

Im zuerst genannten Jahr waren die »kleinen« Zweizylindermodelle dran, zumindest mal zwei von Ihnen. So fiel für das Modelljahr 2018 die gerade erst Euro 4 fitgemachte F 700 GS aus dem Programm und wurde durch eine neue F 750 GS ersetzt. Obwohl der Motor 853 cm³ aufwies hielt man an der merkwürdigen Modellbezeichnung fest, um sich deutlich von der ebenfalls neuen F 850 GS abzuheben. Beide Maschinen hatten jetzt einen Stahlblech-Brückenrahmen mit dem Motor als mittragendes Element, anstelle des rot lackierten Gitterrohrrahmens. Das Heck wurde von einer Rohrkonstruktion getragen. Der Motor war nahezu eine Neukonstruktion, die mit 90° Hubzapfenversatz und 270° Zündversatz wie ein V 2 bollerte und die mehr Drehmoment und mehr Leistung ermöglichte. Letztere bedeutete bei der F 750 GS moderate 77 PS während die F 850 GS jetzt mit 95 PS auftrumpfte. Außerdem hob sie sich durch das große 21-Zoll-Vorderrad, die Kreuzspeichenräder, die höhere Sitzposition und längere Federwege von der F 750

> Kaum war die F 700 GS für 2017 modellgepflegt worden, erschien mit der F 750 GS im Jahr darauf ein völlig neues Motorrad.

> Wie schon zuvor bei den Zweizylinder-GS-Modellen hob sich die F 850 GS durch eine bessere Ausstattung und mehr Offroad-Tauglichkeit von der 750er ab.

ab. Mehr Offroad also und mehr Möglichkeiten zur Aufrüstung in der schier unendlichen Zubehörliste. Ganz wichtig dort übrigens für fast alle BMW-Modelle das Connectivity-System mit 6,5-Zoll-Farbdisplay und allen nur denkbaren Kontrollfunktionen. Es lebe die Digitalisierung.

3.600 Euro betrug 2019 die Preisdifferenz zwischen der F 750 GS und der F 850 GS. Letztere stand mit 12.950 Euro in der Basisversion zu Buche, genau so viel wie eine R 1200 GS im Jahre 2011.

> Der neue Vierventil-dohc-Motor bescherte den F-Modellen mehr Leistung und vor allem mehr Drehmoment. Und einen satten Sound.

Ein Jahr nach der Einführung des neuen Zweizylinder-Motors kam auch die neue F 850 GS Adventure in dessen Genuss. Noch mehr auf Geröll und vor allem die große Reise getrimmt, unterschied sie sich gegenüber der normalen GS-Version in den schon früher beschriebenen Details. Und in der auch hier langen Optionen-Liste waren lediglich die Stollenreifen kostenfrei.

Aus dem BMW-Programm 2019 war die F 800 GT herausgefallen. Ob sie 2020 mit dem neuen Zweizylinder-Motor wieder auf der Bildfläche erscheint war bei Manuskriptabschluss ebenso unklar wie für die noch 2019 angebotene F 800 R.

Chronik der BMW-Zweizylinder-Modelle seit 2018

F 750 GS	**2018–**	
2-Zyl.-4-Takt-Reihe	853 cm³ dohc	77 PS / 7500 U/min
F 850 GS	**2018–**	
2-Zyl.-4-Takt-Reihe	853 cm³ dohc	95 PS / 8250 U/min
F 850 GS Adventure	**2019–**	
2-Zyl.-4-Takt-Reihe	853 cm³ dohc	95 PS / 8250 U/min
F 900 R	**2020–**	
2-Zyl.-4-Takt-Reihe	895 cm³	105 PS / 8500 U/min
F 900 XR	**2020–**	
2-Zyl.-4-Takt-Reihe	853 cm³ dohc	105 PS / 8500 U/min

> Die Basis des neuen 850er Fahrwerks war ein Brückenrahmen aus Stahlblech, der hinten in einer Rohrkonstruktion auslief.

> 2019, ein Jahr nach Einführung der F 850 GS, erschien auch der Ableger GS Adventure.

> Geröll und große Reise – dafür standen die BMW-Adventure-Modelle schon zu allen Zeiten.

> Mit der neuen, 2019 erschienenen S 1000 RR spielte BMW wieder ganz vorne in der ersten Liga der Supersportler mit.

> Mit diversem Zubehör ließ sich die S 1000 RR für die Rennstrecke aufrüsten. Zum M-Paket zum Beispiel gehörten unter anderem Karbonräder.

Eine neue S 1000 RR

Ein Superbike bedarf kürzerer Produktionszyklen, um mit der Konkurrenz mithalten zu können und so war es für BMW enorm wichtig, 2019 eine komplett neue S 1000 RR anbieten zu können.

Dank variabler Steuerzeiten und Ventilhübe in Verbindung mit einer eiterentwickelten Regelelektronik leistet der noch kompakter gewordene Supersportler in seiner dritten Auflage nun 207 PS bei 13.500 U/min. Mit dem gleichzeitig um elf Kilogramm (jetzt 197 kg) reduzierten Gewicht und dem semiaktiven Fahrwerk der zweiten Generation verspricht die neue Super-BMW die Erfolgsgeschichte ihrer Vorgängerinnen fortzuschreiben. In der Optik hat man sich bei BMW endlich von den asymetrischen Scheinwerfern verabschiedet und auch mit dem neuen TFT-Display ist man auf der Höhe der Zeit. Wie auch mit dem Basispreis von 18.750 Euro, der sich sehr genau an der Konkurrenz orientiert. Das Optionsangebot ist auch hier wieder ellenlang.

Chronik der S 1000-Modellreihe ab 2019

S 1000 RR	2019–	
4-Zyl.-4-Takt-Reihe	1000 cm³ dohc	207 PS / 13500 U/min

Ein neuer Boxer für Alle

1976 machte BMW mit der R 100 erstmals den Liter Hubraum mit dem Zweizylinder-Boxermotor voll. Mit dem Vierventil-Boxer wurden es 1993 dann 1100 Kubik und lässt man die Cruiser mit 1200 Kubik mal außen vor, wuchs der Hubraum für alle Boxermodelle ab 1999 auf 1150 cm³. 2004 war dann die GS der Vorreiter mit 1,2 Litern und dann – 15 Jahre später – erschienen alle im Programmbefindlichen Boxermodelle mit einem neuen Motor, der nun 1254 cm³ aufwies und in allen Serientypen 136 PS bei 7750 U/min leistete. Ganz wichtig auch – gerade bei den ganz schweren Brocken – das Drehmoment erhöhte sich von 125 Nm bei 6500 U/min auf 143 Nm bei 6250 U/min. Also mehr Durchzug bei niedrigeren Drehzahlen. Erreicht wurde das Ganze neben dem größeren Hubraum durch den so genannten ShiftCam – also Nockenwellen mit variablem Hub und Steuerzeiten auf der Einlassseite.

Vergleicht man die Listen-Basispreise begann der Einstieg bei den neuen 1250er Boxern mit der 13.750 Euro teuren R 1250 R. Aber wer kauft heute noch ein Motorrad zum Einstiegspreis? Da locken doch LED Tagfahrlicht, zusätzliche Fahrmodi, der Notruf ECALL oder das Dynamic-ESA der zweiten Generation. Immerhin hatte die

> Die neuen 2019er Boxer-Modelle wurden neben den Standard-Ausführungen auch als Sondermodelle »Exklusive« und »HP« geliefert. Hier die R 1250 R Exklusive.

> Auch diese R 1250 R ist optional aufgerüstet und in einer Sonderfarbe lackiert.

> Für die neue BMW R 1250 RT kam die gesteigerte Motorleistung gerade recht. Hier die Ausführung in alpine-weiß.

> Auch mit einer voll aufgerüsteten R 1250 RT ist sportliches Fahren – jetzt mit noch mehr Durchzug in unteren Drehzahlbereichen – möglich.

> Seit Erscheinen der S 1000 R-Modelle hatte es eine RS im Boxerprogramm schwer – dabei handelte es sich doch um einen ausgewogenen Sporttourer.

R serienmäßig ein 6,5 Zoll-TFT-Display mit den damit verbundenen Vernetzungsmöglichkeiten, das bei den anderen Boxern extra zu buchen war.
Ganz oben in der Preisliste stand mit 18.000 Euro die R 1250 RT für deren 279 kg Leergewicht die Leistungssteigerung des neuen Motors zweifellos am sinnvollsten war. Da bei der RT lediglich die Koffer, Heizgriffe und die stufenlos einstellbare Scheibe serienmäßig waren, dürfte kaum eine neue R 1250 RT unter 20.000 Euro aus der Händlerhalle gerollt sein.
Zwischen den genannten Modellen reihten sich die R 1250 RS (neue Verkleidung, LED-Scheinwerfer und 6,5 Zoll-TFT-Display serienmäßig) als souveräner Sporttourer, die R 1250 GS (Grundpreis 2019: 16.150 Euro), die sich äußerlich nur wenig veränderte und weiterhin »die beste GS aller Zeiten« bleibt und natürlich die R 1250 GS Adventure ein, die leer schon 268 kg auf die Waage brachte und der mit voller Abenteuer-Beladung die neue Motorcharakteristik sicherlich auch sehr zugute kam. Apropos, so richtig abenteuertauglich wurde die 17.700 Euro kostende (Basispreis) Adventure erst mit dem 2.000 Euro teuren Touring-Paket und das Dynamic-Paket für 990 Euro konnte auch nicht schaden...

Chronik der R 1250-Modelle

R 1250 GS	2019–	
2-Zyl.-4-Takt-Boxer	1250 cm³ dohc	136 PS / 7750 U/min
R 1250 GS Adventure	**2019–**	
2-Zyl.-4-Takt-Boxer	1250 cm³ dohc	136 PS / 7750 U/min
R 1250 RT	**2019–2020**	
2-Zyl.-4-Takt-Boxer	1250 cm³ dohc	136 PS / 7750 U/min
R 1250 R	**2019–**	
1-Zyl.-4-Takt	1250 cm³ dohc	136 PS / 7750 U/min
R 1250 RS	**2019–**	
1-Zyl.-4-Takt	1250 cm³ dohc	136 PS / 7750 U/min

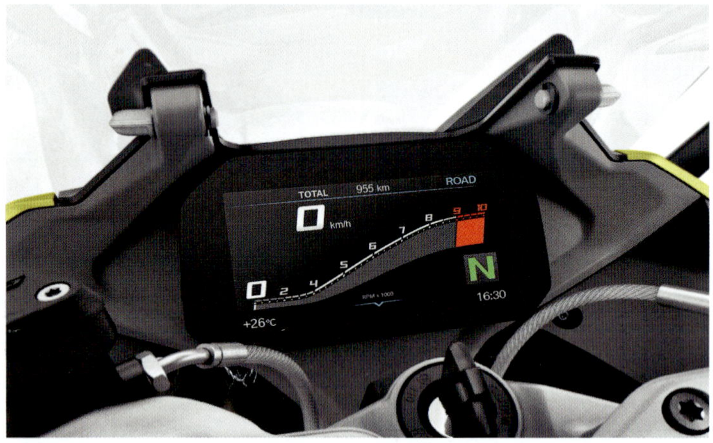

> **Mit den neuen 850er und 1250er Modellen führte BMW auch ein neues TFT-Display ein, das hier bei der R 1250 RS serienmäßig war.**

> **Neben den schon erwähnten Exklusive-Sondermodellen waren die neuen 1250er Boxer-Maschinen – wie diese R 1250 GS – auch in der Spezialausführung »HP« zu haben.**

> Und auch für die neue R 1250 GS galt was für ihre Vorgänger galt: Sie war die beste GS aller Zeiten.

> Nicht wie bisher üblich zeitversetzt, sondern zeitgleich mit der neuen GS erschien für das Modelljahr 2019 auch die GS Adventure (hier in HP-Ausführung).

> Das neue Sondermodell R nineT /5 erscheint zum 50-jährigen Jubiläum der 1969 gestarteten Strich-Fünf-Baureihe.

Der Parallel-Twin mit 900 Kubik

Überraschenderweise brachte BMW zum Modelljahr 2020 zwei neue Paralleltwin-Maschinen mit 895 cm³ Hubraum auf den Markt. Und zwar als Ergänzung zu den gerade erst erschienenen 850er GS und GS/Adventure – diese noch mit 853 Kubikzentimetern. In München bzw. Berlin waren die Wettbewerbsbeobachter der Meinung, dass die neue Roadster – jetzt F 900 R genannt – 10 PS mehr braucht, als die bisherigen GS-Modelle, die mit ihren 95 PS in der Schotterklasse noch auf der Höhe der Zeit waren. Und mit den nun erreichten 105 PS (und erfüllender Euro-5-Norm) war man exakt auf dem Leistungsstand einer KTM Duke, die man im Segment der Nackten wohl als größte Herausforderung sah. Andere konnten zwar noch mehr, aber mit ihrem modernen Design und dem Grundpreis – in dem für BMW-Verhältnisse eine reichhaltige Ausstattung steckte – von 8.800 EUR war die neue F 900 R ein durchaus attraktives Angebot.
Die Vergrößerung des Hubraums auf 895 cm³ ergab sich aus der Vergrößerung der Zylinderbohrung um 2 mm gegenüber dem 853er Motor (86 mm statt 84 mm) bei unverändertem Hub (77 mm). Außerdem ersetzten hier Schmiedekolben die bisherigen Gussteile.
Zusammen mit der Roadster schob BMW auch gleich noch einen Sporttourer mit der Bezeichnung F 900 XR und den gleichen Leistungsdaten hinterher. Allen F-Modellen blieb weiterhin der Stahl-Brückenrahmen gemein, genau wie das serienmäßige 6,5-Zoll-Display inclusive Connectivity. Und auch die neuen F-Modelle konnten in einer 95 PS-Version geliefert und dann auf A2-taugliche 48 PS gedrosselt werden.

> Zu zweit oder solo, in Rot oder Gold, mit Koffersystem oder ohne – die F 900 XR war ein Straßenräuber par Excellence.

> Gegenüber den GS-Modellen der F-Reihe erhielt die nackte F 900 R einen auf knapp 900 cm³ aufgebohrten Motor und 10 PS mehr.

> Mit der F 900 XR wurde die Modellreihe der Zweizylinder-Maschinen um einen Sporttourer erweitert. Die neuen 900er Motoren erfüllten die Euro 5-Norm.

> Mit den R 18-Modellen kehrte BMW nach 16 Jahren mit einem Paukenschlag ins Cruiser-Geschäft zurück.

1800 Kubik
und die Euro 5-Norm

> **BMW R 1250 GS und GS Adventure in der »40 Jahre GS«-Edition. Die großen Reiseenduros führen seit Jahren unangefochten die deutschen Verkaufs-Charts an.**

Ab dem Frühjahr 2020 war die Corona-Pandemie das alles beherrschende Thema auf der ganzen Welt. »Social Distancing« hieß die Devise, nach der das öffentliche Leben nahezu zum Erliegen gekommen war und Veranstaltungen reihenweise abgesagt werden mussten. Motorrad-Messen und Bikertreffen waren passé, Museen mussten geschlossen bleiben.

Eine Folge der ganzen Misere war, dass sich die großen Motorradfirmen mit Neuentwicklungen zurückhielten, denn die Präsentationsplattformen dafür waren weggebrochen. Andererseits ließ das nun individuell zu gestaltende Leben der Jahre 2020 bis 2022 die Zulassungszahlen für Motorräder nach oben schnellen. Um 23 Prozent legte der Markt 2020 zu, Spitzenreiter blieb – wie seit Jahren – die BMW R 1250 GS. 8400 Exemplare waren es 2020, im Jahr darauf sogar 9045. Und wie dominant diese BMW den Markt beherrschte, zeigte die Zweitplatzierung mit der Kawasaki Z 900, die es gerade mal auf 3929 Einheiten gebracht hatte. Mit der »40 Jahre GS-Edition« wurden die BMW-Enduros 2021 weiter aufgewertet und auch sonst gab es dann doch noch einige Neuigkeiten aus Bayern.

Neue Modelle dank Euro 5

Ab dem Jahr 2021 mussten alle in Deutschland neu zugelassenen Motorräder die Abgasnorm Euro 5 erfüllen. Diverse Ausnahmegenehmigungen hielten aber auch noch Euro-4-Fahrzeuge auf dem Markt. BMW trat 2021 noch mit einer Mischung aus Beidem an, erst ab dem Modelljahr 2022, also ab August 2021, waren alle neu zugelassenen BMW-Motorräder Euro-5-komform unterwegs. Allein die konstruktiven Änderungen an den Triebwerken einiger Typen führten dazu, dass die Modelle als Neuerscheinungen auf den Markt kamen.

Mit neuem Design: G 310 R

Nach sechs Jahren erschien es an der Zeit, dem kleinsten Roadster eine neue Verpackung zu gönnen. Die in Indien produzierte Maschine erhielt ein aggressiveres Styling, einen E-Gasgriff, eine automatische Leerlaufanhebung, eine Anti-Hopping-Kupplung, vierstufig einstellbare Handhebel und LED-Licht (galt alles auch für die G 310 GS, die trotzdem nicht als neues Modell eingestuft wurde, von der es aber immerhin auch eine »40 Jahre GS«-Edition gab).

> Mit neuem Design und einigen technischen Neuerungen stellte BMW die in Indien produzierte G 310 R für das Modelljahr 2021 vor.

> Auch der G 310 GS hatten die bayrischen Designer ein »40 Jahre GS«-Kleid verpasst.

Modellpflege für die S 1000 R

Nach RR und XR wurde die R als letzte des Vierzylinder-Trios für das Modelljahr 2021 komplett überarbeitet. Die mehr für die Landstraße denn für die Rennstrecke konzipierte S 1000 R war das auf Comfort getrimmte Superbike, komplett neu eingekleidet und mit Euro-5-konformen Motor bestückt. Der war auf weniger Spitzenleistung, dafür mehr Zug in mittleren Drehzahlen getrimmt und das Getriebe dazu passend weniger scharf abgestuft. Die Regelelektronik wurde neu abgestimmt, die Beleuchtung samt Blinkern auf LED-Licht umgestellt. 6,5 kg sollte die neue R weniger wiegen als das Vorgängermodell, mit dem teuren M-Paket konnten weitere 5 kg reduziert werden. So oder so war bei 255 km/h Höchstgeschwindigkeit Schluss.

M 1000 RR – die Rennmaschine

»Tuning ab Werk« - warum sollte das seit Jahrzehnten eigentlich nur für die Automobile aus München gelten? 2021 fuhr erstmals auch ein BMW-Motorrad in der M-Klasse vor und sorgte für Aufregung auf den Rennstrecken dieser Welt. M 1000 RR – das hieß High-End-Renntechnik auf dem freien Markt, sofern ambitionierte Fahrer und Fahrerinnen bereit waren mindestens gut 32.000 Euro auf den Tisch des BMW-Händlers zu legen. Dafür gab es dann aber auch ein mit feinsten Zutaten bestücktes und 212 PS leistendes Triebwerk sowie das Fahrwerk und die Verkleidung auf dem Niveau der Superbike-Werksrenner. Und spätestens als der Brite Peter Hickman im Juni 2022 mit der M 1000 RR gleich drei Rennen auf der Isle of Man gewann, darunter die prestigeträchtige Senior-TT, war der neue BMW-Renner in aller Munde.

> **Auch in der Neufassung von 2021 blieb die S 1000 R ein auf mehr Komfort getrimmtes Superbike.**

> Die M 1000 RR war das erste M-Motorrad von BMW. Auf der Basis der S 1000 RR wurde diese Maschine auf maximale Rennperformance getrimmt.

> Der Brite Peter Hickman gewann 2022 die legendäre Senior-TT auf der Isle of Man und schob die M 1000 RR ins Rampenlicht des internationalen Renngeschehens.

Die R nineT-Reihe jetzt mit Euro 5-Köpfen

Mit neuen Zylinderköpfen, die halfen, die Euro 5-Norm zu erfüllen, überarbeitetem Design und neuen Ausstattungsvarianten gingen die R nineT-Modell 2021 an den Start und wurden von BMW als Neuerscheinungen eingestuft. Zu der seit 2013 erhältlichen Basisversion ließ BMW weiterhin die R nineT Scrambler, die R nineT Urban G/S und die R nineT Pure im Programm. Die »Racer« und die auf das Jubiläumsjahr 2019/20 beschränkte »/5« waren entfallen.

Die mit Abstand meistverkaufte Maschine dieser Reihe war die Scrambler, die 2021 noch 12.916 Euro kostete. Im Jahr darauf waren es schon glatte 1000 Euro mehr, was auch für fast alle anderen BMW-Motorräder galt. Bei der Preispolitik zeigte BMW, dass die Bayern hier nicht kleckerten. Ob die Rechnung bei den enorm gestiegenen Lebenshaltungskosten jener Jahre aufging, blieb jedoch fraglich.

> **Die »Scrambler« blieb auch in der Neuauflage das meistverkaufte Modell der R NineT-Reihe.**

> **Die R NineT des Modelljahres 2021 in der Option 719 mit rotem Rahmen, schwarzen und aluminiumfarbenen Teilen.**

> Auch die R NineT Urban G/S gab es in einer »40 Jahre GS«-Edition.

> Mit 12.234 Euro war die R NineT Pure 2021 das Einstiegsmodell der Retrobaureihe.

Die R 1250 RT mit Radaraugen

Als Neuerscheinung für das Modelljahr 2021 benannte BMW auch den Supertourer R 1250 RT. Neben der Euro 5-Norm hatten die Bayern dem 280 kg schweren Brocken eine im Windkanal geformte und damit strömungsgünstiger gestaltete Verkleidung verpasst. Als Highlight – allerdings nur optional erhältlich – konnte eine radarüberwachte Abstandsregelung in Verbindung mit dem Tempomat bestellt werden. Navigation und Infotainment liefen jetzt über ein riesiges 10,25-Zoll-Display, das auch die Telefonanlage beinhaltete. Fast 20.000 Euro kostete die Maschine 2022 in der Grundausstattung und noch 5000 oben drauf kamen mit diversem Sonderzubehör sehr schnell zusammen.

Chronik der Neuerscheinungen 2021

G 310 R	2021–	
1-Zyl.-4-Takt	310 cm³ dohc/4	34 PS / 9500 U/min
S 1000 R	**2021–**	
4-Zyl.-4-Takt-Reihe	999 cm³ dohc	165 PS / 11000 U/min
M 1000 RR	**2021–**	
4-Zyl.-4-Takt-Reihe	999 cm³ dohc	212 PS / 14500 U/min
R nineT	**2021–**	
2-Zyl.-4-Takt-Boxer	1170 cm³ dohc	109 PS / 7250 U/min
R nineT Scrambler	**2021–**	
2-Zyl.-4-Takt-Boxer	1170 cm³ dohc	109 PS / 7250 U/min
R nineT Urban G/S	**2021–**	
2-Zyl.-4-Takt-Boxer	1170 cm³ dohc	109 PS / 7250 U/min
R nineT Pure	**2021–**	
2-Zyl.-4-Takt-Boxer	1170 cm³ dohc	109 PS / 7250 U/min
R 1250 RT	**2021–**	
2-Zyl.-4-Takt-Boxer	1250 cm³ dohc	136 PS / 7750 U/min

> **Kilometerfresser: Mit im Windkanal neu gestylter Verkleidung und optional erhältlicher Abstandsmessung per Radar stellte BMW für das Modelljahr 2021 eine »neue« R 1250 RT vor.**

> Alles im Blick: Die neue R 1250 RT wartete mit einem riesigen 10,25-Zoll-Display auf.

Mit der R 18 zurück in die Zukunft

2005 endete die erste Cruiser-Ära bei BMW. Die Maschinen verkauften sich damals eher schleppend, stehen aber längst als Gebrauchtmaschinen hoch im Kurs. Mit ein Grund, warum es BMW 2020 noch einmal versuchen wollte und ein echtes Schwermetall auf die Räder stellte, das als Versuchsballon ab August des laufenden Jahres bei einigen BMW-Händlern stand. 345 kg Leergewicht, 1802 cm³ Hubraum aus zwei luftgekühlten Boxerzylindern, 158 Nm Drehmoment bei lediglich 3000 Umdrehungen und die dazu passende Starrahmenoptik – das kannte man vor allem von amerikanischen Herstellern mit V-2-Motoren. Dazu wurde weder am hochwertigen Lack noch am Chromzierrat gespart und auch die offen laufende Kardanwelle erinnerte an alte Zeiten. Genau genommen sollte das Ganze an die legendäre, 85 Jahre alte R 5 erinnern, allerdings war von der, bis auf die erwähnte Kardanwelle und dem tropfenförmigen Tank nicht viel übriggeblieben. Moderne Zeiten vermittelten dagegen der Euro-5-konforme Motor, die einstellbaren Fahrmodi (mit »Rain«, »Rock« und »Roll«! bezeichnet), die BMW-üblichen Assistenzsysteme und – optional – die Berganfahrhilfe und der Rückwärtsgang. Außerdem waren ab Werk diverse Custom-Versionen lieferbar, etwa mit viel schwarzen Triebwerksteilen und Highriser-Lenker.

Mit der Maschine traf BMW buchstäblich ins Schwarze – bereits im Herbst 2020 war die »First Edition« mit einem Basispreis von 22.225 Euro ausverkauft.

Aber wenn es läuft, kann man ja nachlegen. Und – wie bei BMW üblich eine Familie gründen. So kam noch für das Modelljahr 2021 die R 18 Classic ins Programm. Eine Harley Davidson Road King mit Boxermotor für 24.500 Euro. Rund 700 Euro teurer als das Original, dafür aber wesentlich besser ausgestattet. Abweichend von der R 18 der ersten Generation hatte die Classic Zusatzscheinwerfer, eine Scheibe, Seitenkoffer und 16-Zöller vorn anstelle des 19er Rades. Hinten fuhren die R 18-Modelle alle mit 16-Zoll-Rädern.

In der Folge der weiteren Familienplanung wurden das Basismodell R 18 und die Classic im Finish und im Preis ein wenig zurückgenommen, dafür erschienen 2022 zwei weitere Modelle, die die Preisskala nach oben erweiterten. Denn es fehlte ja nun noch so etwas wie die Indian Chieftain oder die Harley-Glide-Modelle. Bei BMW nannten sich diese Maschinen R 18 B und R 18 Transcontinental. Zwei große Reisetourer mit voluminöser Batwing-Verkleidung und einem Soundsystem von Marshall. Da ist das Route 66-Feeling immer dabei. Währen die R 18 B (Bagger) mit einer recht einfachen, hinten auslaufenden Sitzbank aus-

> Ein echter Dampfhammer von BMW: Die R 18, hier mit Option 719 Lackierung Galaxy Dust metallic/Titansilber.

> Die Maß ist fast voll! 900 Kubik pro Zylinder – vor fast 50 Jahren wagte sich BMW mit dem Boxermotor in diese Hubraumklasse. Allerdings aus zwei Zylindern zusammen.

Chronik der R 18-Modelle

R 18	2020–	
2-Zyl.-4-Takt-Boxer	1802 cm³ dohc	91 PS / 4750 U/min
R 18 Classic	**2021–**	
2-Zyl.-4-Takt-Boxer	1802 cm³ dohc	91 PS / 4750 U/min
R 18 B	**2022–**	
2-Zyl.-4-Takt-Boxer	1802 cm³ dohc	91 PS / 4750 U/min
R 18 Transcontinental	**2022–**	
2-Zyl.-4-Takt-Boxer	1802 cm³ dohc	91 PS / 4750 U/min

kommen musste, hatte man der Transcontinental ein üppiges Zweipersonen-Tourensofa inklusive Topcase mit Rücken- und Armlehnen verpasst. 26.600 bzw. 27.650 Euro waren die Einstandspreise für den Jahrgang 2022.

> **Windschild, Zusatzscheinwerfer, Seitentaschen und Soziuskissen: Mit der R 18 Classic schob BMW das zweite Modell mit dem XXL-Boxer nach.**

> Wer will denn da noch Harley fahren? Die R 18 B (»Bagger«) für die große Tour alleine…

> …oder zu zweit auf der üppigen Couch der R 18 Transcontinental

Die Neuauflage der Sechszylinder

Mit neuer Euro-5-Abstimmung, 5 Newtonmeter mehr Drehmoment und weiterhin 160 PS bei um 1000 U/min reduzierter Drehzahl, gingen die Sechszylinder-Motoren der K 1600-Reihe ab 2022 ans Werk. Und zusammen mit dem neuen Elektronik-Fahrwerk Dynamic ESA »Next Generation«, welches die Dämpfung den Fahrmanövern und Fahrzuständen automatisch anpasst und überarbeiteter Designelemente sprach BMW hier von Neuerscheinungen auf dem Markt. Die Unterteilung erfolgte wieder in K 1600 GT mit Stufensitzbank und Seitenkoffern und K 1600 GTL mit Zweipersonen-Tourensofa inklusive Topcase mit Rücken- und Armlehnen. Dazu kam das Modell K 1600 B wie »Bagger« mit der vorne fett und nach hinten flach auslaufenden Designlinie, die ganz speziell für den amerikanischen Markt aufgelegt worden war. Wie auch die K 1600 Grand America, praktisch eine Bagger mit Topcase und Rückenlehne. Die Maschinen besaßen zwar schon eine sehr reichhaltige Ausstattung, für Customizing ab Werk oder luxuriöse Extras wie Soundbar mit Digitalradio DAB war aber noch Luft nach oben.

Chronik der K 1600-Modelle ab 2022

K 1600 GT	**2022–**	
6-Zyl.-4-Takt-Reihe	1649 cm³ dohc	160 PS / 6750 U/min
K 1600 GTL	**2022–**	
6-Zyl.-4-Takt-Reihe	1649 cm³ dohc	160 PS / 6750 U/min
K 1600 B	**2022–**	
6-Zyl.-4-Takt-Reihe	1649 cm³ dohc	160 PS / 6750 U/min
K 1600 Grand America	**2022–**	
6-Zyl.-4-Takt-Reihe	1649 cm³ dohc	160 PS / 6750 U/min

> **Bei der neuen K 1600 B stand der letzte Buchstabe wieder für »Bagger«, was ein speziell in den USA beliebtes Styling mit einer nach zum Fahrzeugheck hin abflachenden Linie bedeutete.**

> Lässt keine Wünsche für die große Reise zu zweit offen: BMW K 1600 Grand America.

> Mit überarbeitetem Fahr- und Triebwerk ging für das Modelljahr 2022 die nächste Generation der Sechszylinder-K-Maschinen an den Start. Links die K 1600 GT, rechts das Modell GTL.

Literatur und Quellen

Periodika

Das Motorrad (Motorrad), diverse Ausgaben seit 1924
Oldtimer Markt, diverse Ausgaben seit 1980
Motorrad-Classic, diverse Ausgaben seit 1987
Klassik Motorrad, diverse Ausgaben seit 2003
Motorrad Katalog, diverse Ausgaben seit 1970
Motorrad Aktuell 1979, 1980
Schermers Motorrad Katalog 1989–1999
Motorrad Test 1983–1999

Bücher

Autorenteam – Faszination BMW GS, Verlag Schneider Textsystem, Weilerswist 1992
Härtel, Heinz – BMW-Motorräder – Typen und Technik, Ariel Verlag, Frankfurt/Main 1976
Keller, Leo – Geländesport-Motorräder – Internationale Klassiker bis 1980, Schrader Verlag, Stuttgart 2003
Knittel, Stefan – Georg »Schorsch« Meier, Delius Klasing, Bielefeld 2011
Knittel, Stefan – BMW Motorräder, Bleicher Verlag, Gerlingen 1984
Knittel, Stefan – BMW Motorrad-Rennsport 1923–2013, Schneider Media, 2013
Leek, Jan – Typenkompass BMW-Motorräder seit 1945, Motorbuch Verlag, Stuttgart 2005
Mönnich, Horst – BMW Eine deutsche Geschichte, Paul Zsolnay Verlag, Wien 1989
Rauch, Siegfried / Rönicke, Frank – Männer und Motorräder, Motorbuch Verlag, Stuttgart 2008
Rosellen, Hanns-Peter – Das weiß-blaue Wunder, Seewald Verlag, Stuttgart 1983
Rönicke, Frank – Deutsche Motorräder 1945–1960, Motorbuch Verlag, Stuttgart 2005
Rönicke, Frank – Deutsche Motorräder seit 1960, Motorbuch Verlag, Stuttgart 2006
Rönicke, Frank – Deutsche Motorroller seit 1894, Motorbuch Verlag, Stuttgart 2007
Rönicke, Frank – Deutsche Militärmotorräder seit 1905, Motorbuch Verlag, Stuttgart 2010
Rönicke, Frank – Der BMW-Boxer und andere Konstruktionen, Podszun Verlag, Brilon 2013
Rönicke, Frank – Deutsche Motorrad Welt- und Europameister, Motorbuch Verlag, Stuttgart 2012
Schwietzer, Andy – BMW Boxer ab /5, Bodensteiner Verlag, Wallmoden 2006
Schwietzer, Andy – BMW Boxer ab 80 G/S, Bodensteiner Verlag, Wallmoden 2008

Sonstige Quellen

Bayerische Motorenwerke AG – Festschrift zum 50. Firmenjubiläum, München 1966
BMW AG Presse – diverse Pressemappen zum Motorrad-Programm seit 1970
Die Historie der BMW-Motorräder – 1971 von BMW neu überarbeiteter Sonderdruck aus der Zeitschrift Motorrad
Motorrad Archiv Bände 1–17 – Archiv Verlag seit 1989
Und www.wikipedia.de

WEITERE INTERESSANTE BÜCHER ZUM THEMA

Ende der 60er-Jahre glaubten nur noch ein paar Optimisten ans wirtschaftliche Überleben der Boxermaschinen von BMW. Heute haben diese Motorräder Kultstatus erreicht. Ian Falloon erzählt alles, was es über dieses Thema zu wissen gibt, und stellt sämtliche Modelle und Baureihen mit ihren technischen Eigenheiten vor.

176 Seiten, 211 Abbildungen, Format 230 x 265 mm
ISBN 978-3-613-03880-6
€ 29,90 / € (A) 30,80

Leo Keller liefert in diesem Band alle wesentlichen Infos über die Geschichte der österreichischen Kult-Marke KTM, inklusive der gerne vernachlässigten Frühgeschichte. Akribisch recherchiert und ausführlich dokumentiert, gibt der Autor einen umfassenden Überblick über alle Modelle seit Bestehen der Marke.

256 Seiten, 350 Abbildungen, Format 230 x 265 mm
ISBN 978-3-613-04271-1
€ 34,90 / € (A) 35,90

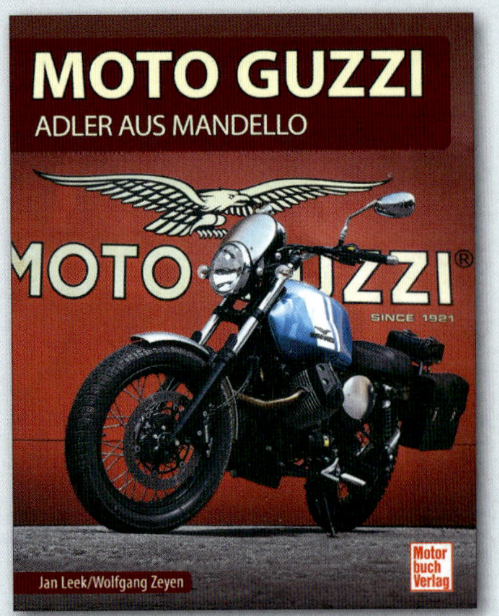

Was es über jeden einzelnen Typ zu sagen gibt, über Modelländerungen und technische Hintergründe, aber auch zur Firmengeschichte, beschreibt dieser Prachtband. Ein Genuss nicht nur für Freunde der seriösen Technik-Information, sondern auch eine richtig spannende Lektüre.

272 Seiten, 491 Abbildungen, Format 230 x 305 mm
ISBN 978-3-613-04056-4
€ 39,90 / € (A) 41,10

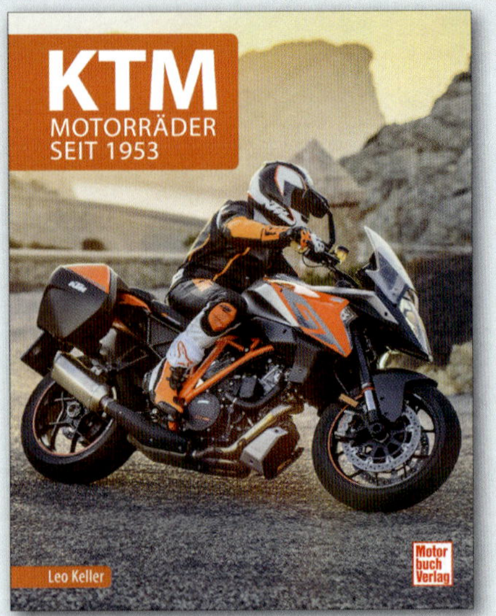

Die Harley-Davidson-Bibel: Bruce Palmer beschreibt die Twins mit V-Motor, die Knucklehead- und Panhead-Modelle sowie die 45er Baureihe bis ins kleinste Detail. Dabei geht er auf alles ein, was man über die legendären Ein- und Zweizylinder wissen muss – Von der Kaufberatung über die Technik bis hin zur Restaurierung.

640 Seiten, 635 Abbildungen, Format 205 x 270 mm
ISBN 978-3-613-03990-2
€ 98,00 / € (A) 100,80

Leseproben zu all Titeln auf unserer Internetseite

Überall, wo es Bücher gibt, oder unter
WWW.MOTORBUCH-VERSAND.DE
Service-Hotline: 0711 / 78 99 21 51

Motor buch Verlag

www.facebook.com/MotorbuchVerlag

Stand August 2022
Änderungen in Preis und Lieferfähigkeit vorbehalten.